四川职业技术学院文库·百年校庆丛书

积极心理学视角下高职生情商教育研究

Jiji Xinlixue Shijiao xia
Gaozhisheng Qingshang Jiaoyu Yanjiu

胥长寿 著

西南交通大学出版社
·成都·

图书在版编目（CIP）数据

积极心理学视角下高职生情商教育研究 / 胥长寿著.
—成都：西南交通大学出版社，2018.3
ISBN 978-7-5643-6063-4

Ⅰ.①积… Ⅱ.①胥… Ⅲ.①大学生 – 情商 – 教育研究 – 高等职业教育 Ⅳ.①B842.6

中国版本图书馆 CIP 数据核字（2018）第 031185 号

积极心理学视角下高职生情商教育研究
胥长寿　著

责 任 编 辑	梁　红
助 理 编 辑	居碧娟
封 面 设 计	曹天擎
出 版 发 行	西南交通大学出版社 （四川省成都市二环路北一段 111 号 西南交通大学创新大厦 21 楼）
发行部电话	028-87600564　028-87600533
邮 政 编 码	610031
网　　　址	http://www.xnjdcbs.com
印　　　刷	四川煤田地质制图印刷厂
成 品 尺 寸	170 mm × 240 mm
印　　　张	14.75
字　　　数	266 千
版　　　次	2018 年 3 月第 1 版
印　　　次	2018 年 3 月第 1 次
书　　　号	ISBN 978-7-5643-6063-4
定　　　价	58.00 元

图书如有印装质量问题　本社负责退换
版权所有　盗版必究　举报电话：028-87600562

序

美国心理学家约翰·梅耶和彼得·萨洛维在1990年首先提出了"情商"概念（Emotional Quotient，简称 EQ）。情商通常是指一个人掌控自己的情绪、情感和他人情绪情感的能力，以及处理自己与他人之间情感关系的能力。随着"情商之父"丹尼尔·戈尔曼《情商：为什么情商比智商更重要》的出版，人们也越来越关注有关情商的研究与应用。

研究表明，当代大学生的情商发展水平，不仅会影响他们的学习、生活和身心健康，也会影响他们进入社会后的职业与发展，甚至影响到全民族的素质水平。因此，加强情商教育对当代大学生适应社会和顺利成才具有十分重要的意义。近几年，不少学校开设了情商课程。有些高校还把情商教育嵌入制度建设层面，以此引导大学生进行情商的自主教育。

如果我们将以传统心理学为理论基础的心理健康教育称为"心理教育 1.0 时代"，未来以积极心理学为基础的心理健康教育则是"心理教育 2.0 时代"。与"心理教育 1.0 时代"相比，"心理教育 2.0 时代"具有三个特点：在关注的议题上，更关注人类的优势与潜能，而不是人类的问题和不足；在定位上，强调积极心态的培育和幸福教育，而不是问题教育和疾病治疗；在对象上，是更多人，而不是少数人。积极心理学视阈下的情商教育，不仅弥补了传统心理健康教育在议题、目标定位以及对象方面的不足，与高职生的心理特点相契合，更与党和国家倡导的"注重人文关怀和心理疏导，培育自尊自信、理性平和、积极向上的社会心态"的本质目标相一致。这一价值导向对心理素质普遍欠缺的高职学生至关重要。

我国引进情商及相关理论才 20 年左右的时间。由于时间尚短，因此对情商的相关研究大多还处于起步阶段，针对高职大学生情商的研究成果还很少。《积极心理学视角下高职生情商培育研究》一书就该议题做了积极、有益的探索。

从学术著作的角度来看，该书严格遵循科学研究的范式，坚守实证研究的科学立场，展示了质性研究和定量研究的规范与严谨。该书用积极心理学的理论审视高职生情商教育，提升了高职生情商教育的理论基础。从研究内容来讲，该书涉及高职生情商和情商教育的现状、问题与原因，探讨了积极心理学视角下高职生情商教育的目标、原则、方法、内容、路径和保障等，形成了"二三四三"的高职生情商教育模式，"二"即情商教育的两大目标：提升五大能力的具体目标和提升幸福智力的终极目标；"三"即情商教育的三大内容：努力增强积极体验，尽力满足积极需要，着力培植积极人格；"四"即情商教育的四重路径：家庭、学校、社会、自身；最后一个"三"即情商教育的三大保障：机制保障、载体保障、环境保障。

全书结构合理，逻辑清晰，引证得当，行文流畅，反映了作者较丰富的理论知识、较好的学术规范和较深的学术造诣。教师的学术研究过程是教师个人内在能量不断激发和挖掘的过程，个人的学术史也是个人生命的成长史。胥长寿同志虽自述学术根基肤浅，但在我看来，他谦虚好学、待人真诚、乐观通达，是一位勤于学习、善于思考、乐于研究的专家型领导。这本书使我感受到他内蕴的积极力量，给人带来深刻的思想感悟。当然，如果能够在此基础上开创一种积极情商教育的实践，那将给大学生情商教育带来更富有操作价值的思想启迪。我在与胥长寿同志交往中已经感受到他内心深处的这种精神追求，我期待着他在这个领域获得新的突破。

四川省心理学会秘书长　卢雄

2017 年 7 月于成都华西坝

目 录

第一章　绪　论… / 001
　　第一节　研究概况… / 001
　　第二节　概念界定… / 009
　　第三节　文献综述… / 019

第二章　积极心理学… / 031
　　第一节　积极心理学与传统心理学… / 031
　　第二节　积极心理学的主要内容、核心思想及发展特征… / 042
　　第三节　积极心理学的历史贡献、现实困境与未来发展… / 054

第三章　高职生情商教育… / 062
　　第一节　情　商… / 062
　　第二节　情商教育… / 075
　　第三节　加强高职生情商教育的必要性与可行性… / 084

第四章　高职生情商与情商教育的现实考察… / 090
　　第一节　高职生情商现状探析… / 090
　　第二节　当前高职院校情商教育现状分析… / 100
　　第三节　当前高职生情商问题的原因分析… / 107

第五章　积极心理学视角下高职生情商教育的基点把握… / 116
　　第一节　积极心理学视角下高职生情商教育的目标… / 116
　　第二节　积极心理学视角下高职生情商教育的原则… / 124
　　第三节　积极心理学视角下高职生情商教育的方法… / 130

第六章　积极心理学视角下高职生情商教育的内容拓展… / 142
　　第一节　努力增强积极体验… / 142

第二节　尽力满足积极需要… / 157
　　第三节　着力培植积极人格… / 165

第七章　积极心理学视角下高职生情商教育的路径选择… / 173
　　第一节　发挥家庭教育的基础作用… / 173
　　第二节　发挥学校教育的主导作用… / 177
　　第三节　发挥社会教育的辅助作用… / 183
　　第四节　发挥自我教育的核心作用… / 187

第八章　积极心理学视角下高职生情商教育的多重保障… / 194
　　第一节　机制保障… / 194
　　第二节　载体保障… / 202
　　第三节　环境保障… / 207

参考文献… / 221

附录一… / 225

附录二… / 228

后　记… / 229

第一章
绪 论

近几年,大学生就业形势越来越严峻,除了高校扩招因素外,用人单位对大学生群体现状的不满意也是重要原因之一。与交往能力差、性格孤僻的高智商者相比,那些德才兼备、高情商的人,更可能得到一份称心的工作,也更可能取得成功。当今社会是一个充满着激烈竞争和机遇的时代,要想立于不败之地,我们必须不断调整我们的发展思路。作为一名教育工作者,我们必须思考:什么样的人才能满足社会的需要?我们又将如何培养出社会需要的人才?作为高等教育工作者,仅仅向学生传授知识是远远不够的,应该切实做到在"教书"的同时"育人",既教学生如何"做事",又教学生如何"做人",在努力提高学生"智商"的同时,更要注重"情商"教育。

第一节 研究概况

一、问题的提出

2013年5月,习近平主席在天津和高校毕业生、失业人员等座谈时,曾用"情商论"来鼓励和鞭策青年人就业,彰显了党和国家对大学生就业能力的关注与期待,同时也对大学生情商培养的重要性提出了更高要求。情商是测量情绪智力的商数,"是一种人们在识别自己和对方感情的基础上,调整自己与对方感情的能力"。情商的一般内涵包含五个方面的内容,即了解自己情绪的能力、控制自己情绪的能力、自我激励的能力、了解他人情绪的能力和维系良好人际关系的能力。

高等职业教育作为高等教育体系的重要组成部分,肩负着培养满足生产、建设、服务和管理需要的高技能人才的使命,在推进我国社会主义现代化建设进程中具有十分重要的作用。深度融入大众创业、万众创新和"中国制造2025"的实践之中,促进新动能发展和产业升级,带动扩大就业和脱贫攻坚,为推动经济保持中高速增长、迈向中高端水平,需要大批具有专业技能与工匠精神的高素质劳动者和人才。今天,不少用人单位已经开始认同"智商决定录用,情商决定提升"。企业和市场的选择提醒我们,未来社会需要的人才不仅要有健康的体魄、较强的专业知识和能力,还必须具备健全的人格、优良的品质、坚强的意志和健康的心理状态。由此看来,探索高职院校大学生情商现状、情商教育的途径,具有重大的现实意义。

20世纪末,美国心理学界兴起了一个新的研究领域——积极心理学,其发起人是美国当代著名心理学家塞利格曼(Martin E.P.Seligman)。积极心理学致力研究人的发展潜力和美德,把研究重点放在人自身的积极因素方面,主张心理学要以人实际的、潜在的、具有建设性的力量、美德和善端为出发点,提倡用一种积极的心态对人的许多心理现象(包括心理问题)做出新的解读,从而激发人内在的积极力量和优秀品质,最大限度地挖掘潜力并获得良好的生活。而在高职教育中引入积极心理学基本理念,则为高职生的成长与成才提供了舆论导向与发展空间,具体表现在:

一是积极心理学特别关注人的生存和发展状态,认为这是社会优先考虑和解决的重要问题。《国务院关于加快发展现代职业教育的决定》(国发〔2014〕19号)指出:职业教育必须以立德树人为根本,以服务发展为宗旨,以促进就业为导向,坚持走内涵式发展道路,适应经济发展新常态和技术技能人才成长成才需要,创新人才培养模式,以增强学生就业创业能力为核心,加强思想道德、人文素养教育和技术技能培养,全面提高人才培养质量。

二是积极心理学非常注重人潜能的发挥,认为一个人的能力不仅在现实中具体表现出来,而且还包括潜在的但经过刺激或挖掘等手段表现出来的一种力量,这种力量是无形的,也是无穷无尽的。高职生虽在学习能力、自制力等方面不如本科生,但在其他方面如集体荣誉感、热心公益活动、抗挫折能力、实践动手能力等方面并不逊于本科生。只要善于引导和鼓励,一定能发挥其更大的潜能。

三是积极心理学也非常关注人的情绪状态。一个人的情绪状态如何,可以决定一个人生理上的舒适度、心理上的愉悦度以及工作的成败,是人们衡量幸福感的一个重要指标。高职生最主要的负面情绪是自卑,对自己的高职身份不认同。引入积极心理学的意义在于帮助高职生获得快乐与成功,促进其成人成才。

二、研究的意义

近十年,在《国家中长期教育改革和发展规划纲要(2010—2020年)》《高等职业教育创新发展行动计划(2015—2018 年)》等不同时期职业教育文件关于人才培养规格的关键表述中,都集中体现了对诚信、敬业、团队合作、人际沟通、就业能力等情商素质的要求。因此,加强高职学生情商培养是高职院校提升人才培养质量的战略选择和历史使命。研究我国目前高职院校大学生的情商教育具有理论和实践的双重意义。

从理论上讲,情商教育已经引起国内外许多学者的广泛关注,提出了许多有深度、有价值的见解。不过,专门将高职院校大学生作为研究对象的情商教育的特色理论还不多见。本研究认为,系统阐述情商教育对高职院校大学生产生的影响和作用,提出提高高职院校大学生情商水平的策略与方法,对丰富情商教育的研究有着极其重要的作用。

与普通高等教育相比,高等职业教育有着自己的特殊性,因此,高职院校的大学生与普通本科院校的大学生亦有着不小的差别。高职院校的大学生毕业后大多在一线技能型基础岗位工作,直接面向市场提供服务。这也就要求他们不仅要有相关的专业理论知识和较强的动手操作能力,而且还要具备较强的适应能力与解决现场一般问题的能力、与人沟通的能力和化解危机的能力,也就是说,他们除了必备的基本能力外,更应该具备较高的情商水平,才能在面临困难挫折的时候沉着应对、妥善处理。因此,对高职院校大学生情商教育进行全面的研究,对提升高职院校大学生的就业竞争力有着较强的现实意义。

(一)加强情商教育是时代进步的客观要求

加强高职生情商教育研究是时代发展的要求,是新形势下全面贯彻党的教育方针、实施素质教育的重要举措,是经济和社会发展对高素质人才的呼唤。联合国教科文组织把学生的主要任务界定为"四个学会",即"学会求知""学会做事""学会共处""学会做人"。"四个学会"有着丰富的内涵和时代新意,又是互相联系、互相渗透,不可分割的整体,体现了以人为中心的可持续发展的全新教育思想。情商教育应该帮助高职生树立正确的道德价值观,学会快乐、学会合作、学会包容、学会感恩,提高综合素质。

良好的情绪和心理状态使高职生全身各系统、器官的功能更加健全、协调,有利于身体的健康发展。因此,情商的培养,可以促进高职生的身心健康发展。情商较高的高职生在与他人的相处中,能够表现得自尊、自信、体贴、宽容，具有较强的同理心和移情能力，能够站在他人的立场思考问题，因而能使双方在愉悦的情绪下交往，创造出和谐的人际关系。在相对纯洁的象牙塔中生活了几年的高职生，步入社会必然面临心态的调整，遭遇挫折也在所难免。高职生拥有较高的情商，才能积极应对这些变化，勇于承受挫折，增强社会适应能力，成为社会大集体中的强者。

（二）情商教育有利于高职生培养认知情绪、管理情绪的本领

古语道"人贵有自知之明"，这里的"自知"不是狭隘地仅从自我出发，主观臆想，而是要使高职生将自己客观地放入大环境中，理性地认知自己。情商教育首要的就是让高职生了解自己目前是个什么样的情绪，了解自己目前所扮演的角色，了解自己目前的优点和缺点，了解自己未来要承担的角色以及未来要达到的目标，并且在了解的基础上对自己有正确的认识，接纳自己，成为真正独立的、有明确发展方向的个人。正确认知自己后，才能管理和操控自己的情绪。情绪一般来说包括喜悦、满足、镇静、自信、节制等在内的正面情绪和忧虑、猜疑、嫉妒、愤怒、自卑等在内的负面情绪。情商教育有利于高职生认知自我，能够帮助高职生分析负面情绪产生的原因，教给高职生一些转移负面情绪、通向快乐的方式方法，使大学生活变得充实愉快。所以情商教育还有利于高职生调动自身积极情绪的作用，从而使其在面临突如其来的困境时能够进行积极的自我暗示。高职生进入校园后，面对新的环境、新的任务，必然会觉得面临巨大的挑战。情商教育能引导高职生进行积极的自我暗示，激发他们追求成功的激情，在他们面对困难、挫折与失败时，能充分调动热情、自信等心理倾向，把自己的情感、思想转到积极的道路上来，使自己能在逆境中保持昂扬奋斗的精神，最终战胜逆境，获得成功。

（三）情商教育有利于高职生提高人际交往的技能

人际关系，就是我们常说的人与人交往过程中形成的各种关系，包括亲人、朋友、师生等关系。每个人都是处于一定的社会关系中的。只有在一定的社会关系中，我们才能从"生物人"转化为"社会人"。在这种与社会互动的过程中，我们会形成一定的个性、人格，并运用这种个性、人格，在互动中扮演一定的角色，与其他人进行交往。一个人想在某一社会集体中得到持续的自我进步，良好的人际关系是最基本的前提。人际关系的好坏对每个人意义都十分重要，直接影响着每个人的心理状态，当然高职生也不例外。

每个人都渴望良好的人际关系，渴望他人的理解、集体的认同、友谊的维系。良好的人际关系是要建立在相互认同、情感包容、行为相近的基础之

上的。相互认同就是指人与人由表及里的认识活动，并在这种认识活动之上建立起来的相互了解。只有认同对方的心理特征、心理变化，才能拉近与对方的心理距离，才能有情感上的包容和行为上的一致。情感包容就是指彼此之间的喜爱、同情、信任、宽容。情感上的包容更有利于人与人之间距离的拉近、工作的合作、相互的联系。行为相近指人们对某一事物所产生的反应是大致相同的，比如对某一人物的角色评价相似、面对某一任务的工作方式相似等。行为相近的人更容易理解彼此、认同彼此，也就更容易形成较好的人际关系。但是要想获得良好的人际关系，就一定要具备较高的人际交往能力。

人际交往能力包括对他人情感需求的感知能力、对他人特征信息的识记能力、对他人行为思想的理解能力、换位思考能力、协调合作能力、解决问题能力以及表达能力等。高职生群体中有些人在很短的时间内能和所有人认识，但却无法长期、深入维系这种关系；还有一些人自卑、孤僻，不愿意主动与人交往。情商教育能够有效消解高职生进入校园后因不同经历、不同背景产生的自卑、孤僻、冷漠等心理，为彼此交往创造谦虚宽容、诚恳温和、平等尊重的好心境。在此基础上，再进行一定的人际交往技能培训，促使高职生对人际关系中彼此的角色有清楚地认识与合理期待，在不同人际关系互动中认知他人、理解他人、包容他人、融入集体，从而维持彼此之间长期的、深入的交往感情。所以说，情商教育对于培养高职生人际交往能力，满足高职生良好个性养成的需要、交往需求、集体归属感需求是有鲜明作用的。

（四）情商教育有利于高职生开发持续学习的潜能

每个人身上都隐藏着巨大的潜能，包括心理潜能、创造潜能等，只是人的各项潜能没有得到充分地开发与利用。事实上，人的大脑由 120~160 亿个脑细胞组成，人脑的信息储存量相当于 5 亿本图书的知识量。20 世纪初，著名心理学家威廉·詹姆斯研究发现，一般人只有 10% 的脑细胞被开发了，所以大脑还有很大的空间待开发。

情商教育的立足点就是使高职生正确认知自己，在正确认知自己的基础上培养其他的技能。通过情商教育的灌输与引导，高职生能更加清晰地认识到自己的优点、不足、爱好、特长等。高职生只有清楚自己的内心，才能唤醒心中的巨人，从而推动自身全面学习，提高智商，成为文理兼长、专业突出的人才。当然，高职生通过情商教育后，认识到了自己的特点，那么在今后的职业生涯规划中，也更容易拟定适合自己的职业规划。要想选择一条正确的道路，就需要不断调整自己的航向，清楚自己的坐标。同样，情商教育还着眼于人的社会化，这样，高职生就能将自己的特点与社会需要相结合，使高职生为自己确立明确的、现实的、可行的发展目标。认识到了自身，设定好了奋斗目标，就要采取有效的行动来实现目标。在行动的过程中总会遇到这样或那样的苦难，这就需要情商发挥一定的作用。高情商的人在行动过程中懂得勤奋，懂得节制，使自己在面对各种诱惑时能及时克制自己，并朝着既定的目标努力。高情商者还善于激励自己，在面对学习过程中的困难时，不气馁、不妥协，能运用一些小成就来适度地奖励自己，发掘自己克服困难的潜能。

情商教育通过对高职生个体资源的盘点，还能够使高职生正确认识自己的角色，了解到在当下及未来的生活中，自己不仅仅是个学生，还是个公民，以后还会成为单位员工，等等。那么也就意味着学习是终身的学习，是一辈子的事情。在生命的过程中，每一阶段都有着不同的任务，都要学习怎样扮演好不同的角色。所以情商教育能够使高职生认识到终身学习的必要性和意义——只有不断学习，才能不断迎接新的挑战。然而，在当今这个竞争激烈、瞬息万变的社会中，仅仅有理论知识还不够，还要有将知识运用于实践的能力。情商教育更能使学生认识到终身学习不仅仅是知识的学习，更重要的是能力的培养，促使高职生不断地将知识转化为能力。这种转化的过程同时也是学以致用的过程。

（五）情商教育有利于高职生提升融入社会的能力

高职毕业生在初入社会时，对社会现实、职场规则以及生活对自己的要求理解得往往不够深入。面对梦想与现实的强大反差，曾经在大学里描绘的美好蓝图，一时间难以寻得直接实现的途径，就容易产生角色中断。

首先，情商教育应注意对高职生全面成长的引导，使高职生清楚地认识自己、认识社会，结合个人和社会两方面来考量、设计自己可期待的人生，为未来要扮演的角色做好心理和专业知识的准备，更好地应对因准备不足而引起的角色中断。其次，情商教育还能使高职生对社会主流价值观深度认识，从而衡量自己所设定的未来角色是否符合社会主流价值取向，避免进入社会后才发现自己的角色设定根本不适应这个社会。再次，情商教育通过开展各种社会实践促进高职生与社会的相接轨，能使高职生对各种社会角色的行为规范、权利义务产生清楚的认知，减少由于角色认识不清所产生的角色中断的情况。高职生在即将走向社会时，不仅会产生角色转换带来的不适应，还会感受到来自老师、家庭、社会各方面期待对自身造成的压力。情商教育能使高职生在面对这些压力时进行合适的自我调整，或者用灵活的方式与老师、家庭、社会沟通，避免使压力升级为冲突。

三、研究的设计

（一）研究的创新点

1. 创新性地把积极心理学的理念引进高职生情商教育中

通过文献分析发现，不少研究者和实践者将积极心理学思想运用到大学生教育管理之中，尤其是心理健康教育和德育领域，而积极心理学对高职生情商教育的启示和借鉴作用还缺乏系统性的研究。本研究希望在深入研究积极心理学的基础上，结合当前我国高职生情商教育的特点和不足，有效地把积极心理学的理念运用到高职生情商教育中来，提升高职生情商教育的针对性和有效性。

2. 创造性提出"四位一体"的教育路径

大学生的成长是复杂的、受多方面影响的结果，社会、家庭等环境也在大学生的成长成才过程中扮演了重要角色。本研究从积极心理学的角度出发，创造性地提出了构建和谐、积极的"家庭—学校—社会—自身"全方位立体教育体系的构想。对于高职院校而言，必须在"努力增强大学生的积极体验，着力挖掘和培植大学生的积极品质，全力优化大学生的组织系统"上下功夫。

（二）研究的重难点

1. 研究重点

（1）设计出科学、合理、有效的学生调查问卷和教师访谈提纲，准确把握当前四川省高职院校大学生情商的现状和学校对大学生进行情商教育的具体状况，并针对所存在的问题准确分析其成因。

（2）通过对当前四川省高职院校大学生情商水平现状和四川省高职院校大学生情商教育具体状况的研究，以及对所存在问题进行准确的原因分析，基于积极心理学视角提出具有操作性的教育原则、方法和实施策略。

2. 研究难点

（1）情商涉及面极为广泛，而且影响因素众多。对学生的情商水平及情商教育的具体程度难以用某一个具体、固定的标准加以测量，因此要设计较为合理、有效的情商调查问卷比较困难。

（2）情商是一个相对抽象的概念，变化又很微妙，不仅对情商进行具体的观察比较困难，而且正如教育的效果具有滞后性，情商教育在学生身上的效果验证同样需要较长的时间与实践，短时间内难以对学生的情商发展状况加以检测和量化。

（三）研究思路

本研究综合应用哲学、社会学、教育学、心理学等学科的相关知识，在对情商、情商教育等相关问题进行理论阐述的基础上，调查分析四川省高职院校大学生情商教育现状、问题及原因，进而提出积极心理学视角下高职生情商教育的基点把握、内容拓展、路径规划等。

（四）研究方法

1. 文献研究法

本研究通过对国内外有关情商、积极心理学、高职院校心理健康教育等文献进行查阅、分析和整理，了解其理论渊源和研究现状，将其作为课题研究的基石，同时收集教育学、心理学、情感教育理论、思想政治教育原理与方法、思想政治教育心理学等学科和领域相关的文献资料，对其进行整理与分析，积极学习和借鉴这些领域的研究成果，为研究提供理论基础和视角借鉴。

2. 跨学科研究法

任何学科、知识体系都不是孤立存在的，它总是与其他学科存在某些方面的联系和交叉，故需要吸收、借鉴其他学科的研究成果。积极心理学视域下的大学生情商教育涉及心理学、教育学、思想政治教育学、管理学等多领域、多方面的知识，因此，借鉴和运用相关学科的理论，能充实和丰富本课题的研究。

3. 调查法

由于本课题与大学生现实生活联系紧密，有必要进行相应的调查研究。通过访谈、问卷调查等方式，掌握高职院校大学生情商状况、问题和原因的第一手资料，提高高职生情商教育的针对性。

4. 个案分析法

本课题具有较强的理论性，又与大学生现实生活紧密联系，具有很强的实践性，因而要把理论与实际结合起来进行研究。尤其是当前大学生的情商现状、存在问题的原因以及如何提高大学生情商，都应结合具体高校典型经验来分析，力求有理有据，实现理论与实践的统一。

第二节　概念界定

一、高职院校

高职院校是高等职业院校的简称，是高等教育的重要类型，也是我国职业教育的重要组成部分，担负着培养面向生产、建设、服务、管理第一线需要的高技能、应用型专门人才的使命。根据教育部相关规定，从20世纪末起，非师范、非医学、非公安类的专科层次全日制普通高等学校应逐步规范校名后缀为"职业技术学院"或"职业学院"，而师范、医学、公安类的专科层次全日制普通高等学校则应规范校名后缀为"高等专科学校"。"职业技术学院"或"职业学院"为高职院校的特有校名后缀，是我国高等教育的重要组成部分。

（一）学历层次

相对于普通高等教育培养学术型人才而言，高等职业教育学历层次主要是专科，偏重于培养高等技术应用型人才（经教育部批准，亦有部分国家示范性高职院校建设单位从2008年秋季开始举办四年制本科教育）。高职学生毕业时颁发国家承认学历的普通高等学校专科（三年制）或本科（四年制）毕业证书，并享受普通高校毕业生的一切待遇。

（二）高职特征

（1）使学生具备必要理论知识和科学文化基础，熟练掌握主干技术。
（2）侧重相关知识的综合运用。
（3）培养学生的表达能力、与人沟通、合作共事的能力。
（4）重视实务知识的学习，强化职业技能的训练。

（三）培养目标

以培养技术型人才为主要目标，即目标是实用化，是在完全中等教育的基础上培养出一批具有大学知识而又有一定专业技术和技能的人才，其知识的讲授是以能用为度，实用为本。

（四）招生对象

普通高中毕业生、高中同等学力者（中职/中专毕业生）、往届高中毕业生（中职/中专毕业生）、社会考生（含各级高校毕业的学生，社会青年，企业在职人员等）及高中同等学力者。

（五）高职学制

高等职业教育实行弹性学制，基本修业年限为：专科三年，本科四年，以初中毕业生为培养对象的五年一贯制的基本修业年限为五年，非全日制的修业年限适当延长。

（六）毕业待遇

（1）统考统招的高职生毕业时学校颁发的毕业证书是《普通高等学校毕业证书》，与普通高等教育本专科毕业证书完全一样。

（2）高职生所取得的毕业证书在含金量和效力上与普通高等教育毕业证书完全一样，没有任何区别。

（3）高职生毕业证书上面应明确注明学历层次为"专科"（包括"三年制专科""二年制专科"和"初中起点五年一贯制专科"）或"本科"（四年制或更长年限）。

（4）除了毕业证书以外，高职毕业生的就业报到证和学历电子注册上面，也应注明学历层次为"专科"或"本科"。

（5）高职毕业生可以继续参加省统考的专升本考试（应届专科毕业者、专科学历的退伍士兵），也可在毕业1年后的下半年报考全国统招研究生考试（本科毕业或具备本科同等学力者，专科毕业当年不得参加）。

二、情　商

情商是"情绪智力"的简称，是一个与智商相对的心理学概念。它是在对传统智商理论的质疑中逐步形成的①。自1990年萨洛维、梅耶首先提出情绪智力开始，国内外学者不断对情绪智力进行定义。尤其是戈尔曼《情感智商》一书的出版，使"情商"概念为世人所熟知，我国也掀起了研究情商的热潮。在比较、分析了众多专家学者对情商的定义之后，本研究认为，情商

---

① 智商是智力商数的简称，通常用来衡量传统意义上智力水平的高低，侧重于对个人记忆能力、思维能力、语言能力、计算能力等的考量评估。

是一个人理解、管理、掌控自己的情绪情感,理解他人情绪情感的能力,以及如何处理自己与他人之间关系的能力,是衡量一个人驾驭情绪情感水平高低的标尺。

(一)情商的内涵

1. 了解自我情绪的能力(自知能力)

某种情绪产生之时就能觉知,这种自我觉知能力是情商的核心,而监控情绪时刻变化的能力是自我理解和心理领悟的基础。此能力高者能够更好地指导和准确决策自己的学习、工作和生活。心理学家的研究成果表明:"不了解自身真实感受的人必然沦为感觉的奴隶","掌握感觉才能成为生活的主宰,才能对婚姻、工作等人生大事做出正确的选择","没有能力了解自己的感情的人,也不能了解别人的感情"。

2. 管理自我情绪的能力(自控能力)

调控自己的情绪而使得情绪适时适度,这种管理自我的能力是建立在自我觉知的基础上的。例如,如何自我安慰,如何有效摆脱因为失败而产生的焦虑、沮丧、激怒、烦恼等消极情绪,这是情商的重要内容。我们在生活、学习、工作中难免要经受许多困难和挫折,此能力较强者能够从挫折和失败中迅速走出,重整旗鼓,迎头赶上,去取得更大的成功;能力低下者在挫折和困难面前总是陷于痛苦情绪的漩涡中,从此消沉,一蹶不振。

3. 激励自我情绪的能力(自励能力)

这种能力是为服从某一目标而自我调动、指挥个人情绪的能力,是情商的重要内容。它是集中注意力、自我激励、自我把握及发挥创造性的必要条件。而任何成功都需要情绪的自我控制,或延迟满足,或压抑冲动。通过不断的自我激励,就会使人产生一股内在的动力,朝着所期望的目标前进并最终达到目标。因此,自我激励在个人走向成功的过程中起着引擎作用。

4. 认知他人情绪的能力(知人能力)

这种能力在情感的自我觉知的基础上发展起来,也被称为"移情能力",即"感人之所感",能够分享他人情感,同时"知人之所感",能够理解和分析他人情感。具有这种能力的人能通过细微的社会信息,敏锐感受到他人的情绪变化状态、需求与愿望,正确地识别他人情绪,是与他人共处、搞好人际关系的基础。

5. 处理人际关系的能力（待人能力）

调控他人情绪是处理人际关系的核心，这种能力要求自我管理和移情两种情绪能力的成熟，是情商的主要内容。要调控他人情绪，先要控制自己情绪，如压下怒火、抑制悲哀、控制冲动、调节兴奋等。人际交往能力可强化一个人的受社会欢迎程度、领导权威、人际互动的效能等。此能力高者能够在人际交往中建立亲密关系，把握、激励以及劝说、影响他人而又让他人怡然自得。

（二）情商与智商的关系

智商和情商各自独立，但又相互联系，都是个体重要的心理品质，都是事业成功的重要基础。由于情商是相对于智商这一概念提出的，所以它们的关系如何，是一个重要的理论问题。正确认识二者的区别和联系，有助于更清晰地认识情商概念；有利于教育工作者克服教育实践中的错误倾向，避免进入教育误区；有利于优秀人才的培养。

1. 智商与情商反映的是两种不同的心理品质

智商（Intelligence Quotient，IQ），即智力商数，是通过一系列测验测评一定年龄段的人的智力水平，智商（IQ）=智力年龄（MA）÷实际年龄（CA）×100。智力商数的高低反映着个体智力水平的高低。智力是人们认识客观事物并运用知识解决实际问题的能力，主要表现个体心理品质中相对理性的方面，也叫智慧、智能，主要包括观察力、注意力、记忆力、思维力、想象力等。情商（Emotional Quotient，EQ）是相对于智商提出的，主要反映一个人识别、感受、理解、表达、运用、控制、调节和处理自己与自己、自己与他人、他人与他人情绪情感的能力，主要表现个体心理品质中相对感性的方面。

2. 智商与情商形成发展的基础不同

智商和情商虽然都受到遗传因素和后天环境培养的影响，但它们与遗传因素、后天培养的关系存在着差别。智商受后天环境培养的影响远远小于遗传因素的影响，侧重反映一个人的生物学特性。《简明不列颠百科全书》记载显示，智商70%~80%源于遗传基因，只有20%~50%受到后天环境的影响。情商的形成和发展虽然也受到先天因素影响，但更多在于后天培养，侧重反映一个人的社会学特性。所以情商是可以通过后天的教育、不断学习积累而提高的。

3. 智商和情商所起的作用不同

智商主要在人的学习能力、思维能力、语言能力等方面起作用,智商高的人容易在某一领域做深入研究,作出突出贡献。而情商则主要通过意志、信念、情绪、情感等方面来提高或减弱个体认识事物和运用知识的积极性。情商高的人容易利用锲而不舍的精神弥补自己在某一方面的不足。

4. 智商和情商相辅相成

智商和情商虽然是两种不同的概念,但二者并不是相互对立的,而是辩证统一的。智商是情商的基础,现实生活中没有零智商而高情商的人,没有一定的、最基本的智商,就无法建构一定的情商。情商培养需要智商的引导、控制和管理。同时,对于一个人的成长来说,智商很重要,情商也很重要。正如培根所说:"读书的目的不在于它本身,而在于一种超乎书本之外,只有通过细心观察才能够获得的处世智慧。"而这种智慧的获得,就需要情商的唤醒。美国心理学家詹姆斯认为,大部分人在活动中只运用了总体智慧的10%,这就说明人类自身蕴藏着巨大的智能潜力。如何激发这种潜能,充分开发人的智力资源,就需要恰当的情感因素。焦虑、自负、任性、冷漠、偏激等负面情绪会影响我们这种智慧潜能的开发利用,影响我们对生活的积极性,情商的培育对智商的提高起着推动作用。

三、情商教育

借鉴国内外现有理论,所谓情商教育是指在教育的过程中培养学生正确了解和理解自己的情绪,有效掌握情感的变化,树立积极向上的态度和信念等,以此促进学生全面发展。这是教育过程的一个不可或缺的部分。

(一)情商教育是针对"唯理智教育倾向"提出来的

唯理智教育就是将智力教育置于主导地位,没有把情商教育列入教育目标和过程之中。占据培养目标系列中心地位的是"如何获得知识?如何开发智力",缺乏关于学生情感发展的一整套评价体系或标准,在教育过程中不注重学生的情商教育,学生与老师之间缺乏平等的正常的情感交流,有的教育者甚至无视学生的人格尊严,不在一个平等的角度审视师生关系。这种唯智教育倾向会造成学生的内在精神世界残缺不全,会严重伤害学生的灵性。"唯理智教育倾向"的一个根本缺陷就是在研究教育教学规律时,常常将认知从情和意中生硬地抽取出来,将学生作为被动接受教育的对象而不是主动参与的对象，把追求高智商作为唯一的、重要的目标。这种"唯理智教育倾向"造成的后果就是严重地挫伤了学生的心灵与主动学习的积极性，导致学生对自身主动认识、主动适应、积极改造能力的缺失。很多实践证明，智商很高的人，往往不是人生道路上最终获得成功的人。今天，我们提出情商教育的目的绝不是要彻底地否定以往的教育和实践，而是要对以往教育实践进行一种补充和完善。

（二）情商教育是全面教育过程的一个组成部分

情商教育不是脱离于现实教育之外的一种教育，也不是一种独立的或特殊的教育形式，而是我们全面教育过程的一个组成部分。它要求教育者在教育过程中尊重和培养学生的社会性情感品质，发展他们的自我情感调控能力，促使他们对学习、生活和周围的一切产生积极的情感体验，形成独立健全的个性与人格特征，从而真正成为品德、智力、体质、美感及劳动态度和习惯都得到全面发展的个体。这样的人能一直保持愉快、乐观和轻松的情绪，能始终对事物保持好奇心，能体验学习和成长过程中的成功感；这样的人热爱生活、热爱大自然；这样的人对待工作能始终保持热情，能克服工作中遇到的困难，责任心很强。相反，一个人的情感品质如果得不到很好的发展，停留在某一个阶段或者停留在一定的水平上，那么他就会慢慢失去求知欲望、审美情趣，这样也就毫无健康身心可言。发生这些情况，对个人是不幸的，对社会和国家也是没有好处的，这样的人甚至还会给社会和国家带来一定的危害。

（三）情商教育是个体健康发展的教育基础

我们从马克思主义哲学、脑科学、心理学、情绪生理学和现代教育学等科学中能够找到情商教育的理论依据。马克思主义关于人的学说是情商教育的哲学基础，马克思主义承认每个人的价值，注重每个人的个性发展，强调每个人的尊严，而情商教育在本质上与这些观点是一致的。大脑机能理论是情商教育的脑科学基础，情商教育能在一定程度上培养和提高人的悟性，能更大程度地挖掘每个人的创造力和潜力。情绪心理学理论是情商教育的心理学基础。人的心境不一样，也会对事物产生不一样的认知过程。情绪是我们生活中很重要的因素，情绪具有情感转移的功能。通过这个传递的过程，人们之间会产生共鸣或者达成共识，使人与人之间产生一系列的情感联系。所以，情商教育也是实现人们情感和知觉交融的有效途径。情绪生理学理论是情商教育的生理学基础，一个人的身心健康发展离不开身体的健康，好的身体状况是基本的素质。现代教育学理论是情商教育的教育学基础，教育是要适应被教育者身心发展规律的，针对不同阶段的教育对象，应该在每个阶段有不同的教育方法和理论。情商教育是尊重个性的教育，是全面发展的教育，是使个体形成自己情感"免疫力"的教育，是使大家学会控制自己情感的教育。

高职院校大学生的情商教育是根据高职院校大学生的特点进行的，旨在提高他们情商水平的教育。高职院校大学生的情商教育体系具体包括情商教育的主体和客体、情商教育的内容、情商教育的形式和情商教育的环境等要素。

四、积极心理学

积极心理学（Positive Psychology）是 20 世纪 90 年代在美国兴起的一个新的心理学研究分支。它与传统心理学主要关注消极和病态心理不同，积极心理学是利用心理学目前已经比较完善和有效的实验方法与测量手段，来看待正常人性，关注人类美德、力量等积极品质，研究人的积极的情绪体验、积极的认知过程、积极的人格特征以及创造力和人才培养等。

积极心理学的倡导者和提出者塞利格曼自 20 世纪六七十年代起开始研究"习得性无助"。他在动物实验中发现，若给狗重复施加其无法躲闪的电击，狗就会出现"习得性无助"行为，它会对本可以避开的电击不再躲避。人的某些行为或行为结果在一定刺激下也会出现由于对环境事件的"习得性无助"而产生抑郁。在后来的研究中，塞利格曼又发现，不仅无助是可以"习得"的，乐观也是可以通过学习而获得的。学会维持乐观的态度不仅有助于避免抑郁，实际上也有助于提高健康水平。塞利格曼指出，心理学有三项使命：一是研究消极心理，治疗精神疾病；二是让所有人生活得更加充实有意义；三是鉴别和培养人才。由于传统心理学过于重视对消极心理的研究，因此现在有必要进行积极心理学研究，从而拓展心理学在另外两个方面的贡献。

1997 年塞利格曼就任美国心理学会（American Bychological Association，APA）主席一职时提出"积极心理学"这一概念，随后，愈来愈多的心理学家涉足这一研究领域，并逐渐形成了一场积极心理学运动。积极心理学在探索和研究人的积极层面时涉及的主题有：主观幸福感、快乐、满足、士气、正性情感、情绪平衡、幸福觉察、主观不幸福感、可感性生活质量，以及所激发的人类潜能和积极的人格特征等。就目前积极心理学的研究来看，其研究内容主要集中在三个方面：主观水平上的积极体验研究、个人水平上的积极人格特质研究、群体水平上的积极社会环境研究。

（一）积极主观体验研究

积极情绪是积极心理学研究的一个主要方面，它主张研究个体对待过去、现在和将来的积极体验。在对待过去方面，其主要研究满足、满意等积极体验；在对待现在方面，主要研究幸福、快乐等积极体验；在对待将来方面，主要研究乐观和希望等积极体验。

1. 回顾过去——幸福而满足

心理学对幸福的研究主要以主观幸福感为指标。对于幸福感的研究始于20世纪60年代，但在当时并没有引起太多关注，到1969年时仅有20多篇研究论文。现在关于幸福感的研究引起了越来越多研究者的兴趣，最近十几年这方面的研究论文已有几千篇。这些研究中有相当大的一部分是集中在生活事件和人格因素对个体幸福感的影响这一领域，也有一部分是金钱与幸福感之间关系的研究（Srivastava A., Locke E.A. &Bartol K.M., 2001）。20世纪90年代以来，随着积极心理学影响的逐渐扩大，一些心理学研究者对幸福的含义进行了新的解释，形成了心理发展意义的主观幸福感研究。在他们看来，幸福不仅仅是获得快乐，而且还包含了通过发挥自身潜能而达到的完美体验。Dinner就是这一领域著名的研究者之一。他对与主观幸福感有关的气质和人格以及主观幸福感强烈的群体的个人背景进行回顾，然后进行更为广泛的跨文化研究，提出了宏观社会环境与幸福之间的关系。这些调查研究发现，决定人们幸福与否的，并不是发生的事情，而是人们如何看待所发生的事情。包括婚姻关系、家庭成员关系、朋友关系、邻里关系等在内的社会关系和人格特质也是影响幸福感的重要因素。

2. 面对今天——快乐而充盈

虽然每个年龄阶段都有不快乐的人，但必须承认，该年龄段同时也有许多快乐的人。Lyubomirsky S.（2001）比较了那些快乐的和不快乐的人，发现他们在认知、判断、动机和策略上有所差异，并且这种差异经常是自动化的，并未被意识到，主要表现为快乐的人对社会性比较信息相较不快乐的人稍微迟钝些。关于快乐与金钱的关系、快乐与信仰的关系以及快乐随着社会发展而有所变化等主题也有不少研究。比如，Diener等调查了福布斯排行榜中最有钱的100位美国人，结果发现，他们仅比一般美国人多一点点快乐，甚至还有一些人还感到非常不快乐。财富对快乐的影响如此小，有学者认为，主要是由于生活事件、环境及人口组成等因素在幸福感中所起的作用被差异中和了。为此，一种解释快乐理论提出，要想知道为什么有人比其他人更感快乐，那么就必须去了解他们保持和提高长期快乐以及个体感情产生的认知过程和动机水平。

3. 憧憬未来——现实而乐观

拥有乐观精神是促使希望和乐观增长的关键，因为乐观可以让人更多地看到好的方面。Christopher Peterson 认为，乐观涉及认知、情感和动机成分。乐观的人更容易拥有好心情，更加不懈努力以获得成功，并且拥有更好的身体健康状况。大量针对艾滋病患者等危重病患者的研究表明，那些始终保持乐观的人活得更长久一些。一个乐观的人更可能习得促进健康的习惯并获得更多的社会支持。

当然，乐观有时会产生"乐观的偏差"（Optimistic Bias），即判断自己的风险小于他人的风险，从而表现为盲目的乐观而不现实（Sandra S., 2001）。这样就产生了矛盾：现实主义会提高成功适应环境的可能性，而乐观则会使个体具有较好的主观感受。为了解决这一矛盾，Sandra L.Schneider 探讨了"现实的乐观"，认为"现实的乐观"与现实并不相互抵触。从原则上说，人们能做到乐观而又不自欺。这种"现实的乐观"研究是对积极心理学的诠释：让生活更加富有意义。

（二）积极人格特质的研究

积极人格特质是积极心理学得以建立的基础，因为积极心理学是以人类的自我管理、自我导向和有适应性的整体为前提理论假设的。积极心理学家认为，积极人格特质主要是通过对个体各种现实能力和潜在能力加以激发和强化，当激发和强化使某种现实能力或潜在能力变成一种习惯性的工作方式时，积极人格特质也就形成了。积极人格有助于个体采取更有效的应对策略，这方面具体研究了24种积极人格特质，包括自我决定性（Self-determination）、乐观、成熟的防御机制、智慧等，其中引起关注较多的是自我决定性和乐观。积极心理学家认为培养这些特质的最佳方法之一就是增强个体的积极情绪体验。随着积极心理学的发展，对人格特质的研究范围也会越来越广。自我决定性是指个体对自身的发展能做出某种合适的选择并加以坚持。积极心理学从三个方面研究了自我决定性人格特质的形成：先天学习、创造和好奇的本性是其形成的基础；这些先天的本性还必须与一定的社会价值和外在的生活经历相结合，转化为自己的内在动机和价值；心理需要得到充分满足是其形成的前提，这里包括自主性、胜任和交往三种基本的心理需要。

Hillson 和 Marie（1999）在问卷的基础上将积极人格特征与消极人格特征进行了区分。积极的人格特征中存在着两个独立维度：一是正性的利己主义，是指接受自我，具有个人生活目标或能感觉到生活的意义，感觉独立，感觉到成功或者能够把握环境因素及其挑战；二是与他人的积极关系，指的是当自己需要的时候能够获得他人的支持，在别人需要的时候愿意并且有能力提供帮助，看重与他人的关系并对于已达到的与他人的关系表示满意。积极的人格特征有助于个体采取更为有效的应对策略，从而更好地面对生活中的各种压力。

创造力与天才的培养也是积极心理学的研究内容之一。随着积极心理学的兴起，关于创造力和天才培养的研究蓬勃发展起来，例如，Steinberg 和 Lubert 提出的创造力投资理论认为创造力是一种多维结构，由多种资源构成。综观西方心理学关于创造性的研究，主要集中在三个方面：创造性的个体特征、创造性思维加工过程与创造性环境。Steinberg 等人根据创造力投资理论提出了发展性创造潜能的 12 种策略以及创造性生理激活从脑机制方面进行的实验研究，发现在发散思维时，高创造性被试（创造性测验得分高者）两侧额叶都被激活，而低创造性被试只有单侧被激活（Carlsson I., Wendt P.E., Risberg J., 2000）

（三）积极社会环境的研究

马斯洛、罗杰斯等人指出，当孩子的周围环境及教师、同学和朋友向其提供最优的支持、同情和选择时，孩子就最有可能健康成长和自我实现。相反，当父母和权威者不考虑孩子的独特观点，或者只有在孩子符合一定的标准才给予他们爱的信息的话，那么这些孩子就容易出现不健康的情感和行为模式。积极心理学非常重视社会背景下人及其体验的再认，意识到积极团体和社会机构对于个人健康成长的重要意义。Francis Bacon 认为与能交流思想的朋友和搭档接触有两个好处："它加倍快乐，并将痛苦减半。"确实，当同别人在一起时，会感受更快乐些。

不同文化中人对生活满意度的判断有很大的差别。在以个人中心取向（Individualism）为主的文化里，当判断自己有多快乐时，会理所当然地参照他们自己的情感，经常感受到快乐是生活满意度的一个预测因子。相反，在以集体中心取向（Collectivism）为主的文化里，人们则倾向于参照一定的标准来判断他们是否快乐，并且在评估生活时，会考虑到家庭和朋友的社会取向。因此，在不同文化中，与生活满意度相关的因素也是有差别的，这或许源于文化对人们的价值观和目标所带来的影响。

积极心理学与其说是一个完善的心理科学分支，倒不如说是一个有待开拓的处女地。在过去的几十年里,积极心理学羽翼渐丰,终于与消极心理学分庭抗礼,成为现代心理学新的研究方向。但完善积极心理学思想,建构积极心理学体系,发展积极心理学技术,促进积极心理学应用,还有很长一段路程要走。目前有以下几个发展趋势:

第一,研究方向是以主观幸福感为核心的积极心理体验。Daniel Kahneman 指出,目前体验的快乐水平是积极心理学的基本建构基础。包括主观幸福感、适宜的体验、乐观主义和快乐等,正如 Diener(2000)所言:虽然人们已经对幸福的产生与发展过程有了相当的了解,但幸福主题本身仍然存在众多值得研究的地方。特别是在我国,幸福感研究刚刚起步,更有待开拓。

第二,研究方向是塑造积极的人格品质。这是积极心理学的基础,积极心理学要培养和造就健康人格,个体的人格优势会渗透在人的整个生活空间,产生长期的影响。这种研究途径的共同要素是积极人格、自我决定、自尊、自我组织(Self-organizing)、自我定向(Self-directed)、适应(Adaptive Entities)、智慧、成熟的防御、创造性和才能。

第三,研究方向是必须把人的素质和行为纳入整个社会生态系统考察,即应该注意到人的体验、人的积极品质与社会背景的联系性。因此,积极心理学需要综合考察良好的社会、积极的社区以及积极的组织对人的积极品质的影响。发展着的社会背景建构着人的素质,社会关系、文化规范与家庭背景在人的心理发展中具有重要影响。因此,不能脱离人们的社会环境孤立地研究积极心理,必须在社会文化生态大系统中考察。

第四,积极心理学将成为心理学新的理论增长点。积极心理学与传统主流心理学并不是相对立的,它是对传统心理学的一种补充,拓展了心理学的研究领域,使原来具有片面性的心理学变得更完整、更平衡,真正恢复了心理学本来应有的功能和使命,体现了一种社会意义上的博爱和人性,必将为心理学的发展注入新的活力。

第三节 文献综述

一、积极心理学

(一)国外积极心理学研究概况

积极心理学的思想其实早已有之,最早可以追溯到 20 世纪 30 年代的推孟（L.Terman）。推孟在心理学史上因其智力测量而闻名。他在做智力测量时，曾对智力量表得分高的被试进行过纵向研究，其中一个是关于天才和婚姻幸福感方面的研究。在这个研究中，推孟研究了天才和婚姻幸福感之间的关系，这一内容实际上和今天积极心理学中主观幸福感的研究有些相似。几乎与推孟同一时期的瑞士心理学家荣格（C.Jung）也有过相关的研究。荣格是一个精神分析学家，但他的精神分析和弗洛伊德（S.Freud）的不一样。他从来没有把精神问题归结到"里比多"（性动力）之上，他认为许多人的精神问题实际上来自生活意义的缺乏。这个生活意义概念在一定意义上也就是今天积极心理学所讲的意义感（Meaningful）研究。到了20世纪五六十年代，以马斯洛（A.Maslow）、罗杰斯（C.Rogers）等人为代表的人本主义心理学家开始重新关注人性的积极层面，重视个体积极的心理活动。马斯洛曾指出，如果一个人只潜心研究精神错乱患者、神经病患者、心理变态者、罪犯、越轨者和精神脆弱者，那么他对人类的信心势必就越来越小。因此，对畸形的、发育不全的、不成熟的和不健康的人进行研究，就只能产生畸形的心理学和哲学。但不管是推孟还是马斯洛等人，他们只是提出了这样一种思想，而没有去刻意开创这样一种心理学运动，因此积极心理学的真正兴起还应该是20世纪末的事。

积极心理学的正式产生始于著名心理学家塞利格曼。塞利格曼是积极心理学运动的发起人和主要推动者，他早期曾是一个著名的行为主义者，1996年任美国心理学会主席，在其漫长的学术生涯过程中对心理学作出了杰出贡献，目前是世界积极心理学会（IPPA）名誉主席。1998年1月上旬，塞利格曼在墨西哥尤卡坦半岛（Yucatan）的艾库玛尔（Akumal）度假期间，仍然没有忘记就任APA主席时期的愿望——建立一门科学的积极心理学，于是力邀著名心理学家西卡森特米哈伊（M.Csikszentmihalyi）和弗勒（R.Fowler）等人来到艾库玛尔共同商讨。这次度假式商讨是积极心理学正式成立的重要前奏，明确了积极心理学的相关内容、研究方法和基本结构等问题，并在此基础上确定了积极心理学研究的三个主要领域：积极的情绪体验、积极的人格特质和积极的社会组织系统。

这次商讨除了确定积极心理学的三大研究领域之外，还对积极心理学的未来发展提出了一些建设性的措施，如塞利格曼等人认为，要想使积极心理学作为一种科学得到世人的承认，它就必须有明确的哲学基础。著名理论心理学家诺扎克（R.Nozick）受邀负责澄清和厘定积极心理学相关的哲学问题。积极心理学作为一种心理学运动，不仅需要在哲学上立住脚（有自己存在的理由），更需要寻找和其他一些心理学流派（特别是主流心理学）间的联系。

为了进一步扩大积极心理学在学术界和社会上的影响，这次会议还决定建立一个积极心理学网站来宣传积极心理学的理论和思想。考虑到塞利格曼在世界心理学界的地位和影响，会议决定网站就设在塞利格曼所在的宾夕法尼亚大学校内，由塞利格曼本人直接负责和领导。这次会议的另一个决议是待以后条件成熟，要成立国际积极心理学学会，并出版自己的专门学术刊物。目前这两项工作已经完成，国际积极心理学学会已经于 2007 年成立，《积极心理学杂志》也于 2006 年由 Routledge 公司正式出版，并成为积极心理学学会的会刊。设立积极心理学研究的最高奖——邓普顿奖是推动积极心理学发展的重要措施之一。这一奖项由美国邓普顿（Templeton）基金会提供赞助，每年评选一次，奖励在积极心理学领域的研究中作出杰出贡献的年轻学者，非积极心理研究一般不被允许参与该奖项的评选。1999 年 11 月 9 日至 12 日，在美国盖洛普（Gallup）基金会的赞助下，积极心理学在内布拉斯加州（Nebraska）的首府林肯市（Lincoln）召开了第一次积极心理学高峰会议，塞利格曼、克里弗顿（D.Clifton）、狄纳等人出席了这次会议。会议对进一步规范积极心理学研究起到了重要作用，同时还决定要尽快建立世界性的积极心理学学会，加快积极心理学成为世界性心理学的进程。

2000 年，赛里格曼和西卡森特米哈伊联名在《美国心理学家》杂志上发表了《积极心理学导论》一文。文章在总结早期分散在心理学各领域积极心理研究成果的基础上，倡导该领域的研究应该向更深入、更广阔的方向发展，并提出积极心理学研究模式。他们宣称："当代心理学正处在一个新的历史转折时期，心理学家扮演着极为重要的角色和新的使命，那就是如何促进个人与社会的发展，帮助人们走向幸福，使儿童健康成长，使家庭幸福美满，使员工心情舒畅，使公众称心如意。"

2000 年 1 月的《美国心理学家》杂志出了一期关于"积极心理学"的专刊。2001 年 3 月，该杂志又开辟了"积极心理学"专栏。20 篇研究成果分别涉及积极心理学关注的不同课题，如快乐、文化、主观幸福感、乐观、自我决定理论、防御机制、心理资源、情绪与健康、智慧、天才与创造力等。2001 年年末，美国人本主义心理学分会的会刊《人本主义心理学》杂志也出了一个积极心理学的专辑，这一专辑对积极心理学与人本主义心理学之间的关系作了探讨。不过由于这一期专刊的大部分作者是人本主义心理学家，因此，该专辑主要论述了人本主义心理学对积极心理学运动的推动作用，而没有涉及积极心理学对人本主义心理学的超越和发展。到了 2002 年，《积极心理学手册》正式发表，这是积极心理学发展的一个里程碑。因为手册是对一个学科领域或一种学术运动的规范，它的出现意味着该学术运动正式建立了。《积极心理学手册》汇集了 55 篇有影响力的文章，对积极心理学在各个领域已经取得的研究成果进行了系统的梳理和归纳，并为积极心理学的未来发展指明了方向。随后，积极心理学专著开始层出不穷，如：《欣欣向荣——积极心理学与生活美满》《真实的幸福》《习得性乐观》《人类积极力量的心理学》《有意义生活对积极心理学的贡献》《积极心理学评估手册》《改变》《积极心理学方法手册》《佛教和瑜伽中的积极心理学》《乐观的儿童》《积极心理学——关于人类幸福和力量的科学》等。经过这一系列的宣传，积极心理学从此正式走向世界心理学舞台，成为一种重要的心理学力量。近年来，积极心理学的研究在西方心理学界乃至国际心理学界已引起了普遍的关注和广泛的兴趣。

2004 年 8 月在北京举行的第 28 届国际心理学大会上，积极心理学就成为会上 15 个着重探讨的主题之一。在网站"APA online"上键入"Positive Psychology"一词，可以搜索到 4951 篇相关文章（截至 2006 年 5 月 18 日）。而通过"Psych info"搜索发现：幸福感与心理疾病在过去的 6 年间（2001—2006），各有 28 612 个和 12 009 个相关信息。如果对健康、快乐、生活质量和其他有关主题词进行更广泛的搜索，相关论文的数量就更多。这说明积极心理学正在不断壮大成长，越来越多的心理学研究已开始涉及这一领域。许多人（包括心理学工作者、非心理学工作者）已经认识到，人性中的优点是对抗心理疾病的重要调节与缓冲带。开发与培养人性的优点、促进人的健康成长似乎已成为当代心理学新的知识增长点与兴奋点。

积极心理学在其不太长的发展过程中也初步体现出了巨大的应用价值，如狄纳在盖洛普基金会的资助下，与世界 23 个国家的心理学工作者合作，进行了主观幸福度指数的民意调查，这一调查成果为政府制定各种方针政策提供了心理学依据。目前，积极心理学的影响正越来越广泛、深入，从美国扩展到世界各地，各种研究机构如雨后春笋般建立起来，如中国成立了亚洲积极心理学研究院，欧洲成立了欧洲积极心理学研究会等。越来越多的心理学研究者开始关注积极心理学的发展，研究积极心理学的理论，应用积极心理学的成果。如果对国外积极心理学的相关研究进行一个概括，可以发现主要有以下几个方面的特点：首先，尽管积极心理学是一种自上而下的心理学运动，但由于其与社会的发展背景相吻合，又迎合了民众追求幸福的心理，因而其在普通人中的影响日益增大。其次，积极心理学没有拘泥于方法，存在着"只管内容不管方法"的倾向。尽管积极心理学目前的研究还主要是以实证为主，但积极心理学从来没有因此而反对其他的心理学研究方法，如现象学法、叙事法等。最后，国外积极心理学具有鲜明的"问题意识"，主张从人类生活中的实际问题出发来开展研究。积极心理学也许存在着最大的人性本善的哲学假设，但几乎没有从哲学角度来就这一问题进行争论或探讨，这也是它和人本主义心理学的最大区别。

（二）中国的积极心理学研究概况

积极心理学虽然兴起于20世纪末的美国，但很快也引起了一些中国心理学者的关注。如张倩、郑涌的《美国积极心理学介评》一文，在对积极心理学的基本主张、研究近况、存在问题进行了概括性介绍并做了简要评价后，提出积极心理学是一个新的研究方向，是对心理学的一种新的理论建构，是通过对主流心理学的纠正，给现存的心理学内容与形式以补充的观点。从长远看，积极心理学的重要性，可能不在于其提出的任何特定假设和规则，而在于为心理学乃至整个社会提供了新方法，以看待人类的生存和问题的解决。而新的方法、新的思维的出现则是一门学科向前发展的动力之一。[①]

李金珍、王文忠、施建农的《积极心理学：一种新的研究方向》介绍了积极心理学的研究领域：积极的情绪和体验、积极的个性特征、积极的心理过程对于心理健康的影响以及天才的培养等，追溯了积极心理学的历史渊源，总结了西方关于积极心理学研究取得的许多有意义的结论。同时也提出了许多尚待解决的问题，有待心理学工作者，特别是不同文化背景下的心理学工作者继续探索。例如，积极心理学强调快乐、满意等积极情感，认为应该重视、强调人性这些积极的情感和积极因素。然而中国古人曾云："天将降大任于斯人也，必先苦心志，劳其筋骨，饿其体肤……"常识似乎也表明，很多人在走向成功的过程中经常要强迫自己去做一些很烦琐、很艰难的事情，这个过程很痛苦。而快乐的人似乎容易"玩物丧志"，成为事业上的失败者。人们的这种常识有科学依据吗？如何才能做一个快乐的成功者？消极情绪和积极情绪是否可以转换？如何转换？完善、健全的人格如何塑造？

崔丽娟、张高产《积极心理学研究综述——心理学研究的一个新思潮》一文介绍了积极心理学的概念、产生背景、基本内容、价值与意义，并在此基础上指出了积极心理学今后的研究方向。首先，要拓展和深化积极心理学的研究领域。目前积极心理学的研究领域不论是广度还是深度，都远不及它所批判的"限制了心理学研究领域"的消极心理学研究。其次，要发展积极心理学研究技术。积极心理学不仅需要良好的愿望、信念、激情，也更应该采用科学的方法与技术来理解人类复杂的行为。作为一种新的心理学思潮，

---

① 张倩，郑涌. 美国积极心理学介评[J]. 心理学探新，2003（3）：6-10.

创立新的研究方法和范式的重要性是不言而喻的。所以，积极心理学要求心理学家采取更开放的态度、更广阔的视野、更灵活的方法，以担负起心理学的三项使命。①

苗元江、余嘉元《积极心理学：理念与行动》一文阐述了当代心理学的积极转向，即从消极心理学模式向积极心理学模式的转换；介绍了积极心理学理论的基本框架；分析了积极心理学的发展态势，指出要不断完善积极心理学思想，建构积极心理学体系，发展积极心理学技术，促进积极心理学应用。积极心理学的理念、行动，势必会对现代心理学产生积极影响，从而使现代心理学更加面向社会、面向未来、面向应用，并卓有成效地开辟人类通向光明，造就幸福的阳光大道。②

周嵌、石国兴《积极心理学介绍》一文对积极心理学的发展、本质、理论研究等方面进行了系统阐述，重点从积极心理学的理念及其与传统主流心理学、人本主义心理学、建构主义心理学的关系等多个侧面对其进行了论述，并从国际心理学研究的趋势和积极心理学自身的特点两个方面阐述了积极心理学的本土化研究。③

除了以上这些介绍性的综述研究之外，浙江师范大学的任俊在积极心理学领域进行了一系列的有效探索。他不但发表了多篇积极心理学方面的文章，如《积极：当代心理学研究的价值核心》(《新华文摘》2004 年第 20 期)、《积极心理学：实现心理学价值回归的新视野》(《光明日报》理论版 2004 年 11 月 30 日)、《积极人格：人格心理学发展的新取向》(《华中师范大学学报》人文社科版 2005 年第 4 期)、《当代积极心理学运动存在的几个新问题》(《心理科学进展》2006 年第 5 期)、《积极心理学运动是一场心理学革命吗》(《心理科学进展》2005 年第 6 期)、《积极心理治疗思想概要》(《心理科学》2004 年第 3 期)，而且还出版了个人专著《积极心理学》一书。任俊指出，积极心理学研究范式的出现不仅是对前期消极心理学的反动，更是对消极心理学的一种发展和超越，这在一定意义上体现了当代心理学研究的核心价值。因此，积极心理学中的"积极"应该包括三个方面的内容：积极是对前期集中于心理问题研究的病理式心理学的反动，积极意味着倡导心理学研究人心理的积极方面，积极更在一定意义上强调要用积极的方式对心理问题做出适当的解

---

① 崔丽娟，张高产. 积极心理学研究综述——心理学研究的一个新思潮[J]. 心理科学，2005（2）：402-405.
② 苗元江，余嘉元. 积极心理学：理念与行动[J]. 南京师大学报：社会科学版，2003（2）：81-87.
③ 周嵌，石国兴. 积极心理学介绍[J]. 中国心理卫生杂志，2006（2）：129-132.

释,并从中获得人生的积极意义。任俊还在《积极心理学运动是一场心理学革命吗》一文中明确提出了积极心理学运动的性质,他指出积极心理学运动是当代心理学发展的一个重要趋势,但并不能算作一次心理学的革命。它的出现不是对传统以问题为核心的病理式心理学的取代,而只是一种补充。它只不过是恢复了心理学原来失衡的价值观,强调心理学不仅要研究人或社会所存在的问题,同时还要研究人的积极力量和积极品质。任俊指出了当代积极心理学运动存在的一些问题,这些问题主要包括:第一,积极心理学运动表现出一定的"积极话语霸权"。人类的生活并不完全就是由积极所决定的,对于人类来说,消极在许多时候也是一种必要和必然,消极在一定意义上至少对人类的生活具有保护和提醒功能。第二,研究对象尚不够全面,积极心理学表现出典型的成人化价值取向和"白人价值观至上"。第三,积极心理学尚缺少令人信服的纵向研究,并与早期的一些相关研究(如早期的初级预防、增进幸福的心理学运动)及人本主义心理学存在一定的脱节。

  尽管从文献上看,中国自2003年起就有人开始涉及积极心理学研究,但从国内这几年的研究状况来看,中国的积极心理学研究还相当薄弱。这主要表现在:①中国的积极心理学研究主要还是一些理论介绍,其最大价值无非是告诉他人积极心理学是怎么一回事。尽管这在一定程度上扩大了积极心理学的影响,但对积极心理学本身的发展其实并没有太大的促进作用。②中国的积极心理学研究主要还停留在理论研究层面,通过对积极心理学思想的哲学基础、理论渊源等方面的分析来概括积极心理学的性质等。理论研究固然重要,但实证研究也不可或缺。对于积极心理学来说,中国的研究者或许更应该在中国文化背景下研究人的积极品质。换句话说,应该研究中国人的积极品质的特点、成长规律等。积极本身就是一个文化色彩相当浓厚的概念,其内涵受文化的影响会发生很大的变化。比如说话委婉就是中国文化的一种优良品质,但在西方文化中,这却不是一种积极品质。因此,在中国文化背景下研究中国人的积极品质应该是当代中国积极心理学研究的一个重要主题。③中国研究积极心理学的人数较少。中国虽然有很多人关注积极心理学,但真正致力于这一领域的研究者却很少,这可以从中国学者发表的相关学术论文数看出。2016年11月20日中国期刊网相关资料及数据统计结果显示:2002—2016年间发表在中国各种期刊上的篇名含有"积极心理学"的研究论文共有2 800篇(不包括中国期刊网未收录的期刊),其中CSSCI心理学期刊52篇,约占总论文数的近2%;涉及教育学、心理学的一般类期刊402篇(一般期刊即指公开发表的、在中国期刊网上能查阅到的期刊),约占总论文数的14%;而在其他各种类型的期刊上则发表了2 346篇,约占整个积极心理学论文总数的近 84%。

二、情　商

（一）国外关于情商的相关研究

1990 年，美国耶鲁大学的心理学家彼得·塞拉斯和新罕布什尔大学的琼·梅耶首先提出"情感智力"这个概念，"用来诊释人类了解、控制自我情绪，理解、疏导他人情绪，并通过情绪的调节控制，以提高发展和生存的质量和能力"。

1995 年，美国《纽约时报》专栏作家、哈佛大学心理学教授丹尼尔·戈尔曼在总结了当时大量相关理论和很多实验报告的基础上，写成了《情感智力》一书，在书中使用了"情商"这个概念。

1998 年，经过一些修改，戈尔曼将情感智力定义为识别自己和他人情绪的能力、自我激励的能力、管理自己在人际关系中情绪的能力。根据他的理论界定，情感智力主要包括以下五个方面的内容：认识和知晓自己情绪的能力，包括正确认识自己的情绪、了解自己的情绪、进行准确的自我评价和树立自信能力；自我的激励能力；处理人际关系的能力，也就是社会交往的能力；理解他人情绪的能力，也就是移情感应能力；正确管理自己情绪的能力，也就是对自己情绪的调节和控制能力，包括了自我控制能力、树立责任心、树立自信心、具备灵活性和能创新的能力。戈尔曼强调说情商是预测人们学习和未来可能取得的成绩、工作、婚姻以及和健康的指标，他认为学校的教育应该把情商所涵盖的以上层面全部加入。

（二）国内关于情商的相关研究

蔡克勇（1999）认为，情商主要是反映一个人理解、感受、运用和表达自己的情感、控制和调节自己的情感关系，合理处理自己与他人之间情感关系的一种能力，情商是非理性的。[①] 经过他的研究，他还觉得一个人的成功要素中，智商起到的作用只占了 20%，而我们的成功 80% 是受到情商的影响。

张瑞良认为情商是指具有一种善于调适我们的感受、平衡我们的感觉、控制着我们的情绪及保持合理的理智的一种能力。"调适我们的感受"是指调节我们的视觉、听觉、嗅觉、味觉和触觉的感受，使这些感受与外界的各类刺激相匹配和相适应。"平衡我们的感觉"是指对人的名欲、利欲、权欲、食

[①] 蔡克勇. 21 世纪中国教育向何处去[M]. 长春：吉林人民出版社，1999：187-188.

欲、性欲、知欲这些欲望的取值或者他们之间量的关系做出一个平衡的处理，使它们与外界可能提供的一个满足程度保持着相对稳定的平衡关系。也就是说，各种情感在抒发的时候，既要考虑到自己，又要考虑到他人和社会各界。"保持合理的理智"是指我们在抒发情感的时候，要保证和周围维持一种和谐和协调统一的良好关系。

许远理（2008）在信息加工理论的基础上，提出了关于情商的三维结构理论。他认为，情商实际上是一种加工情绪信息和处理情绪性问题的能力。[①]

张进辅和徐小燕也在情绪智力方面作了非常多的研究。他们认为，情商是一种人们在学习、生活和工作中可能会影响到成功的非认知性心理能力，包括了解情绪的能力、适应环境的能力、对事物的评价能力、调节和控制情绪的能力和自我表现的能力五个方面。[②]

马志国在《主宰你的情感》一书中指出，情商有狭义和广义之分。就狭义来说，情商包括情绪的自我认知能力、情绪的自我控制能力、自我激励的能力、对他人情绪的认知能力、人际交往的能力。就广义来说，情商指智力之外的动机、兴趣、情感、意志、气质性格、人际交往等心理因素。马志国认为情商是一个挺大的概念，智力以外的许多心理因素都可以包括在情商之内。也就是说，一个人如果兴趣广泛持久、事业心强、情绪稳定、感情丰富、意志坚强、善解人意、人际关系良好，等等，他就是一个情商高的人。

由此我们不难看出，尽管情商这个概念提出的时间不是很长，但国内外已经有许多研究者在这一领域进行探索，从理论的研究到现实的实践都已经从一定程度上促进了情商教育的发展。情商理论的构建尽管还有很多需要完善的地方，却表现出很好的发展前景，由此所引起的一些影响也正强烈地震撼着我们整个教育领域。

三、高职院校情商教育

情商教育是针对"唯理智教育倾向"提出来的一种教育理论。"唯理智教育倾向"的一个根本缺陷就是我们在研究教育教学规律的时候，常常将我们的认知从情感和意念中硬生生地抽出来，将真实的感情同美感或本身良好的

[①] 许远理. 情绪智力三维结构理论[M]. 北京：中国社会科学出版社，2008：19.
[②] 张进辅，徐小燕. 大学生情绪智力特征的研究[J]. 心理科学，2004（2）：293-296.

状态分开来，让追求高智商成为我们唯一的目标。这种"唯理智教育倾向"造成的后果是严重地挫伤学生的心灵，造成一定的认知错误，在一定程度上造成学生内在的心灵世界残缺不全。① 我国的教育一直都强调德智体美劳全面发展，它们构成了我们学校教育活动的主要内容，它们既是独立存在的，也是相互渗透的。而情商教育则是衔接五育最好的载体，是实现个性教育的重要条件和基本途径。

近年来，随着国家对高职教育的高度重视，高职教育得到了空前的发展与提升。但高职教育的发展毕竟仍处于起步阶段，自身还存在诸多不足，我们今天探讨的情商教育就是其中之一。之前的很多研究和实践及事实都证明，一个人的成败很大程度上是由一个人的情商水平决定的，情商水平的高低也主宰着人生的发展，它的重要性甚至在某种程度上超过了智商对人的作用。但是，一直以来，高职院校普遍侧重于学生专业技能的教育，而忽视了情商教育。长此以往，这将会导致高职院校学生情商不足，也会降低高职学生的社会适应力与竞争优势。高职院校应该充分认识到目前高职学生的情商现状，感到肩上重大的责任，积极探索情商教育的对策和方法，把高职生培养成为智商与情商均衡发展的复合型人才。

将"高职院校"+"情商"或"高职生"+"情商教育"等作为关键词在中国知网"全文"检索，检索到的相关主题论文不到百篇。通过梳理，国内高职院校情商教育主要集中在以下方面。

（一）高职院校情商教育现状及对策研究

罗惠（2011）对情商教育等概念进行了理论界定，分析了当前我国高职院校大学生情商教育中存在的种种问题及其原因，在此基础上提出了在高职院校如何对大学生开展情商教育以及如何提高高职院校大学生情商水平的对策建议。

周瑜（2015）针对高职院校在学生情商培养上的不足（情商不考核、覆盖不全面、培养不连续、教育无方法），提出"四结合"（整体目标与分阶段目标相结合、全面覆盖与重点培养相结合、理论教育与实践教育相结合、自我反思与欣赏他人相结合）模式构建高职院校学生情商培养模式。

高雨（2015）认为，情商教育与思想教育紧密结合，是解决高职院校情商教育操作性缺失问题的重要途径。因而，在课程上将情商教育渗透到思想教育之中，从第一课堂、第二课堂、隐性教育、师资培训等四个方面着力寻

---

① 鱼霞. 情感教育[M]. 北京：教育科学出版社，1999：17。

找实施情商教育的有效途径，这对于高职学生情商的提高具有重要的现实意义。[1]

(二)高职院校情商教育路径模式研究

戚东辉(2012)认为，情商教育在英语教学法课堂上很重要。老师可以以身作则，把情商教育融入培养学生的感恩思想、合作学习能力、自主学习能力和语言交际能力中来。[2]

张科杰(2013)研究发现，针对大一新生存在的情绪焦虑、情感脆弱、目标模糊、意志薄弱、不善交际等情商缺陷，高职院校应通过开办讲座、开设课程、开展咨询、举办活动等方式对其开展挫折教育、感恩教育、人际交往策略教育，进行目标指导和意志磨练，提高学生的情商，健全学生的人格，促进学生健康成长、全面发展。[3]

张颂(2014)指出，语文课堂是培养学生情商的天然平台，教师要利用这一得天独厚的优势来提高学生的情商：身正为范自我提高，尊重学生发扬民主，声情并茂感受精彩，细品教材感悟真情，知人察己榜样激励，通过写作提高情商。[4]

蓝冬玉(2015)认为，高职院校应从转变观念、明确主体、方向指引、丰富内涵、榜样示范、知行通途等方面加强高职生情商教育，促进高职生顺利就业。[5]

陈成文、郝志丽(2016)主张从学校(管理层面)、教师(教育层面)、学生(自我层面)积极探索高职生情商教育的路径和方法，以提高情商教育实效。[6]

(三)高职院校情商教育与创新创业教育融合研究

肖飞、缪大宁、何晓岩(2010)指出：高职院校除要花大力加强技能教

---

[1] 高雨.高职院校情商教育有效途径探索[J].邢台职业技术学院学报，2015(3)：39-41.
[2] 戚东辉.浅谈高职院校英语教学中的情商教育[J].才智，2012(5)：103.
[3] 张科杰.情商教育:高职院校新生入学教育不容忽视的内容[J].职教通讯2012(1)：74-76.
[4] 张颂.高职院校语文课的情商开发研究[J].山西煤炭管理干部学院学报，2014(4)：59-61.
[5] 蓝冬玉.基于就业视角下的高职生情商教育[J].闽西职业技术学院学报，2015(1)：37-41.
[6] 陈成文，郝志丽.高职院校情商教育现状及路径探析[J].淮北职业技术学院学报，2016(3)：114-115.

育外，更要注重学生的情商教育，把情商培养纳入学校的整体运行机制中，并把它作为一项教育内容和考核指标，体现在课程安排、制度建设、校风建设以及加强学生与教师之间的非正式沟通等方面。根据学生的实际情况，可从承受能力、沟通能力、合作能力、适岗能力、自律自理能力五个方面构建情商教育模块。

王春兰（2014）认为，情商制约着智商发挥的程度和限度，其高低直接影响创业的成功率。要培养和提高高职生创业情商，高职院校须树立先进的创业教育理念，将学校塑造成情绪素养型院校，强调重点情绪技能的培养，把情商教育纳入高职创业教育体系；成立创业心理辅导中心，加强创业学生心理健康教育；注重创业实践，在实践中提升学生情商。

（四）特定高职生群体的情商教育研究

魏少婷（2011）针对高职院校商务类专业重技能、轻情商的培养现状，从提高认识、改革培养方案、实现教学创新、开展实践活动、加强就业指导等方面探讨改革这一模式的途径。

李庆洁、陈莉（2014）提出把情商教育纳入高职院校医学生课堂教育体系，提高医学专业课教师情商素养，增设情商教育类课程，注重开展实践教学和大学生实践活动，培养分析解决实际问题的能力，提高自我情绪控制、合作精神、受挫承受能力等情商要素。

综上所述，有关大学生情商的研究逐渐得到重视，研究队伍逐渐壮大，并渗透到各个学科。学者从不同角度的探讨为继续深入研究奠定了一定基础。不过，有关情商的总体研究还处于不冷不热的状态，发表论文的刊物档次较低，鲜有核心期刊或重要项目支持，学术认可度不高。针对高职大学生情商的研究成果还很少，对高职院校的参考应用价值不足，造成情商教育研究重要主体的缺失。现有研究对策多采用观察总结的理论思辨式方法，研究方法和对策建议方面的实证研究的广度和深度还不够，缺乏调查分析和实验论证等实证研究方法。如一些热点、焦点、难点主题，比如跨地域的大范围、大样本高职生情商教育纵向研究，招生政策和就业政策对高职生情商教育需求的影响，高职生创新创业情商的培养，少数民族高职生情商教育的特殊性，社会力量（企业）参与高职生情商教育，等等，均未涉及，亟待加强。本研究力争在这些领域中寻求突破。

第二章
积极心理学

"积极"一词源于拉丁语 Positum，含有"实际的"和"潜在的"之意。在积极心理学视野中，积极意指每个人所具有的实际的和潜在的能力。希顿（K.M.Sheldon）和劳拉·金（Laura King）对积极心理学的定义揭示了其本质特点，"积极心理学是致力于研究人的发展潜力和美德等积极品质的一门科学"[①]。换句话说，积极心理学就是利用心理学目前已经比较完善和有效的实验方法与测量手段来研究人类力量和美德等积极方面的一个心理学思潮。积极心理学研究人的优点和存在价值，关注正常人的心理机能，重视人性中的积极方面，提倡对个体实施更有效、更积极的干预，并以此促进个人、家庭与社会的良性发展。事实已经证明，只有人的发展才是社会发展的最根本动力，一个社会的经济发展并不一定会使全体社会成员的生活质量得到改善，对社会发展的最终检验不仅仅是物质的增长速度，还应参照人的发展程度。积极心理学的这种积极转向意味着心理学开始重建人类的新人文精神，体现了心理学的人文关怀，这实际上是积极心理学发展的本质目标所在。

第一节 积极心理学与传统心理学

积极心理学不是一个冷冰冰的技术领域，而是既体现对人类命运深切关怀而又不失理性严谨的一种新型心理学运动。从积极心理学的性质意义上来说，积极心理学是在过去消极心理学思想体系基础上发展起来的。它和过去的消极心理学没有截然的分界线。比如在研究方法上，积极心理学基本上沿

[①] 弗兰克·戈布尔. 第三思潮：马斯洛心理学[M]. 吕明，等，译. 上海：译文出版社，1987：231-236.

用了过去消极心理学的实证和实验方法，如量表、问卷、访谈、实验等。既然积极心理学是对消极心理学的扬弃，那它必然还将继续继承、借鉴那些已经成熟的标准化测量工具、严密的实验设计技术、心理干预技术，并在此基础上形成和发展积极心理学特有的一些研究技术、手段，以服务于积极心理学自身独特的研究目的。

一、传统心理学的特点

（一）具有消极性

为了真正把握人类心理，心理学家们创建了许多理论。这些理论从各个视角来分析，试图解答人类心理现象发生变化的原因趋势。传统主流心理学对人性的基本假设受消极的人性观影响，接受了自然科学的基础假设和理论，包括决定论、还原论、机械唯物论和元素论。弗洛伊德持决定论的人性观认为人类行为受控于非理性因素、潜意识动机、生物本能驱力以及六岁之前的性心理事件。现代认知心理学将人脑比作计算机，把人类认知活动当作计算机的操作过程，依旧折射着机械还原论的观点。

（二）具有软弱性

长久以来，为了增强心理学的科学性，心理学家们付出了各种努力，比如他们更加强调对于行为的观察，采取实验研究的方法，十分看重研究结果的可验证性，其科学性仍未能达到像生物、化学等学科一样的高度。所以，心理学十分渴望得到自然科学的认可，寻找并且解决问题似乎可以更快、更好地迎合心理学自身对于科学性的需要。可是，相较于解决问题，挖掘人的潜力、帮助人们获得更加幸福的生活，更加难以从科学的角度来衡量。

（三）具有问题意识倾向

第二次世界大战之后，人类心理问题频发，学者们以解决心理问题作为探索目标也迎合了时代的需求。随着时代的发展，战争给人们留下的阴影逐渐消散，物质生活获得了巨大的改善。令人们意想不到的是，人们的心理问题不但没有减少，还愈加增多。越来越多的心理学家意识到，他们按照以往的思路和惯性工作，只是在用问题解决问题，使人们将美好的积极品质和积极力量抛在脑后。久而久之，心理学被蒙上一层消极的色彩。

二、积极心理学的产生

自从 1879 年德国心理学家冯特建立科学心理学以来,心理学得到了显著的发展。首先,心理学学科的科学地位得到巩固,成为科学体系中不可或缺的分支学科之一;其次,心理学学科队伍也逐渐扩大,世界上各个角落都有心理学工作者存在;最后,心理学学科的研究成果丰硕,在心理和行为的解释上取得长足进展。在科学心理学取得显著发展的同时,现代心理学在其发展过程中存在的许多矛盾和冲突也日益显露出来。心理学面临着自身体系的分裂和破碎、心理学无法解决心理现象的社会根植性同研究取向上的个体主义倾向,以及心理学与现实生活脱节等尴尬处境。这些问题在社会许多领域都产生了严重的影响,直接影响了学科的生存和发展。面对这些困境,许多心理学家试图寻找一条与主流心理学不同的道路来消解矛盾和冲突,心理学内部开始出现众多不同的声音,导致了心理学出现多元化趋势。积极心理学在这种背景下应运而生。

(一) 理论背景

积极心理学的理论渊源来自奥尔波特的人格特征理论和马斯洛的人本主义心理学。此外,西方 20 世纪 50 年代末 60 年代初的心理健康运动也对当代积极心理学的发展起到了重大的推动作用。

1. 人格特征理论对积极心理学的启示

奥尔波特认为,个性(人格)是个体内在那些决定个人特有的行为与思想的身心系统的动态结构,具有复杂性、独特性和动态性。奥尔波特认为个体的动机系统为其人格的形成提供了动力,因此个体的不同动机就能直接影响到其人格的形成。但动机与人格的关系不是简单的线性决定关系,动机具有一种机能自主的特性。所谓动机的机能自主就是指任何一个由学习获得的动机系统。只要这种动机包含的紧张与发展形成这一习得动机系统的先行紧张不是同一种紧张,则这一个习得的动机就表现出了机能自主,它就变成了自给自足的"自主体",而不再依赖原来的紧张。[①]正是动机的这种机能自主的特性,才使得个体的人格是动态发展变化的。塞利格曼也正是从这里得到了启示,得出人也具有习得性无助的结论。到了 20 世纪 80 年代,塞利格曼又提出了一个新的推论:既然压抑、退缩等消极品质能够通过一定的学习获得,那么乐观、高兴等积极品质也一定可以通过学习获得,即人也可以获得

---

① 任俊. 积极心理学[M]. 上海:上海教育出版社,2006:44-45.

习得性乐观。

2. 积极心理学对人本主义心理学的借鉴

尽管积极心理学的创始人塞利格曼早期曾在多个场合指责人本主义心理学，认为人本主义心理学没有形成研究传统，具有自恋主义的倾向，是反科学的。但是，从积极心理学的研究主题和内容来看，事实上积极心理学在多个方面都借鉴了人本主义心理学的经验和教训。一方面，人本主义心理学在心理学史上第一次为心理学树立了一个充分体现人性意义的主题，即使人生活得更像人，这也是积极心理学追求的目标和体现的意志。在这一点上，积极心理学与人本主义心理学几乎完全重合。不过在另一方面，人本主义心理学把现象学方法作为自己唯一的方法论，反对一切实证主义倾向的心理学，始终没有汇入主流传统心理学，客观上为积极心理学的产生和发展提供了宝贵的经验教训。

3. 心理学内部的回归平衡趋势是积极心理产生的最重要原因

积极心理学运动倡导者之一，美国心理学会前主席、宾夕法尼亚大学心理学教授赛里格曼于 1998 年在题为《构建人类的优点：被心理学遗忘的使命》一文中指出，心理学应该承担的三项使命：① 研究消极心理，治疗人的精神或心理疾患；② 致力使人类生活得更加丰富、充实，有意义；③ 鉴别和培养有天赋的人。[①]在第二次世界大战以前，上述三项使命得到了心理学研究者同等程度的关注并取得了很大进展。但是在二战之后，随着社会政治、经济环境的变化，战争给人的心灵和身体造成巨大创伤，心理学研究的重点开始转移，逐渐忽视甚至放弃了后两项使命，将视野越来越局限在对人类心理问题、心理障碍，以及环境压力对个体造成的负面影响方面，研究的焦点集中于对个体心理问题的测评、对个体心理疾病的矫正和治疗。心理学逐渐演变为一种矫正和治疗式的科学，其最大成果就是形成了以 DSM（心理疾病诊断和统计手册）为标志的统一的世界性精神和心理疾病的诊断标准。正如赛里格曼所指出的那样，心理学在过去对人类作出了很大贡献，至少有十余种以前难以控制的心理疾病，它们的机理现在已经被人类了解，并且能够被治愈或在很大程度上得到缓减和控制。在心理学取得巨大成就的同时，某种程度上，"消极（病理或变态）心理学"也几乎成为心理学的代名词。由于心理学缺乏对人类积极品质的研究与探讨，过分集中在个体的消极层面，由此造成了心理学知识体系的不完善，心理学成为一种专为少数人（问题人）

---

① 安应民. 管理心理学新编[M]. 北京：中共中央党校出版社，2002：66.

服务的科学。

4. 心理健康运动是积极心理学的直接起源

20世纪50年代末60年代初，西方心理学界出现的初级预防和增进幸福两个心理健康运动是积极心理学的直接起源，积极心理学的理念与这两个运动的观点一脉相承。科温和基尔默就曾形象地把早期的初级预防和增进幸福这两个心理学运动称为当代积极心理学的"嫡堂兄"[①]。初级预防和增进幸福这两个心理学运动始于20世纪50年代末的美国，当时美国心理健康联合委员会为了在国内推动心理健康运动，推出了一套关于心理健康方面的系列丛书。其中，心理学家贾霍达编著的《积极心理健康的当代理解》一书首次在心理学界提出了"积极"的概念，并认为积极的心理健康要从六个方面来定义，即积极的自我态度，全面的成长、发展和自我实现，整合性（一种集中统合的心理功能），自主发挥功能的能力，对现实的准确认知，能掌控自己周围的环境。[②]此外，心理学家霍利斯特和安东诺维斯基也在初级预防和增进幸福等西方心理学运动中对积极心理学的产生和发展作出重大影响。他们一直反对心理学过分关注消极的东西，并且分别发明了"Stren"和"Salutogensis"两个单词来专门表示人的积极体验和描述健康人的"健康机理"。从某种程度上来说，"Stren"和"Salutogensis"概念的出现可以被看作是当代西方积极心理学运动产生的最直接的驱动力。

（二）现实背景

第二次世界大战给人类带来了巨大灾难，战争中人类面对的是一个满目疮痍的世界，战争威胁、食物短缺、疾病蔓延、秩序动荡等各种问题的解决成为当时最紧迫的任务。在那样一个社会大环境下，包括心理学在内的许多学科都把自己的研究重心偏向了问题解决方面。但是第二次世界大战结束以后很长一段时间内，西方心理学界依然把研究重点放在问题和障碍心理的研究上，心理学逐渐成为一门类似于病理学性质的科学，成为一种消极倾向的心理学。积极心理学的倡导者塞利格曼指出，消极心理学在过去的确对人类社会作出了贡献，但是在心理学家对精神病患者的了解大大增加以及治疗手段和设备愈发先进的同时，患心理疾病的人数随着时间的推移不但没有减少，

---

① 任俊，叶浩生. 积极：当代心理学研究的价值核心[J]. 陕西师范大学学报：哲学社会科学版，2004（7）：106-111.
② 王丹. 积极心理学对大学生思想政治教育的启示[J]. 辽宁经济管理干部学院学报，2011（2）：70-71.

反而出现成倍增长的趋势。第二次世界大战后所面临的现实问题具体表现在以下几个方面：

1. 人类社会种族和宗教冲突愈演愈烈

尽管进入 20 世纪的人类创造了高度发达的物质文明，但社会在种族和宗教方面的紧张和冲突却丝毫未较前几个世纪减缓。在对这一复杂社会问题的反思中，心理学家发现，只有从人性共同的部分出发，才能真正找到解决这一问题的最终办法。而人性共同的部分就是人性的积极，也就是说，不论哪个民族、哪个宗教信仰的人，他们都具备自尊、满意、快乐等积极品质、并把这些积极方面当作自己追求的重要生活目标。当世界的各个民族、各个宗教信仰的人都在努力实现这些积极品质，都在追求幸福生活的时候，人类社会的冲突和争端或许就能得到有效缓解。

2. 科技的发展和社会经济的进步给人类带来困惑

从整个西方社会的现实来看，科技和社会经济的发展并没有解决社会的全部问题，特别是没有给人类带来想象中的幸福。第二次世界大战以后，人类经过几十年的和平建设，西方社会在许多方面都出现了令人瞩目的进步，但是另一方面，人类社会的某些领域并没有随着这几十年来经济的发展而发展，有些甚至还倒退了。国民的幸福指数并没有明显增加，威胁社会稳定和安全的因素反而有上升的趋势。

历史已经证明，当一个社会发展到一定的阶段，特别是解决了生存性问题之后，这个社会必然会转向积极。以中国鼎盛时代的汉唐为例，那个时代的中国修建了大量精美的建筑，留下了至今仍然具有较高艺术价值的文化遗产。社会的这种发展趋势就如同一个家庭一样，当一个家庭处于生存困难、食物短缺的状态时，这个家庭就只能以解决各种生存问题为中心。但当这个家庭解决了这些问题之后，就会开始关注自我的美化，会尽最大努力来使自己的家体现出积极特性（如舒适、温馨等）。社会发展到今天已经基本解决了人类自身的生存问题，大多数人已经不用再为自己的吃、喝、穿等基本需要的满足而发愁（当然世界上还有一部分地区或国家处于解决基本的生存需要状态，事实上这些地区或国家也不可能太关注积极心理学），因此今天社会的多个领域都已经开始向积极转化。

3. 西方广大民众对自己生活质量的要求不断提高

由于民主运动的发展和人类自我认识的提高，西方民众对生活质量方面的要求越来越高，他们比以前更渴望过有意义的幸福生活。大多数人希望有更多的时间与自己的亲人和朋友平安地待在一起，而不是去挣更多的金钱，他们把这看作是最幸福和最有意义的生活。如在教育领域，现代的教育者开始关心通过发展学生的积极品质、增进学生的积极情绪来提高教育效率，如赛里格曼提倡的 RCT 教育等。在经济领域，美国普林斯顿大学心理学和公共关系学卡尼曼（D. Kahneman）教授提出了前景理论（Prospect Theory），认为人们对同一事物会从不同的角度来进行思考。如果从积极的角度来引导人们进行思考（比如从个体获得的收益角度来引导），个体接受的可能就较大；而如果从消极（个体可能面临的损失）的角度来引导个体进行思考，个体通常会拒绝。

实践证明，已不能单纯依靠对问题的修补来为人类谋取幸福，心理学必须转向研究人类的积极品质，通过大力倡导积极心理学来实现为人类谋取幸福这一目的。在上述理论研究以及社会现实情况等多方面因素的作用下，2000年1月，塞利格曼和西卡森特米哈伊在世界著名的心理学杂志《美国心理学家》上共同发表了《积极心理学导论》一文，具体介绍了积极心理学兴起的主要原因、主要研究内容以及将来的发展方向等，积极心理学正式为世人所熟悉。此后，积极心理学运动呈现出一派欣欣向荣的景象，并且以一种蓬勃的姿态影响着社会的许多领域。

三、积极心理学与传统心理学的比较

（一）研究的侧重点不同

在过去的心理学研究过程中，传统心理学更多地向人们展示问题，并且对于负面的研究要远远多于正面，忽略了对于潜能、积极力量的挖掘和培养，把人等同于物，认为人类的心理是被动的，人的心理动力受周围环境或者本能的控制。积极心理学家则认为，过多关注负面心理特质并不利于心理学的发展，心理学家不应只将心理障碍和疾病作为研究对象，那些并没有什么问题的普通人同样需要关注。挖掘人们的潜能，发挥人们的积极力量，可以使人生活得更加幸福。积极心理学从怎样让心理更健康的视角来看待问题。尽管问题的出现不能给整个人类带来积极力量，但是，心理问题却可以给人们展示积极品质和发挥潜能的绝佳机会。积极心理学由主要对人类病态心理的探讨，转向挖掘人类内心潜力和正面特质为主，将过去心理学家们忽视的与积极内容有关联的研究视为重点，以科学的方法探究、解决问题。积极心理学的增进功能就是要纠正传统心理学的这种弊端，积极面对问题，以促进普

通人拥有更快乐幸福的生活为己任。

（二）心理问题的预防观念不同

传统心理学的一系列措施主要是为了消除问题，仅仅把人们自身的不足作为侧重点，并以此来阻止问题的发生，从而达到预防的效果。积极心理学继承了人文主义和科学主义心理学的合理内核，修正和弥补了心理学的某些不足，它反对悲观人性观，转向重视人性的积极方面。"积极心理学认为，人类自身存在着抵御精神疾患的力量，预防的大部分任务将是建造有关人类自身力量，其使命是探究如何在个体身上培养出这些品质。"[1]

积极心理学家十分重视预防的作用，赛里格曼认为在状态还算不错的情况下，积极的行动能够为那些痛苦的人们省去许许多多的悲伤眼泪。人们本身具备能与心理障碍对抗的积极心理特质，比如乐观、勇敢、洞察力等。科学的测量可以使人们识别自身的积极品质，凭借内部系统加强人们的积极人格，可以针对心理问题进行有效防御。实验证明，如果人们可以训练自己的乐观品质，那么日后发生抑郁的可能就会降低50%。例如，如果要阻止那些可能吸毒的危险少年，最好的方式就是挖掘他们的积极品质，让他们对未来充满希望。

（三）心理问题的治疗手段不同

传统心理学的心理治疗模式主要是针对那些患有疾病的人进行治疗和评估，认为有心理问题的人是患者，而解决问题的人是医生。传统心理学将重点放在了对病人不健康的认知、情感和意志行为的治疗上。然而，积极心理学则摒弃把有心理问题的人看作是疾病载体的做法，使他们获得希望，充分挖掘他们的潜在能力。如积极心理治疗理论的创始人诺斯拉特·佩塞施基安（Nossrat Peseschkian）曾指出："治疗并不是首先以消除病人身上现有的紊乱为主，而是首先在于努力发动每个患者身上存在的种种能力和自助潜力；'积极'二字按其本意是指'事实之物''给定之物'，事实和给定的东西并不一定必然是障碍和紊乱，也是每个人与生俱来的种种能力。"[2]积极心理学家认为，在治疗心理疾病方面，在一些拥有特殊效果的技术之外，还有十分重要的因素影响着治疗的作用，那就是被他们称之为"深度战略"的因素，也就是一些拥有缓解作用的人格力量，包括乐观、观察力、领悟力等。他们认为，比起采用特殊的治疗技术而言，充分挖掘和发挥病人的人格力量，帮助病人

---

[1] 张倩，郑涌. 美国积极心理学介评[J]. 心理学探新，2003（3）：6-10.
[2] 白锡方. 积极心理治疗[M]. 北京：社会科学文献出版社，2004.

健全心理功能的治疗效果将会更好。

(四)积极心理学更具创造性

传统心理学使心理研究机构源源不断地将资金与人力投入到负面因素的相关研究之中,但得到的效果却是越来越多的人陷入痛苦的心理问题之中不可自拔。这是因为,传统心理学主要以这种程序进行研究:负面研究—负面体验—负面研究,人们不由自主地进入了不幸福的循环体验之中。心理学家仅仅注重负面因素,难以将正面的因素引入人们的心理世界。但是,积极心理学却把那些正面的因素持续不断地引入人们的生活里去。积极心理学的研究对象是被传统学派所忽视的个体的积极心理特质,而绝非个案心理疾病。积极心理学强调个体的正面体验,打破了传统心理学对负面心理体验的循环。正因如此,心理学对于人类来说不仅仅是解决问题,更是要让人们对幸福的生活充满期待和渴望,从而将它们变为现实。

四、积极心理学对传统心理学的继承与发展

作为致力于揭示人类的发展潜力和美德等积极品质的应用科学,积极心理学的出现是受客观力量推动的一种时代产物,是对传统心理学的反思、回应、修正及补充,同时也是在原有基础上对心理学的完善与发展。

(一)积极心理学的研究目的是对传统心理学的进一步完善

积极心理学的研究目的首先是对传统心理学的继承。心理学是研究人行为和心理活动规律的科学,其任务是探索和揭示人的心理活动和行为产生规律,通过描述、解释、预测和控制人的心理与行为为人类的实践活动服务。心理学的最终目的,就是寻找到一种使普通人幸福生活的规律,寻求人类的人文关怀和终极关怀。这种追求是积极心理学和传统心理学共有的。首先,积极心理学强调实现心理学的价值平衡,它既是对当代心理学研究取向的重新回归、对主流心理学消极倾向的反对,也是在新的社会背景条件下对心理学的深刻理解。其次,积极心理学强调研究每个人的积极力量,在于使一切生命更加有意义,使人类生活幸福。传统心理学认为人消极情感的去除意味着问题的消失,因此总是致力于帮助人们提高摆脱各种情绪情感问题的策略、手段、能力等,并将其视作心理学的全部。积极心理学强调实现心理学的价值平衡,修正了传统心理学过分关注"问题"而忘记人类自己的积极力量与积极品质这一不足,将研究重点放在培养人固有的积极力量上。最后,积极

心理学提倡对问题积极解读，在问题发生之后减轻或消除它们，并使个体或社会从中获益；强调积极干预以阻止消极事件发生，并实现更多好事以提升人们生活中的需求。至此，积极心理学在沿袭传统心理学研究目标的同时，将其再度发展并凸显了研究重点。

（二）积极心理学的研究方法是对传统心理学的整合与创新

心理学研究的基本方法有实验法、观察法、调查法和测验法等，均涉及对所要解决的问题进行研究设计、采用合适的方式搜集资料、进行数据分析处理等。无论采用哪种具体的研究方法，研究的基本程序大致都相同，包括提出问题、查阅文献、形成假设、制定研究方案、搜集和处理数据和资料、结果分析、得出结论。积极心理学吸收了传统心理学的绝大多数研究方法和手段，并将其同人本主义的现象学方法、经验分析法等有机地结合起来，以科学的实证研究为主，也接受非实证的研究方法，强调人文精神与科学技术的统一，促进其自身发展，同时整合发展心理学研究技术，模仿传统心理学的精神疾病诊断与统计手册，建立自己的幸福的诊断和统计标准，凸显出积极心理学作为一股新生力量，在对研究方法的把握方面更具包容性、灵活性、多样性。①

（三）积极心理学对传统心理学的研究内容进行补充和修正

积极心理学以一种新的理论视角阐释心理学，主旨在于发展人的内部潜能，培养积极人格特质，发掘人类自身所拥有的优势、力量等。研究内容主要集中在三个方面：主观水平上关于积极情感体验的研究，主要集中在积极情绪体验及其与个体身体健康之间的关系上；个人水平上关于积极人格特质的研究；群体水平上关于积极社会制度的研究，主要研究人类幸福的环境条件（家庭、学校、社会）以及影响天才发展、创造力得以体现、培养和发挥的社会环境因素。传统心理学也曾经强调建立积极的社会组织，但是自从第二次世界大战后，其对此方面的关注日渐减少。积极心理学的兴起再度强调建立积极的社会组织，填补了心理学在此方面的空缺，提倡建立有职业道德的国家法律法规、健康的家庭、关系良好的社区、有效能的学校、有社会责任感的媒体等。塞利格曼认为积极心理学源于奥尔波特的人格特质理论和马斯洛的人本主义心理学，以正常人为研究对象，注重研究人的价值、经验及人的成长和发展，第一次把人的本性与价值提升到心理学研究对象的首位，

---

① 谷子菊. 积极心理学对传统心理学的继承和超越[J]. 牡丹江教育学院学报，2009（5）：95-96.

是心理学发展进程中的一场革命。积极心理学和人本主义一样，坚信人的内在建设性倾向，充分体现出对传统心理学的继承。

（四）积极心理学对传统心理学人性观的反思

在心理学发展的历史长河中，心理学家建构了多种理论来阐释自己独特的心理学观点。虽然这些学派的理论建设有很多区别，但他们根植的人性观却是一样的，即认为人的心理与行为的基本性质是简单、低级、被动的，抹杀了人的主观能动性；采用静止、孤立、片面的观点分析理解个体缺乏健康的价值观；认为人的心理动力或由本能决定或由环境决定。整体而言，这种哲学人性观把人"物化"，视人的存在为静止的、分裂的，完整而充实的人荡然无存，最终导致心理学走上一条"消极"之路。同时，传统心理学认为人类的生命过程或思维活动是遵循物理和化学法则的，从而倾向于用相对简单的原理来解释复杂的心理现象。如行为主义沿袭机械唯物论思想认为外界刺激引起主体反应，主体反应必回应于一定的刺激；精神分析学派采用生物决定论的视角来审视人的心理行为，认为人类行为由性本能驱使，心理现象映射着潜意识的愿望和追求；认知心理学的出现虽然有很大进步，但还是把人的心理还原为类似计算机"输入—储存—加工—输出"的信息加工过程。①

积极心理学家在传统心理学人性观的基础上，开始重新审视自我，继承了人本主义心理学的人性观，萃取后现代建构主义心理学精华，重视生命个体的心理体验，关心个人自由与尊严，把握现实性乐观；重拾科学主义倾向的人性观所遗落的人的个体性、历史性、主动性、整体性，把人看成是社会历史文化的产物，生活在自创的环境中，富有价值性、独特性。积极心理学再次为心理学树立起一个充分体现人性意义的主题，提倡用一种开放和欣赏的眼光看待每一个个体，强调心理学要着力研究每一个普通人所具有的积极力量，鼓励个体利用自身的优势和美德战胜弱点、治愈疾病、追求美好生活，注重人的潜能开发和美德培养，同时也构建了"心理学家应该是积极建构人类精神的进步者和培养潜力开发的专业人士"的理念。

（五）积极心理学拓宽了传统心理学的实践视野

作为美国心理学会主席的塞利格曼在新世纪致辞上谈道："积极心理学在21世纪负有重要使命，即寻找和建立促使个人、群体和社会欣荣繁盛的因素，并视其为一种科学和职业。积极心理学家认为良性的社会制度是建构积极人

---

① 钱兵. 积极心理学视野下的传统主流心理学[J]. 徐州工程学院学报，2008（6）：78-80.

格的支持力量，是个体不断产生自我实现体验的直接来源，对个体的生活质量产生重要影响。传统心理学虽然倡导建立积极的社会制度，但它并未像积极心理学那样将其提升到一个重要的位置并予以实践。单单运用传统心理学的研究理念与方法，难以解决与消除心理问题，而积极心理学提出的新理论与实践视角满足了当代人对心理学的需求，促进了人类科学的发展。相对于传统心理学，积极心理学在理论上存在一个非常理想的模型，它的目标是把所有人而不仅仅是那些有问题的人群建设到一个可能达到的标准状态。积极心理学推动心理学本身发挥其积极作用，帮助人类及社会健康、良性、和谐地发展，其影响已渐渐渗透到越来越多的心理学领域。

积极心理学的兴起是社会和历史发展的必然，拓宽了心理学的实践视野，为心理学的发展与繁荣增添了新的生命力。积极心理学借鉴人本主义学派的观点，提倡积极预防与治疗心理疾病，建立平等的心理咨询关系。积极心理治疗反对过去以问题为核心的病理性心理治疗，提倡应把心理治疗的注意力集中在增进和培养人自身的各种潜在力量上，倡导用积极的心态对个体的心理或行为问题作出解读，并在此基础上激发个体自身的内在潜质，从而摆脱心理问题或者抑制心理问题的产生。[①]积极心理学使我们认识到人性的美好，知晓幸福的含义，领悟生活的纯真，找到如何追求幸福的方法。这不仅使个体受益，也有助于社会稳定和谐以及中国梦的实现。新的方法、新的思维是一门学科向前发展的动力来源，积极心理学还处于发展阶段，其理论难免有些不足，为使其更好地为人类实践服务，我们还需不断努力。

第二节 积极心理学的主要内容、核心思想及发展特征

一、积极心理学的主要内容

积极心理学研究的侧重点与传统心理学有明显的不同，研究内容也存在较大的差异。其研究内容主要包括以下三个方面：第一是主观层面上关于积极情绪体验的研究，包括对过去的幸福感和满意感、对现在的愉悦感、对未来富有建设性的认知等，具体如希望、忠诚、乐观等体验。第二是个人层面上关于积极人格特质的研究，如乐观、爱、胜任、勇气、乐群、美感、宽恕、

---

① 江雪华. 幸福与力量：积极心理学的启示[J]. 教育导刊 2009（10）：44-46.

创造性、天赋和智慧。第三是群体层面上关于积极组织系统研究，主要研究如何创造良好的社会环境促使个体发挥其人性中的积极层面，如责任感、利他、文明、忍耐和职业伦理等。具体如下：

（一）积极情绪体验

体验是指人对外界的各种刺激所做出的一种心理反应。它常以情绪的方式表现出来，因此又称为情绪体验。如何用情绪体验帮助人成长，使其成为人自身发展的垫脚石而非绊脚石，是积极情绪体验领域的研究重点。因此，从操作层面来看，积极情绪体验领域的研究主要就在于帮助个体提高在社会生活中获得最大、最多积极体验的技术。现代心理学领域一般认为情绪是主体对待认知对象的某种态度，它包括认知、主观体验、情绪行为等多个复杂的成分。情绪体验其实是一种主观体验，它有积极与消极之分，也有强度大小的差异。积极和消极的情绪体验能影响到人的生理健康状态。但是由于长期受到消极心理学的影响，心理学在情绪研究中将研究的重点放在了消极情绪的研究上，积极情绪研究一度被边缘化。

积极情绪体验是积极心理学非常关注的一个重点，不过心理学早期大多数关于情绪与健康的研究主要偏重于病理性方向，局限于研究消极情绪如何导致个体疾病的产生。由于积极情绪和消极情绪呈负相关，研究者们便设想用前者代替后者，也许会有预防和治疗上的效果。这一设想开创了情绪研究的一个新领域——积极情绪状态对于生理和免疫系统的直接和间接影响。该领域的研究结果显示，积极的情绪状态会促进血液中一种免疫抗体 S-lgA（分泌性免疫球蛋白）的分泌，从而提高机体免疫系统的活动。积极的情绪状态对于患者心身状况的改善也有积极的影响，导致积极的康复活动。研究发现，AIDS 感染者中，对自身的康复能力抱有超乐观态度的人，症状出现得相对较晚，在康复锻炼中表现更好，生存时间也更长。[1]

不过在积极情绪领域最有影响的研究还是积极情绪"拓展—构建"理论（The Broaden-and-build Theory of Positive Emotions）。该理论认为，看起来相对离散的积极情绪会增强个体瞬时的思想和行为能力，并对指导思想和行为的心理资源有长远的影响。这一研究结论表明，人类的各种积极情绪可能并不是截然分开的，而是具有高度的相关性和一致性的，个体在体验到一种积极情绪的同时，往往也会体验到其他的积极情绪。为什么这个理论具有较高

---

[1] ORGAN D. W. Organizational Citizenship Behavior: The Good Soldier Syndrome[M]. Lexington, MA: Lexington Books, 1998: 34.

的价值呢？因为这一理论推翻了心理学过去关于情绪研究的一个经典结论。心理学在 1979 年有一个重要研究（这一研究当时以 40 多页的篇幅发表在 APA 的实验心理学杂志上），这一研究结论已经被当作心理学关于情绪研究的基本规律。这一研究结论是：消极情绪更有利于个体产生准确的认知。艾洛伊（L.B.Alloy）和艾姆森（L.Y.Abramson）对抑郁组被试和非抑郁组被试进行了电灯开关控制试验。结果显示，非抑郁组被试总是表现得过于乐观，以至于对于控制结果判断概率（75%）高出实际概率（25%）很多，而抑郁组则判断得更准确。这一现象后来被心理学界称为抑郁性现实主义（Depressive Realism）。尽管艾洛伊和艾姆森的实验揭示了一个让人有点沮丧的事实，但后来一系列的心理学研究证实了这一结论。因此心理学界长期以来总认为，只有消极情绪才能促进个体的认知。

积极情绪"拓展—构建"理论是由美国密西根大学（University of Michigan）的心理学教授弗瑞德克森于 1998 年提出的。弗瑞德克森也因提出这一理论而于 2000 年获得美国第一届邓普顿积极心理学奖（Templeton Positive Psychology Prize）一等奖，奖金为 10 万美元（这是美国当代心理学领域颁发奖金最多的奖项）。积极情绪"拓展—构建"理论认为，积极情绪具有拓展并构建个体即时思想或行为的作用，也就是为即时的思想和行为提供充足的资源，如使个体在当时的情景条件下反应更准确、认知更全面、思维的创造性更活跃等。在扩建即时资源的基础上，积极情绪还能帮助个体建立起长远的、有利于个人未来发展的资源（主要包括身体资源、智力资源和社会性资源等）。以几种重要的积极情绪为例，如兴趣是一种带有积极特征的情绪（尽管从功能上来看，人们通常都把兴趣当作一种中性情绪，但在积极心理学领域，兴趣则是一种典型的积极情绪，因为和兴趣相伴随的行为或行为倾向是一种接近，而积极心理学正是将能否产生接近或接近的行为倾向来作为情绪分类的标准，这一标准和生活常识有些区别），它能为个体提供充足的工作动力，并充分调动个体已经具有的知识和生活经验，并能及时使个体关注在生活中碰到的新的相关信息；幸福感也是一种具有明显积极特征的情绪，它一方面使个体对自己的过去感到满意，同时另一方面也会使个体对未来充满希望，并把这种生活体验迁移到对各种事物的认知上；爱情是一种产生于安全和相互吸引基础之上的复合型积极情绪，获得了满意爱情的个体会经常表现出一些爱的思想和行为，而这种爱的思想和行为能迁移到其生活的各个方面。

弗瑞德克森提出这一理论之后，一些心理学家开始用实验来验证这一理论的正确性。如沃林格（H.A.Wadlinger）和艾萨克维茨（D.M.Isaacowitz）就从信息加工心理学的实验范式出发，用实验证明个体在积极情绪状态下的视觉注意广度更大。詹森（K.L.Johnson）则用人脸再认实验证明了具有积极情绪体验的被试在人脸识别上较少"自我种族偏爱"，也就是说，具有积极情绪体验的个体对其他种族人的人脸具有更高的再认。麦丽（W.M.Miley）等人的研究则表明，当被试处于较高的感恩、宽恕等积极心理状态时，认知执行功能（Executive Functions）水平也较高，如目标定位水平、自觉行为水平等。艾森（A.M.Isen）等的研究表明，积极情绪能有效地组织人的认知活动，使人的认知活动范围更广、流畅度更高、灵活性更强。同样，希尔（E.L.Hill）等人的研究也证明，积极情绪体验中的个体能更全面地认识自己面对的任务，从而保证个体在特定的情境中做出最有效的反应。积极情绪扩建理论在后来又获得了更多实证研究的支持，有人甚至还发现动物似乎也有这一特点。

（二）积极人格特质

人格（Personality）源自拉丁文"Pesrnoa"，本义是演员在台上演戏时所佩戴的具有某种典型特征的面具。后来，这一词逐渐引申为一个人在生活中展现的一些典型特质。在现代心理学中，不同的学者虽然由于研究角度和文化背景的差异，对于人格的定义并不统一，但对人格的理解基本一致。首先，人格具有统一性。这种统一性既包括人格是一个人认知、情感、意志行为等多方面互相作用的结果的展现，也包括人格所包含的各个组成部分的变化具有连带性，一个方面的变化势必会引起其他方面的变化。其次，人格具有稳定性，即人格是跨越时间和情景的，即使人格发生变化，也比较缓慢且滞后于生活事件。再次，人格具有复杂性，这是因为人格是对人的认知、情感体验和行为的综合反应，人们只得在运动和变化中来把握人格。最后，每个人的认知、情感和行为的组合方式的不同造就了人格的独特性。

传统心理学对人格的研究一般比较强调人格的独特性而忽视了人格的普遍性。从弗洛伊德的人格理论到人格特质理论，理论的最终落脚点还是问题人格和对问题人格的分析和研究上。积极心理学在反思和批判了传统心理学人格研究存在的问题后，提出了自己的积极人格理论。积极人格理论认为良好人格并不一定意味着没有任何人格问题或心理疾病。所谓的积极人格，指的是个体能在生活中不断主动追求幸福并时时体验到这种幸福，同时还能使自己的能力和潜力得到充分的发挥。积极人格理论是积极心理学中的重要组成部分，它最早来源于塞利格曼对于"习得性无助"的研究。

塞利格曼曾经在实验中观察到狗在遭遇数次不可躲避的电击后会放弃努力的现象。根据这一现象，他提出了"习得性无助"理论。之后，塞利格曼又把这一理论推广到了人类本身，认为许多人存在的诸如抑郁的心理问题很可能是形成了"习得性无助",即形成了一种对当下情景和现实无可奈何的信念,正是这种根深蒂固的信念使得个体失去了进一步行动的动机。不过,随后塞利格曼发现自己的"习得性无助"理论缺少了一个和"无助"相对的"非无助"状态。在通过一系列实验研究和论证后,他发展出"解释风格"理论(Explanatory Style),该理论把人格分为"悲观型解释风格"和"乐观型解释风格"两个对应的极点,所有人的人格都处在这两极点之间的某一个位置。

挫败最易导致个体的人格出现问题,但并不是每次的挫败都会导致个体出现人格问题,也并非所有的失败和挫折都会对人格产生不良影响。而且,不同的人对挫败感的认知不同,挫败对不同的人产生的影响也不同。只有部分人会因挫败形成问题人格,产生"习得性无助"。塞利格曼认为产生差异的原因在于"乐观型解释风格"的人和"悲观型解释风格"的人的认知倾向不同。"乐观型解释风格"的人总是倾向于认为挫败是外部原因所致,不会长期存在,一切都会好起来的,而成功是源于自己的努力,是在可控范围内的且可以重复的;"悲观型解释风格"的人却与此相反,这类人格的人倾向于认定挫败是内部原因所致,是很难避免的,而成就来自不可控的外部原因,只是靠运气,是偶然的且不可复制的。

积极心理学列举了幸福感、希望、创造性、勇气、坚持性、仁爱、正义、感激、乐观、宽恕、仁慈等24种积极品质,并对这24种积极品质加以研究。但从目前的研究成果来看,积极心理学的研究重心主要还是集中在主观幸福感、乐观和希望等几个重要的积极品质上面。

1. 主观幸福感

幸福是个古老的话题,伊壁鸠鲁(Epicurus)就认为生活的目的是快乐,快乐和幸福是天生的最高的善,一切取舍都应从快乐和幸福出发。幸福也是一种主观性很强的体验,不同的人对幸福有不同的理解,不同的社会阶层对幸福的定义也有所不同。古往今来关于幸福的认知浩如烟海,无论对幸福的定义如何千差万别,有一点是确定的,那就是幸福是一种主观体验。

在积极心理学研究领域,主观幸福感是积极心理学家对幸福研究的重点。主观幸福感即"Subjective Well-being",简称SWB,指的是个体根据自己的标准来评判自己的生活状态、周围环境和相关事件,并作出满意的认知和评价。由定义可以看出主观幸福感有三个显著的特征:主观性(即个体自己设定评判标准)、稳定性(即SWB是对长期生活质量的评价)、整体性(即SWB是对情感和认知的一种综合评价)。主观幸福感在内容上,包含了情感体验和生活满意度两个部分,情感体验是个体在生活中的情感体验,包括快乐、喜悦、放松等积极情绪和抑郁、焦躁、紧张等消极情绪。生活满意度指的是个人对其总体生活满意程度做出的评判和对学习、健康、家庭、人际关系等重要生活领域作出满意程度的判断。

随着主观幸福感研究的深入，研究者发现，生活事件、人格特质、收入、社会支持和文化等会在一定程度上影响个体的主观幸福感。相关研究表明三个月内的生活事件对个体的 SWB 有影响的可能，而男女性别差异在生活满意度上并未有太大的差别。当然，很多人认为金钱对个人的主观幸福感影响最大，然而研究表明，不管一个人的收入增加或者降低，或者是不升不降，他平均的SWB 不会发生太大的改变。生活动荡的人和生活稳定的人的主观幸福感未必存在显著的差异，失业、丧偶等生活不稳定因素似乎也不能影响到一个人的长期的 SWB，这可能与人类适应变化的能力有关。有没有什么因素能够长期稳定地影响着主观幸福感呢？答案是肯定的。一些纵向研究发现，与其他因素相比，主观幸福感更依赖于人格特质，甚至通过对人格中积极情感、生活满意感和消极情感这些重要组成部分所占比例，就可以预测个体十年甚至二十年后的主观幸福感。很多学者认为，良好的社会支持系统（朋友、爱人和父母）可以使个体获得更高的主观幸福感，即父母、爱人和朋友在物质和信息上的帮助，可以提升个体的生活满意度和积极情感，降低消极情感。尤其是个体面临应激事件时，亲情、友情和爱情可以阻止或者缓解个体的应激反应，提高个体的安全感、归属感和认同感，促使个体增加健康行为，减少消极情感。

2. 乐观

乐观是一种面向未来的重要的积极体验。人类学家泰尔格（L.Tiger）认为："当评价者把某种社会性的未来或物质性的未来期望视为社会上所需要的、对他有利或能为他带来快乐时，那么与这种期望相关联的心境或态度就是乐观。"①

从泰尔格对乐观的定义中，可以发现乐观包含了两个最主要的特征：第一，乐观是与个体的期望紧密联系的主观态度或心境。即期望不同的个体，对同一客观事实会做出不同的认知和评价，并由此产生的与评价价值相关联的态度或心境。如果评价对他有利或给他带来快乐，则乐观；反之，则悲观。第二，乐观指向的是未来，而非过去和现在，一般建立在假设的基础上，通过推测产生。乐观既受到认知判断的影响，又受到主观愿望的影响，是两者综合作用的结果，并在结果的基础上影响着未来一段时间内个体的行为。

---

① TIGER L. Optimism: The biology of hope [M]. New York: Simon & Schuster, 1979: 18.

早在 18 世纪初期，莱布尼茨（G.W.Leibniz）就已经对乐观有了一个早期的阐述。他认为"即使美好善良有时会伴随着一定的痛苦，但最终必然会战胜邪恶"。而到了 19 世纪，"悲观"的概念才由英国诗人柯尔律治（S. T. Coleridge）和德国哲学家叔本华（A.Schopenhauer）提出，并在叔本华的"悲观人生理论"中做了深刻的诠释和全面的阐述。因此，从"乐观"和"悲观"两词的由来看，两者最初并非是相对应的。在乐观发展的过程中，产生了天性论和学习论两大主流观点。天性论乐观理论将人的天性看作乐观的基本出发点，认为"乐观是人的一种天性，是与生俱来的，人类的社会环境或文化只是助长了或限制了这种天性的发展"。从古代心理学到现代人本主义心理学，很多心理学家均支持"天性论"这一观点，只是对待乐观这一"天性"的态度有所区别罢了。古代心理学中尼采（F.W.Nietzsche）、福克勒斯（Sophocles）等人对待乐观这一"天性"具有一定的消极意义，认为"乐观的天性只是为了延长人类自身的痛苦"，而弗洛伊德更是将这一思想发挥到极致，其在《妄想的将来》（The Future of Illusion）中认为，"乐观是人普遍具有的一种天性，但它只起着幻觉的功能，尤其是当它和宗教规则结合在一起后，会使人对现实失去正确的知觉而变得心安理得，甚至会使人出现强迫症。反之，心理能量在不平衡状态时则会产生一种对将来不快乐的幻觉式期待，也就是悲观"。

到了 20 世纪六七十年代，随着认知心理学的兴起，心理学家对乐观的态度逐渐从消极转向了积极，认知心理学发现"人们并不是严格按照现实的实际情况来进行思想和采取行动，而是以一种天生乐观的心态来思想和行动"①。现实中，认知心理学家发现人们在交谈、倾诉和写作过程中，积极的词汇要远多于消极词汇；多数人自我评价过程中积极词汇的使用也大幅高于对他人的评价；人们在联想试验中，对美好的回忆更多、记忆时间也更长久。一系列的心理学调查均表明，大部分人心理量表的得分要高于量表的平均值。这一现象表说明，大部分人具有乐观的天然倾向。人类学家泰尔格认为这种倾向是种族的一种生物属性，其在著作《乐观：希望的生物学》（Optimism: The Biology of Hope）中明确指出："乐观是这个种族的一种生物属性，是人类在进化过程中形成的一种机制，这种机制随着人类认知能力的提高和社会文化的进步而不断发展。"

虽然都是天性论的支持者，但泰尔格对乐观这一天性和弗洛伊德有很大区别，泰尔格认为乐观通过遗传进化产生，并不由其他心理特性派生而来，

---

① TAYLOR S. Positive Illusions: Creative Self-Deception and the Healthy Mind [M]. New York: Basic Books, 1989.

甚至推测"乐观推动了人类自身的进化"。与弗洛伊德的天性论乐观理论相比，泰尔格的理论使乐观摆脱了虚无缥缈的心理能量的纠葛，将乐观的天性看作一种独立的进化机制的观点也更具有积极意义，因而受到进化心理学家的追捧，甚至将泰尔格的天性论乐观理论视为进化心理学的一个重要的理论支撑。

学习论乐观理论的支持者则将后天的学习视作乐观形成的根本条件，认为乐观与悲观的差异来源于后天学习的个体差异。一部分学习论乐观理论的支持者认为"乐观是人在特定的情景中获得的一种特定的机械反射，是反应与强化之间的暂时性联结"。这种观点突出了环境因素对乐观形成的作用，但是忽视了人本身在这一过程中的作用，认为人只能被动地接受外界的刺激，物化了人的表现。而社会学习论心理学家则修正了这一观点，认为积极的学习过程是人这个主体和环境因素相互作用的结果，与认知、动机、情感等过程相互联系，并受到人的期望的影响，而这一观点也被后期大多数学习论乐观理论的支持者所接受。

积极心理学从综合的层面对乐观的理论进行理解，既承认遗传天性决定了个体乐观程度的基准，也指出后天的学习对个体乐观程度和悲观程度起的作用。积极心理学中的"解释风格"被用来说明个体乐观和悲观的程度。积极心理学的创始人塞利格曼将乐观当作学习而来的解释风格。按照塞利格曼的观点，一个人之所以乐观，主要因为其在乐观学习中学会了"乐观型解释风格"，认为积极的事件、体验"与我有关"，而消极的事件、体验"与我无关"。而正好相反，悲观的人在乐观学习中学会了"悲观型解释风格"，认为消极的事件、体验与"与我有关"，而把积极的事件、体验归因于偶然的、"与我无关"的因素。"归因风格问卷"（Attribution Style Questionnaire，ASQ）用于测量个体对积极事件和消极事件的归因判断，它由6个消极的和6个积极的假定性情境事件组成，根据每个事件设置7个答案，并根据被测者的得分作出积极或消极程度的判断。另一个重要的解释风格方法是言语解释的内容分析（Content Analysis of Verbatim Explanations，CAVE）。不过，该方法需要由经严格训练的心理学专业人士来完成，并且在完成过程中要对被测者和测试的结果一无所知，以避免出现严重的倾向性误差。

3. 希望

一直以来，希望不断出现在文学作品、绘画艺术、哲学讨论和宗教信仰中。随着积极心理学的兴起，希望研究进入人们的视野，并取得了一些成果，这些成果对心理健康教育等方面产生了较大的影响。希望研究领域取得的成果中，施耐德（Kirk J.Schneider）等人的研究尤其引人注意。施耐德将希望定义为"反映个体对自身实现目标能力的认识和感知"。该定义概括了希望所包含的目标、思维路径和动力思维这三大因素，认为希望首先要定义清晰的目标，并围绕着目标这个核心制定清晰的行为策略，即路径思维。而动力思维是个体持之以恒的实施行为策略的动力源泉。希望治疗源于施耐德的希望理论、认知—行为治疗、叙事治疗等思想。[1]

希望治疗通过希望理论帮助个体设立清晰明确的目标，并制定多种通往目标的策略和途径。在遇见挫折和挑战时，希望治疗通过自我激励、环境刺激等手段，不断为个体提供实施行为的动力，帮助个体最终实现目标。希望治疗通过不断的目标实现提高个体的希望水平，从而使个体获得较多的心理能量，以抵抗应激或压力事件带来的负面情绪，保护个体在遭遇负面生活事件时产生的不健康的行为模式，提高个体的生活满意度，最终促进个体的身心健康。而在希望的实践方面，迈克德尔莫特（D.Mc Dermott）和海斯汀（S.Hastings）等人开发的针对儿童的希望提高项目在一所跨文化小学中开展并取得了良好的效果。克劳思娜（E.J.Klausner）等人针对老年人希望加强的项目研究也显示，"抑郁的老年人能够从群体治疗中获益，大幅度减轻了绝望与焦虑，同时希望水平得到了稳步提升"[2]。而在对抑郁大学生希望增强方面的研究中，契文斯（J.Cheavens）和斯奈德（Snyder R.）等人实施的八阶段项目也取得了显著的成效。[3]

（三）积极组织系统

从积极心理学研究的三个领域来看，个体的积极体验有助于形成积极人格。而积极人格形成后，个体也会因此得到更多的积极体验。而在这一过程中，外部环境十分重要，它不仅是构建和拓展积极人格的支持力，也是个体不断产生积极体验的推动力。

积极心理学家认为，个体积极体验和形成积极人格的过程不但受到基因的影响，还很大程度上依赖于外部环境。在积极心理学中，积极环境系统被定义为能够促进个体获得更多的积极体验并形成积极人格的环境组织系统，具体包括宏观层面的社会组织系统、中观层面的单位或社区组织系统、微观

---

[1] SNYDER C. R. Handbook of Hope [M]. Orlando FL: Academic Press, 2000.
[2] KLAUSNER E.J., CLARKIN J.F., et al. Late-life depression and functional disability: the role of goal-focused group psychotherpy [J]. International Journal of Geriatric Psychiatry, 1998, 13: 707-716.
[3] CHEAVENS J., SNYDER R., et al. A group intervention to increase hope in community sample[C].San Francisco: Annual Convention of the American Psychology Association, 2001: 8.

层面的家庭组织系统。而在这三个层面当中,积极心理学主要关注的是作为影响个体成长的最大环境条件的社会组织系统。

积极的社会组织系统是一个设计多学科交叉、多领域融合的复杂系统,心理学的相关领域涉及该系统但并不能涵盖该系统的所有领域。就现实情况而言,积极心理学在该领域的研究还没有形成一套完备的理论体系,相对比较薄弱。但不可否认,积极心理学在该领域也取得了一些理论成果,例如积极心理学家研究发现,"个体的生活环境系统会影响个体自身的心理防御机制,积极的环境系统更有利于个体形成积极的心理防御机制。"瓦兰特(G.E.Vaillant)等人的研究进一步指出,"防御机制的成熟度不依赖于个体的社会阶层、教育程度和智商高低,而是和他生活的环境系统有关。"[1]另外,赖安德(R.M.Ryand)和德慈(E.L.Deci)等人提出:"个体的环境在满足人类胜任的需要、归属的需要和自主的需要这三种基本需求的过程中提供了满足的标准和方式,起到了决定性的作用。"[2]虽然积极心理学对社会组织系统的研究还比较分散,但是通过该领域的一些代表性的研究成果,积极心理学界获得了一个普遍的共识,就是"对于个体来说,他的经验、潜力等因素需要在社会、组织、家庭、学校等系统体现并依靠这些环境组织系统来定义,而其自身的发展也必然受到这些环境组织系统的影响"。

从内在关联角度分析,积极心理学所研究的三个领域具有相互依存、相互促进的内在联系。积极的情绪体验直接影响着个体的生活,而积极的人格形成依赖于积极体验,长期而稳定的积极情绪体验是形成积极人格的基础。一般而论,积极的情感体验可以催生积极的行为,而积极的行为持续重复以后将转变为一种行为模式固定下来,形成类人格的特征。而该类人格行为模式,在个体内在动机的影响下,可以转变成人格的组成部分。积极的人格形成后,又会促进个体的积极情绪体验。积极的环境组织系统是积极的情感体验和积极的人格的外在环境条件,虽然人的内在因素在积极的情感体验和积极的人格形成中起主导作用,但是外在环境能够起到加速或延缓的作用。在积极的情感体验和积极的人格的形成过程中,积极的环境组织系统不仅是不可缺少的,有时甚至起着非常重大的作用,因此积极心理学的研究从来不会忽视该领域的研究工作。

---

[1] VAILLANT G. E.. Adaptive mental mechanisms: Their role in a positive psychology [J]. American Psychologist, 2000, 55 (1): 89-98.

[2] RYAND. R. M., Deci. E. L. Self-determination theory and the facilitation of intrinsic motivation, social development and well-being[J]. American Psychologist, 2000, 55 (1): 68-78.

二、积极心理学的核心思想

积极心理学是近年来出现的一种新的关于心理学的研究价值取向，它强调心理学的研究应从过去传统心理学——问题心理转向研究人的积极特质，提倡用一种积极的心态和行为方式来对人的心理现象作出新的解释，积极心理学在其演变、发展过程中也产生了许多新的观点，但其核心思想主要体现在以下三个方面：

（一）心理学的价值追求应该是帮助人追求幸福

心理学主要面临三大任务：治疗心理疾病，使人感到幸福和快乐，发掘并培养具有非凡才能的人。但第二次世界大战后，由于当时的社会历史背景，全人类的主要精神都致力于医治战争带来的精神上和身体上的创伤，心理学也不例外，越来越偏向关注人的消极因素，成为"病理性"科学。这也就逐渐形成了传统的消极心理学所固有的模式，通过问题和缺陷的角度去观察周围的一切事物，这种不全面的心理学模式占领了大半个世纪。与传统消极心理学相对立的积极心理学则完善了心理学的基本功能，致力于研究人类潜在的积极因素和能力，将关注重点放在良好的心理健康和心理状态方面，从正面、客观、积极的角度分析缺陷及问题，是一门旨在促进个人、群体和整个社会良性发展的学科。积极心理学扮演着重要的角色，承担全新的使命，致力于帮助人们幸福、快乐地生活，帮助成人工作顺利、心情舒畅，帮助儿童茁壮成长，使全社会的人们对自己的生活状态感到满意，保持生命的最佳状态。于是，帮助人追求幸福生活称为积极心理学的价值追求。

（二）用开放和欣赏的眼光来看待社会成员

过去人们过多地关注人类存在的问题，限制了个体积极人格特质的发挥和发展，而积极心理学中的"积极"二字鼓励人，倡导心理学应努力转向研究人的积极方面，用一种开放和欣赏的眼光看待身边的每一个人，把注意力转向人的能力、动机、幸福、乐观、希望等积极品质上来，强调用积极的态度来解决我们所面临的问题，并从中获得积极体验。

（三）以积极的态度看待"问题"

人类生活的世界并不是一个完美的世界，总会不断地遇到这样或那样的"问题"。当出现"问题"的时候，个体面对和解决"问题"的态度会决定其未来的发展。积极心理学认为，"问题"并不一定只给人类带来困扰和痛苦，另一方面也为我们提供了一个挖掘自身潜力和展现自身能力的机会。同一事件，不同的人有不同的认知。比如，我们面对世界末日，拥有消极心理的人会认为我没有多少时间去和家人享受人生的时光了；而拥有积极心态的人，可以看到事物美好的一面，会认为我还有这么些时间和我的家人在一起，要好好珍惜。积极与消极、快乐与悲伤是由我们自己的主观意愿控制和决定的：消极被动的人在遇到问题时总是寻求帮助，所处环境不好时也是怨天尤人；而积极主动的人却恰好相反，遇到问题能够独立思考解决问题，逆境中能够积极进取。因此，积极心理学认为，以积极的态度看待"问题"，在内心充分得到释放的情况下发挥最大潜能，才能为解决"问题"找到出路，否则只会适得其反。

三、积极心理学的发展特征

积极心理学的发展特点主要表现在继承性和创新性两个方面，这两个特点都体现在对传统心理学和人本主义思想的延续和创新。

（一）积极心理学的继承性

首先，对传统主流心理学的继承。传统主流心理学一直是当代西方心理学发展的主体，传统心理学家们认为心理现象具有复杂性，但也具有可操作性和依赖性；而积极心理学对于研究人的积极因素和积极力量在本质上没有跨越传统心理学的特性。一方面，积极心理学在研究方法上继承了传统主流心理学的实验法和测量法，也为自己的理论发展奠定基础；另一方面，从研究内容上，积极心理学强调研究人积极、潜在的能量。

其次，积极心理学对人本主义思想的延续。积极心理学对人本主义的继承体现在以下几个方面：第一，重视人的潜能、潜质的开发。人本主义心理学代表人物马斯洛有一句名言："人性的核心在于人类有机体内部有一个本能的内核，它包含着趋向实现的潜能。"人本主义心理学与积极心理学一样，强调对人的积极力量的关注，挖掘人的潜能，发挥个人的最大效力。第二，积极心理学和人本主义的研究对象都具有全人类取向，它们都关心每一个人的天赋潜能的发展。第三，研究主题的继承。人本主义心理学强调人的自我价值的实现，而积极心理学强调的是如何实现人的自我价值，更关注这个过程的具体内容。第四，治疗观念的继承性。人本主义心理学强调，针对问题人应以人为中心，首先与治疗者建立良好的沟通渠道；而积极心理学强调："治疗并非首先以消除病人身上现有的紊乱为准，而是首先在于努力发现每个患者身上所存在的种种能力和自助潜能。积极二字按其本义是指'事实之物'

'给定之物',事实和给定的东西不是他人所赋予的,而是每个人与生俱来的种种能力。"二者都强调当事人自己的自助变化。

(二)积极心理学的创新性

首先,积极心理学对传统主流心理学的创新。积极心理学强调关注人的积极力量和积极潜能,强调心理学应在研究"积极"和"消极"之间求得平衡;传统主流心理学更多是从"问题"入手,过分关注人类的"病态行为"。而积极心理学认为,对于"问题型"的人不应以消除病人身上现有的紊乱为主,而是需要先开发患者身上的某种能力和自助潜力。在当今和平发展的年代,积极心理学对于人积极品质的研究较消极心理学更具有时代意义。

其次,积极心理学对人本主义的创新。第一,积极心理学对人本主义态度的创新。人本主义心理学一直反对实证主义,随着人本主义的发展,逐渐远离了传统主流心理学,而积极心理学继承和延续了传统主流心理学,进而取其精华,成为主流心理学之一。第二,研究方法上的体现。人本主义心理学把物理现象学方法作为自己唯一的方法论。该方法有它的合理之处,但它过于抽象,过于描述化,它对个案研究有着重要的作用,但对普遍规律的证明有时缺乏深入、透彻地分析;而积极心理学的研究方法更多元化,更灵活,从而使其能够稳定发展。

积极心理学以科学的实证研究为基础,强调崇尚人文精神与科学技术的统一。积极心理学并不是全新的流派,而是将以前分散在心理学各个分支中关于人性的研究加以整合、创新,反过来又促进其他心理学分支对人格积极特质的发掘。随着社会的进步,积极心理学已逐步成为心理学新的研究方向。将人们的注意力转向研究人的积极因素,以提高人类生活质量和生活品质,也将成为当前社会的主要趋势。积极心理学不是一个冷冰冰的技术领域,而是既体现对人类命运深切关怀,又理性严谨的新型学科,用今天的话来说,就是要以人为本,促进人与社会的和谐发展与全面进步。

第三节 积极心理学的历史贡献、现实困境与未来发展

经过十多年的发展,积极心理学业已具备一门学科分支或流派的基本架构或体系,取得了积极心理学运动的阶段性成果。这从如下标志性的成就可见一斑:成立了专门的学术协会,设立了专门的学术期刊《积极心理学杂志》,出版了几套手册及几十种专著,召开了多届具有很强影响力的国际和国内会

议，不一而足。因此，为了帮助人们进一步了解积极心理学运动的阶段性成果和未来可能的发展趋势，有必要对其历史贡献进行回顾和对其未来的发展方向进行展望。

一、积极心理学的历史贡献

（一）积极心理学极大地改善了人的形象，使人的形象更加完整和丰满

积极心理学对传统心理学尤其是经典精神分析心理学和行为主义心理学消极的人性观进行批判，主张人有变"善"的潜力，并且有追求"善的生活"的动机。从正统的精神分析的观点看，像意大利艺术家米开朗琪罗或德国音乐家贝多芬这样天才般的创造性往往是被压抑的需要的置换结果，而不是这些伟大艺术家的天才的自然表现。著名的美国神经病学家、发展心理学家和精神分析学家埃里克森的女儿1996年在《大西洋月刊》上发表了一篇题为《声望：幻想的威力和代价》的文章，将她父亲对成功乃至声望的追求描述为"对羞愧的一种防御"，旨在克服"那种有着严重缺陷或不足的自我感"，从而把埃里克森杰出的成就还原为是一种旨在弥补童年缺失的爱的举措。从此类例子可以看出，传统心理学消极的人性观可谓根深蒂固，也难怪塞利格曼声称要用积极心理学来切除这个"烂透了"的消极人性假设的根子。正是有了积极心理学对希望、爱、意志、意义、美德、超越、敬畏、崇高、乐观、宽恕、感恩、幽默、勇气等人的积极方面的研究，才在很大程度上冲淡了精神分析等传统心理学刻画的消极的、阴暗的人类形象，使人的形象更加丰满和完整。

（二）积极心理学极大地改善了心理学这门学科，以及心理学研究者和从业者的形象

积极心理学不仅改善了传统心理学所刻画的消极的人性的形象，而且直接改变了心理学这门学科以及心理学研究和实践从业者的形象。一般人遇到心理学人时，他们往往会提诸如此类的问题："心理学啊！那你会不会把人看穿啊？""你看我有没有心理问题？""你会不会解梦啊？""你会不会催眠啊？"随着积极心理学的迅猛发展，现在越来越多的人通过互联网、电视、报纸、期刊、书籍等媒介来了解积极心理学的相关理念和研究成果，从而知道心理学除了研究和治疗心理疾病之外，也研究如何使人过上幸福和有意义的生活。正是得益于积极心理学的影响，越来越多的人现在会提出诸如下面的问题："如何增强我和老公（老婆）的亲密关系？""如何让我的宝宝快快

乐乐地去上幼儿园？""怎么让我的爸妈晚年过得更充实和更幸福一点？""如何让我的表达更有创意？""如何让我的员工努力工作并且乐在其中？""如何使我们的社区更加和谐温馨？"因此，积极心理学使心理学以及心理学从业者的形象发生了巨大改变，变得更加丰满和全面，即心理学不仅要研究和治疗心理疾病，也要研究如何提升个体、社会、家庭乃至社会的幸福感。

（三）积极心理学极大地扩充了心理学的研究领域，并使心理治疗的理论和治疗技术更加丰富和完善

积极心理学通过建构许多积极的概念，使心理学家能够研究许多新的课题，从而极大地开拓了心理学的疆域。塞利格曼等人说："心理学家与生俱来的权利并非仅仅是修复缺陷和治疗障碍，而是引导人们过上快乐的生活、善的生活和有意义的生活。"从这个意义上说，积极心理学使整个心理学领域恢复了它生来就有的权利，尤其是使心理学恢复了它在第二次世界大战后被基本忽略的两个使命：使正常的人更加茁壮和更加卓有成效，使人们实现他们高超的潜力。积极心理学家因为有了新的概念体系和新的视野，不仅可以研究消极的领域，而且可以研究积极的领域。美国心理学会前任主席布鲁斯特·史密斯在关于《积极心理学手册》的书评中指出，积极心理学的贡献之一就是有助于心理学在消极与积极之间取得更好的平衡。他说："就最一般的层面而言，我认为心理学对幸福感、良好的功能、美德和积极心理资源未能予以足够重视，而临床实践并未充分利用人们的优点和资源……积极心理学运动可能有助于我们更好地平衡我们关注的焦点。"

此外，积极心理学还开发了许多积极心理治疗的技术，从而使心理学在治疗心理疾病的基础上，兼顾提高人们的心理健康和幸福水平。比如说，方案聚焦治疗、积极心理治疗、幸福治疗、观照认知治疗、创伤后成长临床治疗等积极心理学的治疗理论和技术被逐渐运用到治疗实践中，并起到了一定的效果。正如塞利格曼等人所说的那样，积极心理学使心理学这个箭袋具备了"另外一支箭"。得益于积极心理学的蓬勃发展，现在心理学家可以"左右开弓"——一支射向传统的消极心理学领域，一支射向积极心理学领域，这无疑是一个巨大的进步。

（四）积极心理学提供了一套新的语言，使人们可以更加系统地思考和评估幸福、意义、美德等积极方面

积极心理学不仅对 DSM 进行了解构，而且建构了自己的一套对性格优势与美德进行分类的系统，从而使心理学家乃至普罗大众不仅能够以一种新

的眼光来看待人的心理和行为，而且能够比较准确地对性格优势与美德进行分类和评估。DSM 为基础研究者和临床医生提供了共同的语言，使他们得以在职业团体内部以及团体之间乃至同普罗大众进行沟通。积极心理学充分利用 DSM 的这个优点，制定性格优势与美德分类手册，从而提供了一种测量积极特质所需的共同语言。正是因为有了这种语言和手册，心理学家才得以判断在中国四川被评定为"乐观"或"感恩"的人，与在美国芝加哥得到相同评定的人有着基本相同的积极特质。

此外，积极心理学有助于人们重新审视传统临床心理学对人的异常心理状态的诠释，从而有助于发掘异常心理现象背后的其他意义。比如说，张沛超（2012）等人提出了临床心理学的积极转向，提出积极心理学的视角有助于人们重视抑郁症等异常心理状态在人类进化上的适应功能，从而对它们做出更为积极的解释。他们说："从积极心理学的视角来看，异常心理并非只是个进化的垃圾袋，而是有其适应的意义。这对于更深入地理解人类的心灵痛苦，并从一个广阔的角度获得意义提供了某种可能。"[①]现在有了积极心理学的视角，尤其是有了类似于《性格优势与美德分类》手册这样的测量和评估手段，心理学家和临床医生或许就可以避免类似的尴尬局面了。

（五）积极心理学本身就是心理学发展史上不可或缺的有机部分，无论成功或失败都必定推动心理学科不断发展

积极心理学运动是整个心理学领域试图解决人类面临的巨大的生态危机、社会危机和精神危机的一项大胆而必要的尝试。不管它开出的药方能否医治当代人的顽疾，它的存在本身就有着重大的历史意义。一方面，如果积极心理学取得了预料中的成功，那么它必定会极大地推动心理学乃至其他社会科学的迅猛发展，为个体、社区乃至整个人类社会的和谐发展作出应有的贡献。另一方面，倘若它的发展不尽如人意，比如说，像心理学史上的人本主义心理学那样被主流心理学边缘化，或"有沦为像心理学领域中许多风行一时的运动那样的危险"，那么它的失败也具有悲壮色彩，为心理学的后期发展提供了前车之鉴，就如人本主义心理学在 20 世纪 60 年代的经验教训成为积极心理学成长的养料那样。

二、积极心理学的现实困境

尽管积极心理学运动已经取得了一定的进展，但是它也面临如下几种困境。

[①] 张沛超. 心理治疗的哲学研究[D]. 武汉：武汉大学，2012.

（一）怎样解决积极心理学是描述性科学抑或是规范性科学的争议

积极心理学乃至更一般意义上的心理学是描述性科学抑或是规范性科学，这是一个很有争议的话题。只是在积极心理学阵营内部，就能听到不同的声音。塞利格曼本人就坚持积极心理学是一门描述性科学。Peterson 和 Park 也认为积极心理学是描述性科学。他们认为："积极心理学的目标是描述和说明而不是规定。当然，积极心得学的基本预设是规定性的，因为它宣称必须研究什么样的课题——积极体验、积极特质、积极组织。然而，一旦研究开始进行，它就是实事求是和冷静客观的。"

（二）怎样有效整合人的积极方面与消极方面

积极心理学最重要的问题或许是如何去整合人的消极方面与积极方面。积极心理学运动的一个策略就是批判传统心理学过于关注人的病理状态，而强调自己不仅关注人的病理状态，而关注人的幸福、美德、意义等积极状态。这种策略固然使积极心理学确立了自己独特的身份并在心理学领域划得一大片领地，却也给它带来了个重大难题——如何在积极心理学视角下整合人的消极方面与积极方面。在积极心理学领域内部，某些心理学家煞费苦心地强调对人的积极方面和消极方面进行整合。例如，Joseph 和 Linley 就试图以积极心理学的视角来整合创伤后应激障碍与创伤后成长。Leontiev 指出，积极心理学面临三个方面的挑战，第一个挑战就是必须在统一的解释框架里既包括积极的方面，也包括消极的方面。第二个挑战就是必须做出本质性理解。一方面，积极心理学要成为维果斯基和弗兰克尔所说的高度心理学，即关于人的美德和性格优势的心理学；另一方面，积极心理学不仅要列出性格优点和美德的清单，而且要解释此类性格优势和美德之所以出现的背后机制。第三个挑战就是必须考察人类生活策略或调节机制的种类和层次。一方面，主观的标准无法告诉我们一个人是善人还是恶人，因为不仅像德蕾莎修女那样追求灵性修养的人在舍己为人的奉献中找到了生命的意义，而且像"9·11"恐怖袭击的基地组织成员也能从该行动中获得人生的价值；另一方面，道德规范与价值也无法提供标准，因为它们会随着历史和社会的变迁而发生改变。所以积极心理学一方面要意识到价值的文化特殊性，也要寻求一条跨文化的道路，找到人类共同的性格优点和美德。

（三）怎样建构更加完善的理论框架

积极心理学提供了关于人的最佳行为的新颖观点，从而形成自己的独特的学术身份。正如 Peterson 和 Park 所说那样："积极心理学并非只是老子、孔子、亚里士多德、阿奎那、詹姆斯、杜威、罗杰斯或马斯洛的注脚。积极心理学拥有一个独特的身份，并做出了超越它的远近先辈的新颖贡献。"积极心理学一方面必须整合积极心理学内部的各种观点，使它们统一起来，形成一个严密的理论框架；另一方面，积极心理学必须整合其他心理学分支或流派的研究成果，以充实积极心理学理论框架。

（四）怎样通过吸收其他相关学科的研究成果来丰富发展积极心理学？

积极心理学家可以通过整合神经科学、心理学和社会学方面的研究成果来全面理解积极心理学现象。例如，Taylor 等人通过整合生物学、心理学和社会学方面的资料，阐明了女性的社会关系如何有益于她们应对压力；而 Cacioppo 等人通过社会神经科学方面的进展，展示了生物学过程与诸如社会性、灵性和意义建构之类的社会心理学过程之间的相互关系。即便如此，积极心理学家也必须承认自己的工作是奠基在前人的成果之上，不然就是学术不端行为，并且容易多走弯路。积极心理学也可以从其他科学研究领域获益匪浅，并且必须更加主动地与心理学的其他领域、经济学、社会学、人类学等领域开展坦诚的对话。

（五）怎样扩大和巩固支持群体

积极心理学的研究课题与所有人的生活都息息相关，它的研究成果越丰富，它就越能得到愈来愈多的人的拥护以及政府或私人机构的资助。由于并非每个人都会出现临床水平的抑郁症状或罹患精神分裂症，而几乎所有的人都希望自己有幸福的童年，成为品学兼优的学生，成为令人爱戴的父母，成为事业有成的人或叱咤商场的老板，所以与临床心理学相比，积极心理学享有得天独厚的条件。积极心理学需要充分利用有利条件来促进个人、团体乃至整个社会的积极发展。某些积极心理学家开始从国家和社会层面来处理快乐、健康和幸福感的问题。例如，密歇根大学商学院倡导建立了积极组织学小组，主张发挥人的优势，复苏、振兴和激发组织活力，以全新的视角分析组织现象。Biswas Diener 主编了《作为社会变革的积极心理学》一书，试图采用国民幸福总值（GHP）等积极心理学的理论来应对环境污染、贫富悬殊、消费主义等全球性的顽疾。

三、积极心理学未来的发展方向

当前积极心理学的研究内容主要还是围绕着塞利格曼等人 1998 年在"艾

库玛尔会议"所确定的积极心理学研究的三大支柱上,即积极情感体验、积极人格特质和积极的社会组织系统。积极心理学的三大支柱之间是相互联系的,积极人格的形成建立在积极情感体验不断获得的基础之上,又反过来增加了个体获得积极情感体验的可能性,而积极社会组织系统则为前两者的获得和形成提供了社会支持。因此,这三者之间发生着真实而复杂的互动关系,缺一不可。

从对人类生活的影响来看,积极情感体验和积极人格方面的研究可以直接帮助人们生活得更乐观、更开心和更满意。这两个领域的研究内容似乎可以为提高生活质量提供直接的方法,是积极心理学的核心组成部分。而积极的社会组织系统则是让生活更加美好,使人们更乐观、更开心、更满意的条件。但从目前来看,学者们将他们大部分的注意力都倾注在积极体验和积极人格研究上了,而对积极的社会组织系统(第三大支柱)的研究还稍显稀少。[1]所以,为了更有效地帮助人们提高幸福感,积极心理学今后的重大任务就是要提高有助于人类生活幸福的社会和文化方面的条件。[2]具体来说,以下四个方面可能是积极心理学未来的重要发展方向[3]:

第一,积极的生理健康。所谓积极的生理健康就是指个体不再仅仅关注自己生理指标的问题方面(如血压超过正常多少等),也要关注自己生理指标的良好方面(自己肌肉的弹性处于多么优良的状态)。不仅如此,积极的生理健康还要求个体在充分了解自己生理优势的同时,也能充分利用自己的这些优势来帮助自己获得更多的生理健康。这正如当一个人乒乓球打得好,而另一个人篮球打得比较好,这两个人都可以分别利用自己的优势来进行身体锻炼而达到身体健康。

第二,积极的神经科学。经过各领域学者的努力,现在人们已经对许多疾病的神经机制有了非常清楚的了解,如心理学家早在 20 世纪 50 年代就已经知道了杏仁核控制着人的恐惧情绪,与杏仁核相关的缺陷被称为心理盲(Psychic Blindness),随后的研究也证实了脑岛与人的厌恶情绪相关、眶额皮质则与人的愤怒相关等。但与此同时,研究者对人的积极神经机制却基本一无所知。因此,许多研究者都在呼吁,神经科学也应该致力于研究人的积极机理,要揭示那些快乐、健康、幸福的人的神经机制,这就是所谓的积极神

---

[1] HART K. E., Sasso T. Mapping the contours of contemporary positive psychology [J]. Canadian Psychology, 2011, 52(2): 82-92.
[2] CSIKSZENTMIHALYI M.. The promise of positive psychology[J]. Psychological Topics, 2009, 18(2): 203-211.
[3] 任俊. 写给教育者的积极心理学[M]. 北京:中国轻工业出版社,2010:88.

经科学。

第三，积极的社会科学。社会科学构成了一个社会事业发展的有机组成部分，它以社会现象为研究对象，其本质在于寻找到使人类社会变得更生机勃勃的客观规律，并帮助每一个个体在求得解放和生活幸福的基础上成为具有自觉性和掌握自己命运的主人。积极的社会科学正是这样一种以人的心理和生理幸福为价值核心的新视野，它使社会科学真正回归到了它的价值意义。积极的社会科学是指人们在研究社会现象时，应以人固有的、实际的、潜在的具有建设性的力量、美德和善端为出发点，引导全体社会成员过上幸福生活为最终目标，这是一种对社会科学本质的真正理解。今天，社会科学所面临的一项最重要的任务就是要把所有人动员起来，调动起所有人的力量、积极品质、智慧和创造性，从而促进社会的日益完美，并以此来满足人类自身不断增长的各种需求。

第四，积极教育。教育是对人的一种教化，它的主要功能在于发展人的社会意义，也即使人通过一定的活动而成为具有一定知识、能力和社会道德的人。作为社会的一个基本领域，教育与整个社会及其各个领域相关联，它保证了社会的延续，是社会存在的条件之一。教育的一个非常重要的功能是预防学生各种问题的产生，因为不管是生理问题还是心理问题，治疗在多数情况下只是缓解症状，并不能真正彻底消除问题病症，因此预防其实是一种最高级的解决问题的方法。也就是说，教育首先是要帮助学生成长为一个拥有健康心态、能正常地生活的人，其次才是带领学生走向幸福、成功。积极教育是指教育要以学生外显和潜在的积极力量、积极品质等为出发点，以增强学生的积极体验为主要途径，最终达成培养学生的积极人格，使学生幸福快乐的目的。从这个意义上说，积极教育并不仅仅只是为了纠正学生的错误和不足，更主要的应该是寻找并发展学生的各种积极品质，并在实践中实现这些积极品质与学生自身生活的良好结合。

总的来说，为了使积极心理学在社会发展和人类的自我完善中发挥其应有的作用，我们还有许多方面的工作要做。在理论研究方面，要不断充实概念，与更加多样化的研究方法相结合，进而提高科研成果的学术品位，达到更好地为当前的社会幸福作贡献的目的。积极心理学作为一门科学，源于社会实践，又赖于社会实践的推动，其价值和生命力在于能够不断解答现实问题，它在现实生活和学术殿堂的地位最终也取决于它在多大程度上能够解答现实问题。

第三章
高职生情商教育

作为制造业大国，我国高职教育的目标公认为是培养学生的应用技术能力，然而在高职教育应用技术化的同时，高职学生职业发展实力弱已经成为一个不争的事实。在此背景下，发展情商教育值得理论界和教育界努力探索，高职教育应在以就业为导向的同时注重可持续竞争力的培养。本章拟从情商、情商教育、高职院校情商教育概念界定入手，探讨加强高职生情商教育的必要性与可行性。

第一节 情 商

一、情商的内涵

情商（Emotional Quotient，EQ），又称作情感智商。20世纪30年代，美国心理学家亚历山大在论文《具体智力与抽象智力》中提出了包括心理因素、生理因素、环境因素以及道德品质在内的非智力因素，对传统单纯由智力决定人的成功或失败的理论发起了挑战。20世纪末美国耶鲁大学心理学家彼得·塞拉维（Peter Salovey）和新罕布什尔大学心理学家约翰·梅耶（John Mayer）批判地继承了亚历山大的非智力因素理论，提出"情商"概念，并将其描述为"了解和控制情绪、揣摩和驾驭他人情绪的移情能力，通过情绪控制来提高生活质量的才能"[①]。

情商具体来说主要是指人在情绪、情感、意志、抗挫折、人际交往等方面的品质。一般情况下，人与人之间的情商并无明显的先天差别，情商高低的差异往往与后天培养息息相关。1995年，哈佛大学心理学家丹尼尔·戈尔

---

① 黄卫红. 哈佛情商课[M]. 北京：西苑出版社，2011：5.

曼（Daniel Goleman）出版了《情商》一书，并将加德纳的人际关系技能纳入情商的基本概念中，至此，情感智商扩展为 5 个主要方面：了解自我、管理自我、激励自我、识别他人情绪、处理人际关系。《现代汉语词典》第五版中将"情商"解释为"心理学上指人的情绪品质和对社会的适应能力"[1]。《中国大百科全书（第二版）》中将情商定义为"个体控制和管理自身情绪的能力"[2]，包括了解自己情绪并加以控制、了解他人情绪并能加以应对、人际关系协调能力、发现似乎不相关的事物之间的关系能力。国内外学者对情商的理解有所不同，课题组主要采用丹尼尔·戈尔曼教授的理论观点，即情商主要包括了解自我情绪的能力、管理自我情绪的能力、激励自我情绪的能力、认知他人情绪的能力和处理人际关系的能力。

（一）了解自我情绪的能力（自我认知能力）

自我认知能力，简称自知，即能准确地了解个人感觉、情绪、情感、动机、性格、欲望和价值取向等，并在做出行为之前，以来自个人情绪的信息为行为指向。了解自我情绪的能力是情商的核心和基石。知己知彼，才能百战百胜。认识自己，首先要从认识自己的情绪开始。平心静气地正视自己，客观地反省自己，既是一个人修性养德必备的基本功之一，又是增强人之生存实力的一条重要途径。正因为如此，曾参那句"吾日三省吾身"的话才成为千古名言。也正如老子"上善治水，水善利万物而有静"所言，当体内的水能够静下来，也就自然能够良好地反躬自省，深入地反躬自省，从而达到"明明德"的效果，才能提高和加快在学习中实现"与古人居、与古人谋"的成果，使慧识和智识同步上升至佳境。

拿破仑·希尔曾说过："一切的成就，一切的财富，都始于一个意念。"这个意念指的就是自我意识。自我意识是认识的一种特殊形式，是个体对自我的认识，或者说是对自我同周围人的关系的认识。认识自我，了解自己情绪，才能成为命运的主人，在面对纷繁复杂的选择时才能正确妥善地处理，否则，终将沦为情绪的奴隶，为情绪所摆布。高情商者是自我觉知型的人，他们具备自我意识，了解自己的情绪，对自己的情绪状态能进行认知、体察和监控，能在情绪纷扰中保持中立自省。每个人都有巨大的潜能，每个人都

---

[1] 中国社会科学院语言研究所词典编辑室. 现代汉语词典[M]. 5版. 北京：商务印书馆，2007：1116.
[2] 中国大百科全书总编辑委员会. 中国大百科全书：第18册[M]. 2版. 北京：中国大百科全书出版社，2009：195.

有自己独特的个性和长处，每个人都可以通过自省发挥自己的优点，通过不懈的努力去争取成功。

（二）管理自我情绪的能力（自我管理能力）

自我管理能力即能够认识自己的多种情绪体验，如快乐、喜爱、惊讶、焦虑、愤怒、恐惧、厌恶、悲伤等，并可以协调自己的情绪，对自身情绪有管理能力，如自我安慰、自我减压、自我约束等。管理自我情绪的能力是建立在自我认识的基础上的。每个人都会有自己的情绪，情绪会随着境遇的变化而出现相应的波动，这是很正常的。然而，如果起伏太大或变化太极端，自己又不能很好地控制和调节，就会很容易被情绪所困扰，为情绪所伤害。孔子曰"君子慎独"，指即使一个人独处时，也要克制自己，不要做失道失德的事。慎独，也可以作为识别个体道德品质的方法，因为一个人的道德品质往往会从最隐蔽、最细微的地方真实地暴露出来。

杰森是美国佛罗里达州的一名高智商中学生，学习成绩优异，准备报考哈佛大学医学院。在多数人看来，真是前程似锦。但是，在一次物理考试中，老师大卫给了他80分，杰森认为这项成绩会影响他的前途，于是对老师怀恨在心，在实验课上，举刀刺中大卫的颈部。因此，学业上的聪明不等于有能力管理好自己的情绪，智商高的人也可能因情绪失控而干傻事。只有能够很好地管理自身情绪的人，才能支配自己的行为，改变自己的命运。情商不是与生俱来的，它是可以通过一定的修炼而提高的。它是一个过程，需要一定的管理情绪的技巧，灵活地调控自己的情绪，努力做到操之在我，保持情绪的稳定和行为的积极。

（三）激励自我情绪的能力（自我激励能力）

激励自我情绪的能力，简称自励。自励即了解自己的需要，可以积极面对自己希望实现的目标，长时间保持对目标执着追求的高度热忱，懂得自我勉励、自我说服和自我暗示、自我调整。自我激励是人生中一笔极其宝贵的财富，它使人们在生活中时刻保持高昂的激情，是人生取得一切成就的动力。自我激励至少包含两个方面：一是通过自我暗示、自我鞭策保持对学习和工作的高度热忱，这是取得成功的动力；二是通过自我约束以克制冲动和延迟满足，这是获取成功的保证。

自我激励是思想的能动方式，它是一个人用语言或其他方式对自己的思维、情感、意志、知觉等方面的心理状态产生某种刺激的过程。心理学家研究表明：一个没有受到激励的人，只能发挥自身潜能的 20%～30%；而一个受到正确和积极激励的人,则能发挥出自身潜能的 80%~90%。①尽管这种激励并非都来自自我,但是最经常、最有效、最可靠的激励还是来自自我激励。人生常有不如意之事,面对这些不如意,有的人表现出退缩、沮丧、悲伤,甚至绝望欲轻生等情绪,严重影响学习和生活,损害身心健康;而有的人则能够积极主动地去适应变化的环境,通过自我暗示、自我激励,适时地改变自己,将不利条件变为有利条件,摆脱困境,不断推动自己向成功迈进。大学生要为自己确立一个适合的目标,一个跳一跳够得到的目标,切勿好高骛远,并学会及时调整自己,学会放弃一种思路或方式。放弃是一种战略性技巧,而非示弱,是尝试从另一渠道去实现自己的目标。

(四)认知他人情绪的能力(知人能力)

知人即能够识别他人的情绪状态,能够了解对他人的各种感受,具有敏锐的直觉,懂得换位思考,快速地判断出他人的情绪,能对他人的情绪、性格、动机、需求等做出适度的反应。想要认知、了解他人,掌控身边环境,首先要有"同理心",同理心就是"感人之所感",并能"知人之所感",是既能分享他人情感,对他人的处境感同身受,又能客观理解、分析他人情感的能力,亦即换位思考的能力,或者称为具有感情转移、同情心的能力。古人有云"爱人者,兼其屋上之乌",以形容人们爱某人之深,以至于爱及和这个人相关的人和事。心理学中把这种对特定对象的情感迁移到与该对象相关的人或事物上来的现象称为"移情效应"。培养高情商就必须学会这种换位思考,也就是站在对方的角度去思考。移情能力是建立在细微的敏感的情感能力基础之上的,特别是在自我觉察力和自我控制能力之上的,一个缺乏自我觉察力以及不能控制自己情绪的人是无法揣摩别人的心情感受的。

弗洛伊德曾经说过:"人无秘密可言,即使他们嘴不出声,指头也定会喋喋不休,内心的秘密总会通过每一个毛孔泄露出来。"因此,移情要善于察言观色,善于抓住人们情感变化的蛛丝马迹来分析,在一举一动间体察别人的情绪和目的。培养移情是构建大学生待人能力的基本途径。只有构建起大学生的移情力,才有可能拥有与外部世界相符合的理性认识,才有可能正确地认识并分享他人的情绪,真正做到"感他人之所感,知他人之所知",对他物的各种"事实存在"感同身受,从而达到"共情",产生共鸣,并在此基础上对外部世界作出客观正确的评价,真正地具备感知和评价独立于自我之外的外部世界的能力。

---

① 董宇艳. 德育视阈下大学生情商培育研究[D]. 哈尔滨:哈尔滨工程大学,2011.

(五)处理人际关系的能力（待人能力）

处理人际关系的能力即待人能力，是善于通过他人的情绪来判定其内心感受，能够与人愉快相处，具有领导力，可以协调多人之间的关系，并通过合作完成共同的目标。随着社会的发展及科技的进步，团队力量越来越突出，许多社会事务必须群体协作才能完成，包括个人价值的实现也越来越依赖于他人的协助与合作，因而协作能力在大学生成才过程中的作用越来越受到人们的重视。良好的人际关系能够极大地提高自己的影响力，它需要一定的沟通技巧，是高情商者的一种显著表现。人脉是你身边最大的金矿，恰当管理他人的情绪，是处理好人际关系的一种艺术，这种艺术可以通过人缘、领导能力以及人际和谐程度等方面显示出来。

心理学家指出，人际关系的管理，要求人们在认知他人情绪的前提下，运用相应的技巧，与他人建立并保持良好的关系。充分掌握这一能力的人，能够有效地利用人力资源，左右逢源，使自己成为佼佼者，让自己的人生之路变得更加平坦、顺畅。一个没有交际能力的人，犹如陆地上的船，是永远不会航行到壮阔的大海中去的。一个人想要在现代社会生活中有所作为，就应努力培养自己交往的能力，掌握交往的主动权，注重人际交往能力的培养与自我调节方法。

综上所述，情商包含五大能力（自知能力、自制能力、自励能力、知人能力和待人能力）和两个方面（一是自我方面，涉及认知、管理和激励自身的情绪；二是社交方面，涉及认识、理解并妥善管理好他人的情绪），其内涵体系如图 3-1 所示。

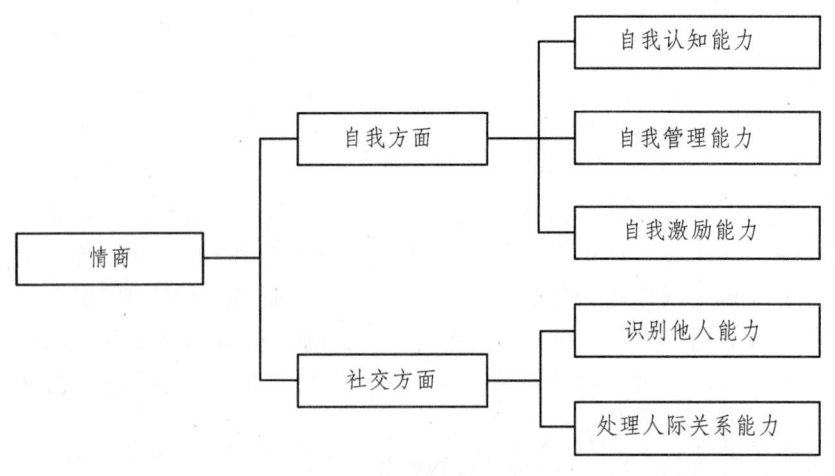

图 3-1　情商的内涵体系

二、情商的功能

情商是一种能力,它不只显示出理性的智能,还显示出人的智慧,它让我们学习认同、珍惜自我和他人的感受,它鼓励我们探索特殊的潜能和目标,并启发我们内心深处的价值与渴望,将思想转化为实际生活。情商的作用不是单独体现的,情商的高低决定一个人的其他能力,包括智力能否在原有的基础上发挥到极致,从而决定一个人能有多大的成就。

(一)自知具有主体导向功能和基础作用

中国人常说,人贵有自知之明。这实际上是说,社会生活中的每个人都应当对自己的素质、潜能、特长、缺陷、经验等有一个清醒的认识,对自己在社会工作生活中可能扮演的角色有一个明确的定位。这通常包括察觉自己的情绪对言行的影响,了解并正确评估自己的资质、能力与局限,相信自己的价值和能力等几个方面。简单地说,一个人既不能对自己的能力判断过高,也不能轻易低估自己的潜能。对自己判断过高的人往往容易浮躁、冒进,不善于和他人合作,在事业遭到挫折时心理落差较大,难以平静对待客观事实;低估了自己的能力的人,则会在工作中畏首畏尾、踌躇不前,没有承担责任和肩负重担的勇气,也没有主动请缨的积极性。无论是上述哪一种情况,个人的潜力都不能得到充分的发挥,个人事业也不可能取得最大的成功。善于了解自己情绪的人,大多善于将自己的情绪调整到一个最佳位置,调谐或顺应他人的情绪基调,轻而易举地将他人的情绪纳入自己的主航道。只有这样,才能在交往和沟通中一帆风顺。

首先,大学生要实现自己的成才目标,必然要相应地建立起自己的能力结构,而能力结构的建立是一个逐渐完成的过程。在主体意识阶段,它表现为大学生自身主体意识的觉醒。这种觉醒使大学生由毫无关注或者仅仅关注外部世界的状态转而关注自身,大学生对自身的关注为大学生的自我认识提供了可能,并推动大学生自我认识的实现,为大学生发展自身能力结构提供了基础和准备。其次,大学生能力结构的建立还需要明确能力的发展方向,即大学生的成才定位。大学生一旦具备了自知能力,就会在自我认识的基础上进行角色定位并设定相应的自我价值期待,从而为大学生能力结构的建立明确方向。由此可知,个体自知能力是大学生成才的基础和前提,它是大学生成才的出发点,并为大学生成才提供所需的方向定位。

（二）自制具有内部调控功能和保障作用

自制即能够认识自己的多种情绪体验，如快乐、喜爱、惊讶、焦虑、愤怒、恐惧、厌恶、悲伤等，并可以协调自己的情绪，对自身情绪有管理能力，如自我安慰、自我减压、自我约束等。自制是指个体的自发情绪管理和主动情绪控制能力，它是个人自身的内部免疫系统。

在大学生的成才过程中，难免会遇到外部或者自身负面因素的困扰。这样的困扰有可能阻碍大学生的成才进程，改变大学生的成才方向，拖慢成才步伐，甚至有可能毁灭大学生自身。如果无法移除这些压力和困扰，大学生成才也就无从实现。当然，移除大学生成才过程中的压力和困扰既可以由社会来承担，也可以由大学生群体自身来承担。但基于社会的宏观性和大学生群体的多元与庞大，这项工作最终还是由大学生群体自身来承担才具有现实可行性，因而大学生走向成功还必然依赖于个体的自觉能力。一旦大学生群体具备了个体自觉能力，就能够在走向成功的过程中自发地进行情绪管理，主动地进行情绪控制，使之在心理上产生免疫能力，免受全面情绪的困扰。由此可见，个体自觉能力是大学生成才的个体素质基础，在大学生成才过程中具有内部免疫功能。

（三）自励具有内部动力功能和引擎作用

自我激励、自我暗示是思想的能动方式，是对自己的思维、情感、想象、意志、知觉等方面心理状态产生某种刺激的过程，具有内容动力功能。人类的一切行为都有一定的目的和目标，都是出于对某种需要的追求。人的一切行为都是受到激励而产生的，通过不断地自我激励，就会使人产生一股内在的动力，向自己设定的目标迈进。有了快乐的思想和行为，你就能感到快乐。一切的成就，一切的财富，都始于一个意念。基于此，自我激励在个人走向成功中起到引擎的作用。只有具备了自发力，才能积极主动地去理解自我情绪，并在相应的自我情绪认知基础上做出对应的主动作为（这种主动作为集中表现为自我情绪管理和情绪控制），这样就为大学生成才移除了内部障碍，保证大学生在通向成功的道路上具备内部免疫功能。

大学生群体在走向成功的过程中不可能是一帆风顺的，难免会遭受到来自内部或者外部的各种阻碍。如果大学生群体具备了相应的自励能力，那么当他们在成才的道路上遇到困难时，就能够进行必要的自我鼓舞和自我激励，并进行适当的自我调节，不至于因困难出现而改变成才的方向或者中止成才的进程。由此可知，个体自励能力在大学生群体成才过程中扮演着十分重要的角色,它是大学生自发地坚持成才方向的原动力,是大学生主动自觉地奋斗成才的驱动器,是大学生成才的内部动力系统。

(四)知人具有外部调控功能和关键作用

知人能力是指个体对他人的认知和评价能力。马克思主义认为,人的本质在其现实性上是社会关系的总和。人具有社会属性,是一种群居的动物,人不能独立于群体而独自存在。大学生群体必然存在于社会群体中,现实社会中没有仅供大学生生活的"环境真空"。如果大学生能够对外部世界有正确的认知和评价,就能在与外部世界的互动过程中较好地融合及协调,大学生在实现自身价值过程中就更容易得到外部世界的配合和承认,也就有可能实现自身的成才需求;反之,如果大学生缺乏对外部世界的正确认知和评价,就必然会在与外部世界的互动过程中产生冲突与矛盾,无法完成与外部世界的融合及协调,也就无法得到外部世界的配合和承认。因此,大学生的知人能力即对外部世界的认知和评价能力,在大学生实现自身价值、获取社会承认的过程中起着重要的外部免疫作用。它指导着大学生免除在与外部世界互动过程中存在的矛盾与冲突,免去大学生在与外部世界互动过程中出现的非融合状态与非协调状态,排除了大学生与外部世界"病态互动"的可能,从而保证了大学生成才能够获得一种健康的实现环境。

想要认知、了解他人,掌控身边环境,首先要有同理心,就是人们常说的设身处地、将心比心,即在发生冲突或误解的时候,当事人如果能把自己放在对方的处境中考虑,也许就可以更容易地了解对方的初衷,消除误解。我们在生活中常说的"人同此心,心同此理"就是这个道理。同理心是情商中的关键要素,具有外部调控功能,它是同情、关怀与利他主义的基础。具有同理心、善解人意的人,能从不同的角度看待事物,能站在他人的立场上理解他人,善于从细微的信息察觉他人的所思、所想、所感、所需,很容易得到他人的接受和认可,就能更好地认知他人、掌控环境。这些人在社交活动中更能够轻松自如、游刃有余。

(五)待人具有外部动力功能和关键作用

待人即善于管理人际关系,善于通过他人的情绪来判定其内心感受,能够与人愉快相处,具有领导力,可以协调多人之间的关系,并通过合作完成共同的目标。

随着社会的发展及科技的进步,群体的力量越来越突出,许多社会事务必须群体协作才能完成,包括个人价值的实现也越来越依赖于和他人的协助与合作，因而协作能力在大学生成才过程中的作用越来越受到人们的重视。大学生的成才过程无非就是大学生开发自身价值并实现自身价值的过程，一方面，在大学生开发自身价值的过程中，如果缺乏他人的理解、帮助、合作与支持，个人力量的单薄及个体视域的局限会使大学生对自身价值的开发大打折扣；另一方面，在大学生实现自身价值的过程中，如果没有他人的响应和协作，如果没有社会的认可和配合，那么大学生价值也就无法得到社会承认。由此可知，在大学生的成才过程中，无论是在才能的培养还是才能的展示阶段，协作能力都发挥着十分重要的作用，它是大学生才能培养的推动剂，是大学生才能展示的催化剂，是推动大学生成才的重要的外部力量，是促进大学生成才的外部动力。

三、情商的性质

情商的性质，决定了情商的应用价值。抓住情商的性质，就抓住了情商的核心。通过分析情绪的生理原理和外在表现，我们可以得出情商的四大特性：可知性、可调性、波动性、扩散性。正是由于具有可知性、可调性、波动性、扩散性，情商才具备可塑性和可用性。

（一）可知性

"脑干组织中的杏仁核管理着我们的情绪，控制着我们的行为。情绪智力的核心是杏仁核的工作机制与大脑皮层的互动。"根据戈尔曼等人的研究成果，杏仁核是情绪智力的生理基础，而且杏仁核在情绪控制方面发挥着不可替代的功能。"杏仁核承担报警的任务，它对每个处境和认知进行判断，并做出反应，向大脑的各个部位发出信号，向脑干发出指令，身体分泌出荷尔蒙，驱动神经中枢，激活心血管系统、肌肉和内脏器官。于是身体各部位做出反应。"[①]情绪发生的生理机制和反应决定着情绪具有可知性。人脑控制着人的喜怒哀乐，掌握人脑的情绪构造和运行规律，以及情绪的"心理—生理"反馈机制能够帮助我们根据情绪带来的表情变化和生理变化来感知情绪变化，在关键时机控制情绪冲动。表情是心理活动的外在表现形式，可以通过表情的细微变化把握情绪变化。情感和情绪密切相关，情感以情绪为基础，情绪所带来的生理机制也为我们感知情感提供了重要依据。

---

① 丹尼尔·戈尔曼，情商[M]. 杨春晓，译. 北京：中信出版社，2010：17-18.

（二）可调性

情绪是个体适应社会的重要机制，在发展心理学中被视为是个体生命持续发展的主要动力。情绪和行为是相互联系的有机整体，可以通过调节情绪来调节行为；反之，也可以通过调节行为来调节情绪。情绪调节是对内在心理和外部行动进行监管，以适应外界情境和人际关系需要的动力过程。[①]情绪具有可调性，掌握情绪调节的方法和原则能够使我们保持良好的精神状态，让情绪服务于我们。对情绪情感的调控能力因人而异，有的人善于调整自己的情绪状态，游刃有余地应对不同情境；而有的人随时随地发泄自己的消极情绪，以至于造成不良的影响。虽然神经机制决定了人的能力水平，但人的大脑具有很强的可塑性，能够在不断学习中得到提升。人的情绪情感情操具有可塑性和可调性，可以根据其变化规律和常规模式进行调控，来提高控制和管理能力。只要我们把握了情商的生理机制，设计出一系列的情商教育模型，就能够培养较高的情商。我们可以借鉴智力技能的各种培养策略来设计情商技能的培养策略。

（三）波动性

情感和情绪的变化，是人的意识的波动状态。人的意识随着时间和场景的变化而变化。在一定情境下，受到的情境刺激不同，表现出来的情绪和情感也不相同。生活中，我们常常见到某个人刚刚还笑容满面，下一刻却因为某件事的触动而变得愁眉苦脸。情绪不是一成不变的，而是此起彼伏的，这就是情绪的波动性。当然，情绪波动也存在个体差异。情感相对情绪而言比较稳定，但也不是一成不变的，随着主体需求变化与客体性质变化的相互制约与平衡，主体对客体的情感也会发生变化。

（四）扩散性

情商的扩散性，亦指"情"的感染性，是一个人的情绪情感情操对他人产生影响，即"共鸣"。这种扩散性根源于人的移情能力。一个人的内在心理状况能够通过言语、表情、动作等外在信号显现出来，进而影响到他人，促进人与人的互动和交流。情绪和情感的扩散方式分四种情况[②]：向内扩散，即某种情感使主体自身的生理和心理在一定时间内都富有某种感情色彩；向外扩散，即主体的情感体验传播到主体之外的人或物上，表现为以情动情，

---

① 孟昭兰. 情绪心理学[M]. 北京：北京大学出版社，2005：204-205.
② 燕国材. 非智力因素与学习[M]. 上海：上海教育出版社，2006：110

同情心和共鸣都体现了这一点，比如，"感同身受""同病相怜"；时间扩散，即某种情绪情感状态在一定情境中可以持续一定的时间，或长或短，有的稍纵即逝，有的持续较久；空间扩散，即情绪情感可以弥漫到许多对象上，"爱屋及乌"就是最为典型的例子。而且，戈尔曼通过研究发现，情绪传递的方向是从情绪表达更有力的一方传到较为被动的一方。①

根据以上性质，可以将情绪控制能力按照高低顺序进行分类。戈尔曼通过研究，总结了两类典型群体：一类是悲观主义者，总是悲观地看待生活、消极处事；一类是乐观主义者，总能够乐观地面对生活、展现希望。情商高的人，能够清晰感知自己的情绪变化，能够适时适度地表现自己的情绪，能够及时调节自己的情绪，能够准确感知他人的情绪变化，能够很好地处理人际关系。简言之，即"自知、自制、自励、知人、待人"。一个既缺乏情绪控制力又不会换位思考的人，很难与他人和谐相处，那么这个人的发展空间就会受到很大限制。克里斯汀·韦尔丁也指出，是否运用了情商，区别就在于：情商高的人会尽力去克制自己的情绪，不到合适的时候不会让情绪轻易指挥行动；而没有运用情商的人只会不计后果地释放情绪。②

情商高的人，积极情绪（Positive Emotion）占主导地位，整体具有外倾性、随和性、稳定性，能够准确感知情绪，合理表达情绪，情绪面前"有能为力"。情商高的人有较强的情绪控制力和情绪感染力，能够敏锐地把握自身和他人情绪变化，深刻全面地掌握个人、集体和社会的相互关系与相关影响，并抓住其内在规律。人类的伟大就在于其有着丰富的情感和理智，共同操纵大脑，从而做出各种反应。两者的运行机制不同，理智促使我们做出各种清醒的认知和举止，而情感则可能导致各种非逻辑的冲动反应，两者互相制约。如果两者在大脑中能够保持着比较平衡的状态，那么，情商就比较高；反之，则情商比较低。

情商低的人，消极情绪（Negative Emotion）占主导地位，被情绪吞没，觉察不到情绪变化，对情绪放任自流，情绪面前"无能为力"。伊利诺斯大学厄巴纳分校的心理学家爱德华·迪纳（Edward Diener）致力于情感体验强度的研究，经过长期研究，他发现两大极端典型人群：极端冷漠的人群，情感体验过于匮乏，他们甚至无法区分情绪反应和身体反应的区别，这类有着情绪表达障碍的人犹如计算机一般，生活在没有情感的理性世界，能够做出理

---

① 丹尼尔·戈尔曼. 情商[M]. 杨春晓，译. 北京：中信出版社，2010：132
② 克里斯汀·韦尔丁. 情商[M]. 天津：天津教育出版社，2009：3

智的逻辑推理，却无法体会其意义所在；而极端敏感的人群，情感体验过于强烈，也不利于理性思考和逻辑推理。

四、情商的特征

情商的水平可以根据个人的综合表现进行判断，一般说来，高情商的人具有以下比较重要的人格特质：有能力，勤奋工作，做事让人放心，有信任感、稳定性；面对繁杂压力，能安然若素，能井然有序、按部就班地完成工作；诚实，言必行，行必果；有进取心，主动出击，抓住机会，创造成绩；合群性，容易与人相处，收敛自己，不锋芒太露，成功扮演自己的角色；贡献度，为工作尽心尽力，得到身边人的好评；责任心，勇于承担责任，一种发自心底的意愿，承受责任意味着面临与迎接各种挑战。

有了高情商，人能够更容易觉察出自己的情绪来源，会慎重地检查自己的价值观和信仰，设立合适的标准，自信地采取恰当的行动，从而增进长期的幸福感。高情商者了解自我、调控情绪、发掘潜能、换位思考、营建良好的人际关系，激发内在潜力，创造积极结果，包括工作、学业和日常生活里的喜悦、乐观和成功。情商高，能在团队领导力、学习绩效、爱情、友谊和健康方面获得更佳结果。

情商高的人懂得适时放松自己，懂得调试自己的心灵，洗涤心灵，为心灵减负，尽力清除情绪困扰渣滓，不使负面情绪控制心灵。总以一种愉快的心态投入到学习、生活中。情商高的人不受外界所影响，心情平静，头脑冷静，行为理智，是控制情绪的高手，情绪常处于进取状态，自信、乐观、兴奋、快乐，会让自己的能力源源不断地涌出，懂得给心灵适当松绑。

情商高的人对自己的心境、情感、动机有充分认识和理解，能够正确评价自己的能力，具体表现为自信和有幽默感。同时，勤于律己和矫正自己，对那些负面情绪能有效控制和纠正，对突发事件能够泰然处之。情商高的人对工作的热情源于一种社会责任感，精力充沛，乐观向上，坚定不移地追求某一目标。情商高的人对他人的情感理解能力强，能够依据人们的情感反应来待人接物，精通于建立人际关系和管理社会关系，能够有效地领导组织的变革与创新思维，说服能力强，具有建立和领导团队的专长。具体情况见表3-1[①]。

---

① 董宇艳. 德育视阈下大学生情商培育研究[D]. 哈尔滨：哈尔滨工程大学，2011.

表 3-1

情商能力	高情商者的主要特征	外在表现
自知	强大的自我认知能力,即对自身素质有着客观、清晰、完整的认识。自身素质包括性格、能力、潜力、人生观、价值观等	对自己的心境、情感、动机有充分认识和理解,既不高估自己,也不低估自己,具体表现为自信、有幽默感
自制	对自身情绪有极强的控制力,即针对具体情况,用最恰当的表达方式处理自己的情绪	可使一个人免受不良情绪消沉、抑郁的浸染、控制,懂得管理情绪,适时给心灵松绑,使自己永远保持阳光、积极、精神饱满的状态
自励	善于自我激励,是指一个人能够树立自己乐于实现且有能力去实现的目标,即跳一跳够得到的目标,并投入极大的热情、激情、热忱,努力去实现	对学习、工作的热情源于一种超越金钱和社会地位的动机,他们精力充沛、乐观向上、坚定不移地追求某一目标
知人	能够认知他人情绪,指能设身处地对他人的各种感受快速地进行直觉判断,了解他人的情绪、性情、动机、欲望等,并能做出适度的反应	既能敏锐了解他人情绪,又善于控制自己情绪。急他人之所急,想他人之所想,迅速领会他人的想法,在第一时间与对方进行有效沟通
待人	极强的组织沟通能力,即一个人通过语言或非语言符号与他人交流和相处的能力	精通于建立人际关系和管理社会关系,能够有效地领导组织的变革,说服能力强,具有建立和领导团队的专长

(一)高情商者的表现

(1)有清晰的人生规划和中长期目标;

(2)拥有正确的价值观和人生观;

(3)尊重自己,尊重他人;

(4)认知自己,能承受压力;

(5)自信而不自满;

(6)人际关系良好;

(7)善于处理学习、生活和工作中遇到的各方面难题。

(二)较高情商者的表现

(1)有较清晰的人生规划和目标;

（2）自尊心较强；
（3）有独立人格，有时易受他人情绪的感染；
（4）比较自信而不自满；
（5）较好的人际关系；
（6）能较好解决和应对大多数的问题。

（三）较低情商者的表现

（1）自己的人生目标不明确；
（2）把自尊建立在他人认同的基础上；
（3）易受他人焦虑情绪的影响，缺乏坚定的自我意识；
（4）人际关系较差。

（四）低情商者的表现

（1）无明确目标，也不打算付诸实践；
（2）自我意识差；
（3）严重依赖他人；
（4）处理人际关系能力差；
（5）应对焦虑能力差；
（6）生活无序；
（7）无责任感，爱抱怨。

第二节　情商教育

一、情商教育的内涵

根据人类科学研究证实，人的左半脑具有分析、运算、推理、抽象思维等功能，人的右半脑具有想象、情绪、情感、信念等功能。"唯理智教育"单纯追求智商的提高，忽视了受教育者个性和人格的培养，忽视了受教育者的全面和谐发展。于是，"情商教育"这一概念是针对只注重智商的"唯理智教育"提出来的。

根据对情商教育的文献梳理，本研究认为，情商教育是指通过采取有效的教育途径、方法和手段，有目的、有计划地对受教育者进行系统的情商理论的指导，并引导受教育者参与情商实践，提高受教育者认识和管理情绪的能力、自我激励能力和人际交往能力的教育实践形式。情商教育是一种引导教育，不是单向灌输式的教育，注重引导受教育者自觉学习情商理论，在增强自我意识的同时处理好与外界环境的关系，提高情商实践能力。情商教育还是内因和外因辩证统一的教育，它不仅需要家庭、学校和社会的外部教育力量的影响，还需依靠个体发挥主观能动性，实现内化和外化的有机统一，提高情商教育的实效性。

（一）情商教育的特点

1. 情商教育是针对"唯理智教育"倾向提出来的

"唯理智教育"将智力教育置于主导地位，没有把情商教育列入教育目标范畴，在教育过程中不太注重学生的情商教育，缺乏学生情感发展的一整套评价体系或标准。这种"唯理智教育"倾向会造成学生的内在精神世界残缺不全，会严重伤害学生的灵性。"唯理智教育"倾向的一个根本缺陷就是在研究教育教学规律时，常常将认知从情绪情感和意志中生硬地抽取出来，将学生作为被动接受教育的对象而不是主动参与的对象，把追求高智商变成了唯一的目标，严重地挫伤了学生的心灵与主动学习的积极性，导致学生内在精神世界中对自身主动认识、主动适应、积极改造能力的缺失。情商教育的目的绝不是要彻底地否定以往的教育和实践，而是要对以往教育实践进行一种补充和完善。

2. 情商教育是全面教育过程的一个重要组成部分

情商教育不是脱离于现实教育之外的一种教育，也不是一种独立的或特殊的教育形式，而是我们全面教育过程的一个重要组成部分。它要求"在教育过程中尊重和培养学生的社会性情感品质，发展他们的自我情感调控能力，促使他们对学习、生活和周围的一切产生积极的情感体验，形成独立健全的个性与人格特征，真正成为品德、智力、体质、美感及劳动态度和习惯都得到全面发展的个体"。这样的人能保持愉快、乐观和轻松的情绪，对事物充满好奇心，能体验学习和成长过程中的成就感。这样的人热爱生活、热爱大自然。这样的人对待工作能始终保持热情，能克服工作中遇到的困难，责任心很强。相反，一个人的情感品质如果得不到很好的发展，停留在某一个阶段或者停留在一定的水平上，那么他就会慢慢失去求知欲望和审美情趣，这样也就毫无健康身心可言。发生这些情况，对个人是不幸的，对社会和国家也是没有好处的，甚至还会给社会和国家带来一定的危害。

3. 情商教育是个人形成健康个性和良性发展的基础

我们从马克思主义哲学、脑科学、心理学、情绪生理学和现代教育学等科学中能够找到情商教育的理论依据。马克思主义关于人的学说是情商教育的哲学基础，马克思主义承认每个人的价值，注重每个人的个性发展，强调每个人的尊严，而情商教育在本质上与这些观点是一致的。大脑机能理论是情商教育的脑科学基础，情商教育能在一定程度上培养和提高人的悟性，能更大程度地挖掘每个人的创造力和潜力。情绪心理学理论是情商教育的心理学基础，当每个人的心境不一样的时候，会对每个事物产生不一样的认知过程。情绪是我们在生活中很重要的因素，情绪具有情感转移的功能，通过这个传递的过程，在人们之间产生共鸣或者达成共识，使人与人之间产生一系列的情感联系。所以，情商教育也是实现人们情感和知觉交融的有效途径。情绪生理学理论是情商教育的生理学基础，一个人的身心健康发展离不开身体的健康，好的身体状况是基本的素质。现代教育学理论是情商教育的教育学基础，教育要适应被教育者身心发展规律。针对不同阶段的被教育者，应该在每个阶段有不同的教育方法和理论。情商教育是尊重个性的教育，是全面发展的教育，是使个体形成自己情感"免疫力"的教育，是使大家学会控制自己情感的教育。

（二）情商教育的总体目标

情商教育的总体目标包含以下方面的内容：第一，培养学生的社会性情感。通常我们认为社会性情感是认知社会的产物或是组织认知活动的动机，是人们在社会生活中对客观事物的态度和感受，它包含了道德、审美、理智等方面的感觉。拥有积极的社会性情感的人，在生活和事业中能够很好地掌控自己的情绪，做到不断地自我激励，不断完善和锻造自己的人格。也正是这种人格意识的不断良性发展，才推动了我们人类社会的不断进步和发展。第二，提高学生情绪和情感的自我调控能力。个体随着年龄的增长，经历的变化也会导致心境逐渐转变。现实生活中我们不难发现，不同阶段的人会遇到不同的问题，同样的问题在不同的阶段会有不一样的处理方法。要积极关注受教育者的情绪和情感状态，为其提供不同阶段处理情感问题的方式方法，积极引导他们的情绪向良性的方向发展，为他们在人生道路上创造良好的情绪环境。第三，帮助学生对自我、环境以及两者之间的关系产生积极的情感体验。学生在成长过程中，既会受到积极情绪的影响，也会受到消极情绪的影响。消极情绪会影响他们的成长。社会大环境和家庭小环境也在影响着大学生们，如果我们不对他们采取一定的措施和方法，让他们产生积极的情绪，那么我们将无法进行我们为他们准备的教育。

（三）情商教育与思想政治教育、心理健康教育的关系

1. 情商教育与思想政治教育的关系

思想政治教育与情商教育都是培养高素质人才的需要。思想政治教育是指教育者有目的、有计划、有组织地对受教育者进行思想教育、政治教育、道德教育和心理教育，使受教育者形成符合社会所需要的思想品德的实践活动。思想政治教育是培养人和塑造人的教育活动，目的是帮助受教育者形成正确的世界观、人生观和价值观。思想政治教育为情商教育指引方向，纠正和引导情商教育过程中出现的价值观念和行为方式的偏离，使情商教育向符合社会主流的方向发展。

人的思想品德是由知、情、意、行构成的结构，情对一个人的思想品德发挥着调节和推动作用，因此，情商教育贯穿于学校思想教育始终。我们应丰富思想政治教育的内涵，为思想政治教育目标的实现提供保障。情商教育有助于受教育者形成良好的心态，奠定牢固的心理基础，提供强大的情感动力支持，从而促进受教育者思想品德的发展。如果一个人的情绪状态不佳，就难以顾及他人和社会，不利于思想品德的形成。因此，应把情商教育和思想政治教育有机结合起来，既发挥思想政治教育对情商教育的导向作用，又发挥情商教育对思想政治教育的促进作用。

2. 情商教育与心理健康教育的关系

心理健康教育是根据受教育者的生理和心理特点，运用心理教育的方法和手段，提高受教育者的心理素质，促进受教育者身心和谐发展的教育活动。它关注良好心理品质的培养、心理障碍的治疗和心理咨询等。情商教育则注重人的情绪和情感的调节和控制，培养个体认识自己和他人的能力。情商教育作为心理健康教育的重要内容，有助于推动心理健康教育的发展，同时，心理健康教育也能促进情商教育的良性发展。情商教育和心理健康教育的目的都是帮助大学生健全人格、完善个性，促进全面和谐发展，是实施素质教育的重要途径，是实现教育目标的现实策略。情商教育和心理健康教育的基础理论有许多共同的部分，二者都包含心理学相关理论，比如：情绪和情感的调控、人际交往能力的培养、如何对待挫折、大学生职业生涯规划等。对于受教育者来说，情绪和情感是心理活动的激发者，只有认识自己和他人的情绪，才能具有良好的心理状态，形成健全人格。同时，只有具备良好的心理素质，才能不断激励自己，增强社会适应能力。

二、情商教育的理论基础

根据丹尼尔·戈尔曼的观点,情商主要包括自我认知、自我控制、自我激励、认知他人、与人交往五方面的能力,那么情商教育的主要内容也可以据此展开。把握情商教育的理论基础,可以从理论上指导情商教育实践,更加清楚地认识到情商教育的重要性,更加科学地推进情商教育。情商教育的理论基础有很多,这里主要从马克思主义哲学、心理学、教育学、社会学四个方面来探讨。

(一)马克思主义关于人的本质和"人的全面发展"理论为情商教育其提供哲学基础

从历史唯物主义的角度看,"人的本质不是单个人所固有的抽象物,在其现实性上,它是一切社会关系的总和。""人的本质不是人的胡子、血液、抽象的肉体的本性,而是人的社会特质。"[1]这是马克思对人的本质的经典论述。所以,人的本质是具体的、现实的,具有历史性,是随着社会发展变化而发展变化的,而不是抽象的、永恒不变的。只有将人置于一定的社会历史条件中去考察,人才是真正意义上的人。一旦脱离了历史条件和社会关系,人就会像"狼孩"一样徒具人的外形。而这一切社会关系的总和不是简单意义上的叠加,是诸多社会关系的统一。人的本质原理是马克思主义中极为重要的原理,只有正确认识到人的本质,才能在情商教育中从具体的、历史的、现实的角度去分析教育对象的特点,认识各种社会现象、心理现象,而不至于陷入抽象、僵化的境地。

马克思、恩格斯在一系列著作(如《德意志意识形态》)中正式提出并全面阐释了"人的全面发展"理论,这里的全面发展是相对于片面发展来说的。人的发展是一个综合系统,包括人的体力、智力、个性、交往能力等方面在教育过程、社会生产过程中自由、充分、和谐地发展。马克思、恩格斯在《共产党宣言》中指出,取代资本主义社会的"将是这样一个联合体,在那里,每个人的自由发展是一切人的自由发展的条件"[2]。所以,"每个人的自由发展"是"一切人自由发展"的前提,也就是说,只有每个人都全面发展了,整个社会才会全面发展;"一切人的自由发展"又内在地包含着"每个人的自由发展",每个人的全面发展是整个社会全面发展的题中之义。这里强调的"全

---

[1] 马克思,恩格斯.马克思恩格斯全集:第一卷[M].北京:人民出版社,1956:270.
[2] 中共中央党校.马克思主义经典著作选读[M].北京:中共中央党校出版社,1992:142.

面发展"就是指人的综合素质的发展,包括德、智、体、美的协调发展。同时,马克思主义"人的全面发展"理论还强调人的发展的主体性与社会发展的需要性密切相关。情商教育的核心就是突破以往在教育中侧重智商教育的片面性,突出受教育者要全面发展。情商教育还突出强调培养出来的人不是千篇一律、模式化的人,是有血有肉的既有个性又满足社会需要的人。因此,马克思主义"人的全面发展"理论是情商教育的重要理论基石。

(二)情商理论为情商教育提供心理学基础

情商理论主要是指国内外学者对情商的内涵、情商的功能、情商高低的评价标准、情商的重要意义、情商的培养方法等内容作出的理论贡献。情商教育本身就是为了提高大学生情商而进行的,因此情商教育也应当围绕情商理论来展开。

第一,情商理论为其提供教学内容。丹尼尔·戈尔曼教授的理论观点指出,情商包括五个方面,因此高校情商教育可以从这五个方面展开。自我认知教育,即正确地认知自己与外界的关系,及时察觉并监控自身情绪的变化。自我调控教育,即妥善适应、调节、改善自身情绪,使学生能够排解不良情绪,提升正面情绪。自我激励教育,即大学生在遇到挫折和困难时,能够有坚定的信念,积极地寻找克服困难的方式方法。认知他人教育,即教育大学生如何认知、理解他人情绪,学会换位思考,尊重他人的感受和需要,从而更好地与他人合作。人际交往教育,即通过对建立良好人际关系的重要性、掌握与人交往的原则与技巧等相关方面的教育,使大学生能够与他人进行良好的沟通,构建和谐的人际交往。

第二,情商理论为其提供教育目标。大学生正处于成长、成才的关键期,但是心理尚未成熟,社会阅历不够丰富,面对市场经济、就业形势、利益格局等时,需要的不仅仅是高智商,还有高情商,在面对充满挑战的变化的社会,能够保持良好的心理素质勇往直前、积极适应,而不是退缩逃避。从情商内涵的五个方面可以看出,高校情商教育的最终目标就是促进学生的全面发展,帮助大学生掌握管理情绪的方法和处理人际关系的技能,逐渐形成当代社会所需要的理想信念、价值取向、人格品质、精神风貌,为更好地与人合作、融入社会打下基础。

(三)思想政治教育学理论为情商教育提供教育学基础

首先,思想政治教育学提出的培养目标就是"坚持全面发展观,促进人的自由全面发展",要把人培养成为有理想、有道德、有文化、有纪律的社会主义新人。而这些目标也内在地包含着积极向上的心态、对抗挫折的能力、良好的情绪体验、和谐的人际关系、坚强的意志力等情商教育所重视的内容和意欲达到的目标。

其次，思想政治教育学指出，教育方法要具有针对性、综合性、创造性，强调教学过程要重视师生互动。在课堂上，教师与学生的关系是民主型、合作型的关系，要使学生在教师的指导、启发下积极主动地建构知识；强调学生主观能动性的充分发挥，而不是消极被动地接受外来信息。这种教学过程就要求情商在其中发挥重要作用，具体方法有情景教学法、启发教学法、合作教学法等。同时，这一教学过程本身也是对学生进行情商教育的过程，学生在这一过程中，情商水平也能得到提高。思想政治教育学还注重教育与学生实际相结合，掌握学生身心发展规律，关注某一时间段的个体差异，从而采用因材施教的方法，合理安排教学过程，有步骤、有次序地进行教学，情商教育也应如此。

再次，思想政治教育学提出教育载体要多样化，不仅有语言载体，还要有行动载体；不仅有传统载体，还要有现代载体。这就为高校进行情商教育提供了多种思路，不仅要有课堂教学，还要开展社会实践；不仅要运用课本、校园文化等传统教育载体，还要运用微信、微博等网络载体。综上所述，思想政治教育学理论为情商教育奠定了教育学基础。

（四）社会互动理论为情商教育提供社会学基础

社会互动是指"社会上个人与个人、个人与群体、群体与群体之间通过信息传播而发生相互依赖性的社会交往活动"[①]。这说明，社会本身是一个相互关联、相互影响的体系，学校、家庭、社会是三者联动的关系。根据相关研究可以得知，情商教育是一个系统工程，情商更多地在于后天培养、教育，其中也要充分重视社会、家庭对高校开展情商教育的影响，营造有利于高校情商教育的环境。社会互动理论还指出，人总是处于不断角色扮演、角色交换的过程中，这一过程包括了友情、爱情在内的各种社会关系。角色扮演成功，则在互动中会得到一定的尊重、赞同；如果角色失调，互动就有中断或改变方向的可能。人们可以根据符号所暗示的意义来指导自身角色的扮演，逐步形成自我意识。情商教育也需要明确自身及他人的角色，如同理心教育就是使学生做到通情进而达理，从而更好地实现对自己和对他人的期待。情商教育和社会互动理论都是要培养受教育者与自己打交道、与他人打交道的能力，使受教育者能够将自身智力、能力社会化，从"自然人"转变为"社会人"。

---

① 郑航生.社会学概论新修[M].北京：中国人民大学出版社，2009：127.

三、高职院校大学生情商教育

高职院校大学生的情商教育是指根据高职院校大学生的特点而进行的、提高他们情商水平的教育。高职院校大学生的情商教育体系具体包括情商教育的主体和客体、情商教育的内容、情商教育的形式和情商教育的环境等要素。

（一）高职院校大学生情商教育的主体和客体

任何教育活动都涉及教育者和被教育者，一般而言，教育者是主体，受教育者是客体。但当受教育者进行自我教育时，他（她）既是主体，也是客体。高职院校大学生情商教育的主体包括学校所有的教职员工及其各职能部门的管理者。当然，他们在大学生的情商教育中所起的作用是不同的，高职院校的师资队伍是对大学生进行情商教育的主要力量。高职院校大学生情商教育的客体自然就是这些在高职院校学习、生活的大学生了。与普通高校的大学生相比较，他们有以下特点：

第一，高职学生文化基础知识和文化素养相对较差。由于传统的人才观与我国现阶段高职教育发展的影响，目前高职教育在我国还没能被考生、家长普遍认同，尤其是学生家长对我国的高职教育还存在一定的偏见。由于高职院校高考录取制度的限制，高职学生的录取分数相对较低，高职院校的大学生文化基础知识相对较弱，文化素养相对较差。

第二，高职学生学习习惯普遍较差，学习动力不足，自信心不强。既定的招生模式导致高职生源的来源呈两类：一类是因为高考失利考入，另一类是因为本身的不足只能考入高职院校。有调查表明，不少高职大学生对所学专业的认可度不高，学习兴趣不浓，学习目标不明，缺少主观积极改变的决心和行动。

第三，高职学生自我管理能力和自我约束力较差。由于高职学生对自身情绪的认知能力和管理能力的普遍缺失，他们通常不能将主要精力持续放在学习和提高自身的能力上，旷课、上课迟到、迷恋网吧、整夜不归等现象时有发生。如果学校管理严格些，上述情况虽能得到抑制，但是学生会觉得是被迫接受教育，心思仍不能完全放在课堂上。

第四，因为社会的发展和国家对高职教育的投入加大，以及国家诸多政策的支持，在这个社会物质文化逐步丰实的时代，现在的高职生的家庭环境相对较好，教育成本相对本科较低，个别高职学生对学习生活缺乏动力，缺少规划，对待生活和学习不积极，呈现慵懒的状态。

第五，高职学生思想比较活跃，动手操作能力较强，专业技能和适应能力较强。高职大学生虽然在以上四个方面与普通高校的大学生存在明显的差距，但他们也有着自己明显的优势和优点：思维活跃，动手能力强，喜爱和善于表现自己，适应能力较强。社会对高职学生的定位使他们未来必走上一线服务岗位，这使得高职学生一方面信心受到打击，另一方面也不断被教育要务实，在一线岗位努力仍可实现自身价值，换来好的工作局面和生活环境。慢慢地，高职学生的择业观发生了转变，他们也慢慢地发现他们并没有被社会低看，发展前景愈发明朗。

（二）高职院校大学生情商教育的内容

加强高职院校学生的情商教育更有利于培养对国家、社会、企业有用的人才，有利于优化学校的教育管理。我们通过加强情商教育，教会学生在遇到突发状况时应如何处理。一般而言，高职院校大学生的情商教育包括提高学生的识别能力，学会了解和控制自己的情绪，学会正确的处理人际关系，构建和谐人际环境等等方面的内容。从积极心理学视角拓展情商教育内容，高职院校应该努力增强高职生沉浸、乐观、希望等积极体验，关注并尽量满足高职生不同层次的需要，发现与培养高职生积极人格特质。

（三）高职院校大学生情商教育的形式

相对于传统学科型教育来说，高职院校的教学模式更加突出实践性和岗位针对性，它以培养高技能应用型人才为主要目标，主要为企业和管理一线提供人才服务。高职教育更加坚持以服务为宗旨，以就业为导向，走产学研结合发展之路。与其他类型和层次的教育相比，高职教育的教学方法更加强调实践性和应用性，这也是高职教育得以发展的安身立命之本。当然，高职教育也是教育的一部分，它也有着所有高等教育类型共有的规律和要求，我们必须遵循高等教育共同的教育教学规律。因此，我们不但要完成高等教育共有的育人目标，而且要根据高职教育的特点，找准关键，这有利于我们提高和加强高职院校大学生的人才培养质量，更好地适应企业对人才的需求和学生职业人生发展的需求。高职院校大学生的情商教育形式有很多，例如定期开展拓展课程、专题讲座，开展主题活动或互动游戏等，通过多形式的教育来提高高职院校大学生的情商水平。我们还可以在主题班会或者是设计学生活动的时候，加入有利于提高情商水平的因素，让学生在学习实践过程中自然而然地提升自身的情商水平。总之，高职生的情商教育是多种多样的，只需要掌握学生具体情况和控制效果就好。

（四）高职院校大学生情商教育的环境

教育家蔡元培先生说过："要有良好的社会，必先有良好的个人，要有良好的个人，必先有良好的教育。"有人说，高职教育就是就业教育，高职教育的目标是直接与就业服务挂钩。然而，用人单位对情商的看重，从某种程度上表明了未来社会需要的人才不仅是要有较强的专业能力和健康的体魄，还必须具备高尚的人格、优秀的意志品质、较强的适应能力和健康的心理状态。因此，探索高职学生情商指标体系及培养途径，加强高职学生的情商教育，就具有重大的现实意义。然而，情商的提高需要全面的育人环境，绝不仅仅是班主任、辅导员的事。同样，文化课和专业课的老师、学校领导干部和家长等都应该在日常教学和生活中，在与学生的多层次接触中言传身教，持续地对学生进行及时引导、培养和训练，使其逐步把理念内化为行动。这样，学生即使面临挫折或突发状况，也能做出快速正确的反应，也能处理好各种复杂情况，从而在激烈的市场竞争中立于不败之地。这样的教育也才是成功的教育，也才是我们想要达到的教育效果。

第三节 加强高职生情商教育的必要性与可行性

一、加强高职生情商教育的必要性分析

当前，随着市场经济竞争的日趋激烈，社会对人才素质的要求越来越高，高职院校必然面临着人才培养模式的变革和创新。如何培养高职生综合素质，增强高职生的就业竞争力就成为高职院校教育教学的重要任务。其中，加强高职生情商教育意义重大，刻不容缓。

（一）情商教育是国家素质教育的重要内容

学生素质包括思想道德素质、文化素质、业务素质、身体心理素质。思想道德素质是根本，人文与科学素质是基础，专业业务素质是本领，身体心理素质是本钱，四者不是相互孤立割裂的，而是相互联系与融合的。实施素质教育，高职院校要全面贯彻党的教育方针，以立德树人为核心，以培养学生创新精神和实践能力为重点，造就德、智、体、美全面发展的高级专门人才。情商主要涵盖一个人的心理素质的核心内容，而素质教育则是促进学生德、智、体诸方面在原有水平上得到提高的一种教育，其目标是促进学生的全面发展，培养学生的个性，使每个学生的潜能都得到充分的发挥。因而从

其内容来看，情商教育应包含在素质教育的要求之中，也是素质教育的目标之一。

首先，情商教育有助于智商的发展。戈尔曼在论及两者的关系时表明，"智商与情感智商各自独立，而非对立矛盾"。智商和情商反映着两种性质不同的心理品质：智商主要反映人的认知能力、思维能力、语言能力、观察能力、计算能力等。情商对智力活动起着推动、定向、强化和创造等作用，促进智力成就、智力因素的增强。情商高的学生能够不断提高自身心理素质，这样他的智商和潜能就能得到充分发挥，在学习和工作中游刃有余，走向成功。所以说，加强高职生情商教育有助于促进其智商的发展。

其次，情商教育有助于道德人格的形成。道德人格不是先天的，而是人们进入社会道德生活以后，在不断地处理围绕着他本人而发生的种种道德关系，不断进行各种各样的道德实践的过程中，被逐渐塑造而成的。情商的实质就是个人处理围绕着他本人而发生的种种关系的能力，其内涵不外乎是对自我和他人情绪的认知掌握与对冲动的克制及人际关系管理等，这正是道德品格的基础。情商高的人能与周边的人形成和谐融洽的关系，是一个人人格品质的体现。人与人的交往过程中，他人对于道德的行为会乐于接受，而对于不道德的行为则往往会拒绝。情商与道德人格虽然是不同的范畴，但在人的素质养成中却有共同的因素，因此，情商教育与道德人格的形成能够相互促进，共同提高。也就是说，高职生情商教育有利于其道德人格的形成。

第三，情商教育有助于健康心理的发展。在面对瞬息万变的社会变革、快节奏的现代生活、日趋激烈的社会竞争以及来自学习、专业、经济、就业、情感问题等诸多方面的压力时，许多高职生感到不知所措，产生了心理上的不适应。心理健康与人的情绪之间有着密切的关系，情绪好坏会影响个人的心理健康，心理健康状况则往往会在情绪上得到反映。情商高的人心理健康良好，事业成功率大，生活满意度会高，社会适应能力会很强，并通常对各方面保持积极、乐观、向上的心态。

（二）情商教育是提高就业竞争力的需要

当今世界，科技进步日新月异，综合国力竞争日趋激烈，而人力资源越来越成为推动经济社会发展的战略性资源。智商显示一个人做事的本领，情商反映一个人做人的表现。在当今社会激烈的职场竞争中，那些只知道埋头学习的"书呆子"往往会遭遇失败，而那些社会实践能力较强的大学生往往会受到用人单位的青睐。

浙江经济职业技术学院副研究员李晓阳认为，我国高职教育理念变革的应然方向是塑造"现代和谐职业人"。现代和谐职业人更强调整体解决方案、团队合作、综合专业能力、人际互动。高职生要在激烈的就业竞争中脱颖而出，就必须学习各种知识，注重情商教育，善于自我控制，把自己的魅力和优势展示出来，获得用人单位的欣赏和接纳。现代职场的竞争不仅是智商的竞争，也是情商的竞争。

人是社会中的人，不可能脱离社会或他人而存在。一个人的情绪不仅仅受到生理、生活状况的影响，而且受他人的影响，成员之间会相互模仿、相互感染、相互暗示。团队氛围可以改变成员的情绪。个人情商的高低会影响到所在团队的情商水平，影响到团队的人际关系、合作水平、团队归属感和责任感，从而影响团队凝聚力。为了有效地完成团队工作，就必须提高团队情商，而团队情商主要由团队成员的情商水平、团队处理矛盾的能力和团队学习能力决定。因此，提高每一位成员的情商水平将进一步提高团队情商的整体水平，从而增强团队的凝聚力。

（三）情商教育是幸福人生的关键性因素

情商素质是一个人的综合素质的重要方面，对一个人的全面发展起着非常重要的作用。情商素质的高低决定着家庭的和谐、事业的成功和良好人际关系的维系，决定着人生的和谐程度。

家庭是人生的起点和基点，是构成社会的最小细胞。每个细胞都健康和谐了，整个社会的"肌体"必然会健康和谐。而家庭的人际关系是家庭和谐的重要因素。无数事例说明，家庭气氛和谐愉快有助于家庭成员心理相容，使家庭成为温馨的港湾，家庭成员在工作和学习中遇到了挫折，能从家庭中得到鼓励，痛苦和烦恼能在家庭中得到安慰和解脱，消除工作和生活中产生的失望和卑怯心理，家庭人际关系融洽可以减少家庭成员之间的心理冲突和代沟，增强依恋感和凝聚力。而和谐的家庭关系的维系需要家庭成员相互沟通、理解，相互支持和鼓励。排解各种不和谐因素，接受他人的长处与不足，勇敢面对困难和挫折并彼此支持鼓励，增强各自在家庭中的责任感，正确处理家庭生活中发生的事情，对维持融洽的家庭人际关系、建设和谐家庭具有决定性作用。

影响一个人事业成功的因素有很多，包括扎实的专业知识、敏锐的洞察力、良好的心理素质、适时的策略、诚实守信，还有与人合作的精神等。其中，只有专业知识和策略两项与智力有关，其他几项均属非智力因素，也都属于情商的范畴。情商高的人，能对外界的变化迅速做出反应，在遇到困难时能够及时调整心态。情商高的人，其创新创造能力也会达到较高水平。而智商高的人，如果缺乏进取心、自信心、独立意识和恒心毅力，同样会一事无成。

正常的人际交往是一个人自身发展的重要条件。一个人要想在未来社会中做到得心应手，必须学会了解社会，懂得怎样进行人际沟通。情商教育可以提高学生的人际交往能力，在人际交往中增进对彼此的了解，加深感情，沟通相互间的信息，在认识和发展自我的同时也了解他人，更有助于消除孤独感和自卑感，养成良好的个性。由于处理人际关系是情商的题中之义，情商的高低决定了处理人际关系能力的强弱。可以说，情商教育对良好的人际关系的形成具有决定性作用。

二、加强高职生情商教育的可行性分析

（一）基于人际需求的情商教育内容贴近个体生活

素质教育论指出，"素质=知识+能力"。这里的"知识"指的是靠智商习得的科学文化知识，也就是高职生的专业知识，而"能力"是指由情商引导的生活能力，并非指工作技能。工作技能就是我们常说的"一技之长"，一技之长是确保我们有基本的能力维持生命体的存在，是为了温饱，是指"生存的技能"，仅靠偏重效率和业绩的专门知识，很难产生真正闪闪发光的东西，而真正的"能力"是指生活能力，是指超越简单物质满足的生活能力。情商教育的目的在于使个体掌握人际交往时所需要的基本技能，是生活的技能。恩格斯认为人的全面发展是"各方面都有能力的人"。高等教育是把"人"当作"目的"的教育，这个"人"是生活化的人，不是工具化的人。情商教育的基本内容从最贴近人的日常生活着眼，循循善诱，把人引向自由状态。

从情商教育的基本内容可以看出：首先，人需要在社会中有准确的自我定位，即有自我认识的能力。阿奎力斯·艾克斯在《豺狼的微笑》中说道："认识你自己，实践自己，就是天堂；不认识自己，想扮演别人，就是地狱。"确实如此。在功利的社会环境里，人们都想一夜成名，高职生也不例外，可是有多少人因为不自量力，好高骛远，最后一事无成。其次，我们除了要认清自己，识别自己的情绪，也要能认识别人。子曰："不患人之不己知，患不知人也。"我们不必担心自己不被其他人了解，需要担心的是自己不了解他人。和谐的人际关系最需要的是"同理心"，就是换位思考，不了解他人的人是不懂得替他人考虑的人。第三，情绪如同洪水猛兽，它

会在一瞬间毁灭自己，也毁灭他人。但是洪水可以疏导，猛兽也能驯化，情绪无所谓好坏，关键看会不会管理，管理情绪是一门生活艺术。第四，没有专业知识的人可以生存在这个世界上，但不懂交往艺术的人未必能活得自在。人际交往是每个人必修的一门课，"书中自有黄金屋，书中自有颜如玉"，但真正的"屋"和"玉"从来都在书外，不能把书本知识运用到交往中，书就是一堆废纸。

（二）优秀传统思想和文化为情商教育提供丰富的材料

中国是一个拥有五千年悠久文明的古国，数不尽的优秀传统育人文化在千百年后的今天仍有其用武之地。中国古代教育历史源远流长，教育内容博大精深，教育方式丰富有趣，是我国教育界难得的资源宝库。我国最早从夏朝就出现学校，到商朝已经有大学与小学之分，其中大学主修"乐"，兼修军事和数学，发展到西周，中国古代教育初步成型。从教育内容上看，"四书""五经""六艺"几乎囊括了如今的智商、情商教育全部。虽然在古代封建社会，教育的本质是"社会本位"，但在人的培养上是实用而全面的，就连影响我国至今的儒家教育，虽然是为统治阶级服务，追求的是"入世"，但其学问本身是"成己"之学，教的是"成己"之术。此外还有奉行自然无为的道家，道家"长生"之道不可取，但其"养生"之道尚可借鉴。清静无为可理解为宁心静气，是养精神、调情志的方法，是对一种对情绪的管理方法。整体来看，我国古代教育在伦理、世俗化之余，已经体现了许多"人本主义"倾向，因此，今天我们完全可以在情商教育中加以借鉴学习。

（三）学校的教育形式和内容为情商教育提供环境保证

教育在空间形式上有三种：家庭教育、学校教育和社会教育。其中，学校教育最集中、最专业，是一个人能力养成的重要途径。学校天然具备育人的条件，非常适合用来进行情商教育。

首先，学校集中的班级授课形式，能在最短时间内保证对最多人同时进行教育。采用班级授课制，把不同学生置于同一个环境中，保证了受教育的公平性和完整性。情商教育也可以通过集中授课的方式进行，在课堂上给予学生充分的表现机会，使其更具有参与感，体会到在讨论中学习和交往的乐趣。

其次，学校现有教育内容为情商教育提供内容支撑。有人觉得高职院校开设的课程都是专业性课程，都是智商教育的课程，其实这只是一部分。大学教育本身就是一种"通识教育"，其整体理念并无大碍，奉行的是"一专多能"的办学理念,只不过在现实运行中受到一些外力影响,放大了"智育"部分,弱化了"情育"部分。同时,我们可以挖掘蕴藏在专业课中的情商知识,特别是人文社科类课程,将呆板的人文知识进行润色,让其活起来。

(四)互联网时代为情商自我教育提供方便

教育的一个目的是教给人学习的方法,所谓"授人以鱼不如授人以渔",自我教育是达到终身教育的保证。21世纪是互联网时代,在当前"互联网+"模式和思维越来越成熟的情况下,把互联网纳入教育与学习领域,特别是个人的自我教育将会成为个人知识获得的重要方式。教育过程中,越来越多的学生厌倦上课,这其实是向传统教育方式和方法提出挑战。相较之下,互联网富有多样性、趣味性并且具有专业性的知识更能激发学生的兴趣,这是互联网的特点。既然互联网如此具有吸引力,何不将其作为学习工具,既能保证学习资源的丰富性,又能缩短教育时间提高教育效率。事实上很多学校已经有了这方面的尝试,比如引入慕课、微信公众号、微博、网易课堂、百度学堂等。高职生可以在网上搜集情商自我教育的内容,与他人沟通交流,丰富自己的情商知识和科学文化知识。

第四章

高职生情商与情商教育的现实考察

加强高职生情商教育是高职院校教育工作的应有之义,有相当数量的高职院校却没有充分认识到该项工作的重要性,或者说缺乏有效的推进措施。当前高职生情商问题突出及相当数量学生就业遇挫,除结构性矛盾以外,也与学校情商教育缺失或低效不无关联。了解高职生的情商现状、问题及原因,是开展情商教育、提高情商水平的基础与前提。

第一节 高职生情商现状探析

为了更好地了解当前四川省高职学生情商水平的优势亮点与薄弱环节,应弄清当前高职院校对于大学生情商教育的认识和具体措施,找出存在的问题,以便更有针对性地提出解决问题的策略。本课题组根据时间、精力、以及人力资源情况,于 2017 年 3 月至 5 月对四川职业技术学院、雅安职业技术学院、广安职业技术学院、成都职业技术学院、南充职业技术学院和绵阳职业技术学院等 6 所高职院校的师生进行了访问调查和问卷调查。每个学院各发放学生问卷 300 份,共计 1 800 份,问卷最后回收 1 761 份,问卷有效率为 97.8%(学生被试具体情况见表 4-1)。

表 4-1 参加正式问卷调查的学生被试基本情况(N=1761)

属性	分类	人数	百分比
性别	男	732	42%
	女	1 029	58%
年级	一年级	876	50%
	二年级	556	32%
	三年级	329	18%

续表

属性	分类	人数	百分比
民族	汉族	1 342	76%
	非汉族	419	24%
专业	师范类	673	38%
	非师范类	1 088	62%
生源地	城镇	669	38%
	农村	1 092	62%
是否学生干部	是	401	23%
	否	1 360	77%

本次问卷以戈尔曼关于情商的基本内涵所包含的五个方面作为学生调查问卷的维度，通过对大量资料进行详细的搜集与分析，最终选定了唐华山（2010）《受益一生的哈佛情商课》中的问卷作为初始问卷。在正式进行调查之前，本课题组先进行了小范围的测试，并根据初测情况进行了适当修改，经过效度、信度检验，然后形成正式问卷（详见书末附录一，整个题目的测试维度见表4-2）。本问卷共20道选择题，每道选择题包含"是"和"不是"两个选项，要求从两个选项中选出最适合自己真实情况的答案。计分原则为每题选"是"记1分，选"不是"记0分，满分20分，得分越高，情商越高。共分为以下三个等级：① 总得分0～6分，表明情商很低；② 总得分7～15分，表明情商一般（相对较低），需要提高；③ 总得分16～20分，表明情商很高，非常自信。值得一提的是，由于本套问卷涉及情商的5个不同的维度，而每个维度分别有4个选择题与之相对应。结合本套试卷的总体评分标准，显然，每个维度满分为4分，相应地，每个维度得分0～2分表明该项能力较弱，得分3～4分表明该项能力较强。

表4-2 情商不同维度及相对应的题号

测试内容	题号
了解自我情绪	4，8，13，14
控制自我情绪	1，3，6，9
自我激励能力	5，7，11，15
认知他人情绪	10，16，19，20
人际关系管理	2，12，17，18

同时，课题组从对情商及情商教育的认识、学生的情商水平现状及存在的问题、教师的角色与作用、学校的管理制度等角度出发，设置了相应的教师访谈提纲（详见书末附录二），通过现场访谈和电话访谈两种形式对问卷学生所在的班级辅导员和个别科任教师（其中，辅导员18名、科任教师12名）进行了相应的访谈调查，以便更清楚地了解当前四川高职生情商现状和高职院校情商教育的实施情况和问题，为四川省高职院校大学生的情商提升与全面发展提供重要参考与借鉴。

一、高职生情商调查结果分析

（一）四川省高职生总体情商水平分析

调查结果如图4-1所示。

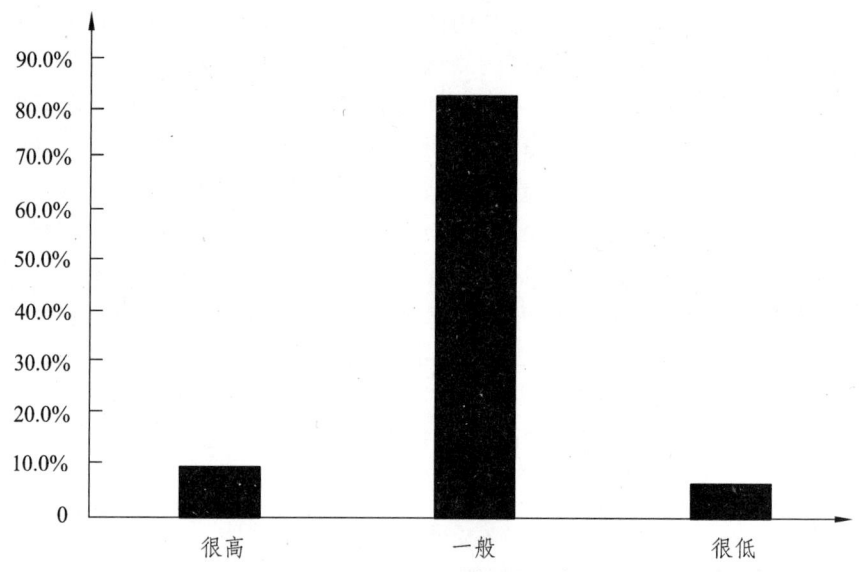

图4-1 四川省高职生总体情商水平示意图

四川省高职院校大学生的情商水平总体呈现"中间高两头低"的现象，情商很低和情商很高的比例分别为6.8%和10.1%，绝大部分大学生的情商水平为一般，占比83.1%。也就是说，除去情商很低和很高的人群，绝大部分大学生的情商水平一般，相对来说较低，需要提高。这一结论与课题组对辅导员、教师访谈所得的当前绝大部分大学生总体情商水平较低、极少部分很低和很高的结果基本一致。另外，从性别、年级、民族、是否师范生、家庭所在地、是否学生干部等角度分析，情商水平也呈现出"中间高两头低"的态势，结合表 4-3 具体分析如下。

表 4-3 四川省高职生情商总体水平在群体中的差异

属性	分类	很高	一般	很低	平均分
性别	男	2.3%	36.1%	3.6%	9.9
	女	4.8%	48.1%	5.1%	8.4
年级	一年级	2.9%	40.4%	6.4%	8
	二年级	3.2%	25.7%	2.7%	10
	三年级	4.6%	11.6%	2.5%	9
民族	汉族	9.0%	54.0%	13.0%	10.3
	少数民族	4.9%	12.9%	6.2%	6.5
专业	师范类	4.6%	25.7%	7.7%	10.7
	非师范类	5.1%	49.5%	7.4%	10.1
生源地	城镇	4.3%	26.1%	7.6%	11.2
	农村	6.8%	50.4%	4.8%	8.7
是否学生干部	是	3.3%	16.4%	3.3%	16.3
	否	9.1%	61.6%	6.3%	9.2

（1）从性别来看，不管是在情商"很低""一般"还是"很高"这三个水平上，女性在各个水平所占的比例均稍高于男性在同一水平所占比例，但总体基本持平，这可能和男女两性的性别特点有关。

（2）从年级来看，各个年级的绝大部分学生总体情商水平仍然较低，情商很低和很高的都只占极小比例；随着学生年龄和年级的增长，从总体上来看，情商很低和情商一般的比例逐渐下降，与此相反，情商很高的比例基本呈快速增长趋势。

（3）从民族来看，少数民族学生的情商水平普遍比汉族学生的情商水平低，这可能是文化差异抑或问卷的内容效度不高所致，但是从现实情况来看，"在民族环境影响下，由于语言及学习基础、经济水平等因素影响，大部分少数民族学生在交际过程中存在自卑等消极情绪，缺乏交际主动性，跨文化交际能力不足是民族学生普遍存在的问题"[①]。

（4）从专业来看，师范专业类学生和非师范专业类学生的情商水平并无

---

① 马千. 少数民族大学生民族情商的导向性培养——基于民族情商的经济效用[J]. 贵州民族研究，2015（10）：218-221.

显著差异，虽然师范生学习了教育学、心理学知识，但是在大环境下，师范生的情商教育也没有体现出"专业优势"催生的"比较优势"。

（5）从生源地来看，城镇学生情商水平略高于农村学生。

（6）从"是否学生干部"来看，学生干部的情商水平高于普通学生，这与徐继燕（2008）的研究结果一致："在校内担任学生干部的同学情绪智力比非学生干部的得分高。"①

（二）四川省高职生情商各因子水平分析

表4-4　四川省高职生各情商因子水平年级分布表

情商因子	一年级	二年级	三年级	平均分
自知能力	1.02	1.16	1.33	3.50
自制能力	0.78	1.51	0.57	2.86
自励能力	1.46	0.78	0.56	2.80
知人能力	1.03	1.27	1.41	3.70
待人能力	0.58	0.91	1.13	2.62

比较情商各因子，从表4-4可以看出四川省高职生"知人"和"自知"能力相对较优，但自制能力、自励能力和待人能力相对较弱一些。

（1）自知能力：从大一到大三，学生认知情绪的能力越来越强。说明情商是一个动态概念，随着年龄和阅历的增长，高职生认识自我情绪的能力不断增强。

（2）自制能力：大二学生情绪稳定度最佳，而大一和大三的学生情绪比大二波动。原因可能是大三的学生即将面临就业、专升本等问题，情绪稳定度会有所下降；而大一的学生刚刚步入大学生活，面对全新的环境势必会产生较大的情绪波动；大二的学生处于平稳过渡的情绪，说明随着年龄的增长和社会适应能力的增强，其调控情绪的能力也随之提高。

（3）自励能力：大一学生自信心最强，而越往高年级越低，这一点说明刚刚步入大学的新生对新鲜事物具有强烈的热爱和追求，对未来可能遇见的问题预测较少。但随着大学生活的逐渐前移，同学们认识到现实与理想的差距后，对未来感到越来越迷茫，从而影响了自信心的树立和自励能力的提升。

（4）知人能力：随着年级的增长，同学们对于他人情绪的识别能力逐步

---

① 徐继燕,冯静. 重庆市高职学生情绪智力差异研究[J]. 科学咨询,2010(4):101-102.

提高，注重体察他人需要，逐渐学会了解他人。

（5）待人能力：随着年级的增长，阅历的增多，同学们在为人处世方面总结了更多经验，越来越容易与人交流，这是人际关系趋于成熟的表现。

二、高职生情商中的积极面

总体来讲，四川省高职大学生情商诸因子还是呈现出一些积极面。

（一）自我认知要求迫切，情绪自我认知不断拓展和深化

苏格拉底有句名言："认识你自己。"一个人要取得成功，首先就是要正确地认识自己。自我认知的能力包括：了解自我真实感受、情绪反应的能力，了解自身优缺点的能力以及面对人生大事时做出正确抉择的能力等。与中学时代相比，高职生的社会化程度提高，成人感增强，他们对认识和评价自我充满了浓厚的兴趣和紧迫感，自我认识的内容更加丰富和深刻，在情绪的自我认知方面也不断拓展和深化。高职生开始主动去认知自己的情绪反应，对自己的情绪变化也更加敏感，并逐渐摆脱对成人的依赖，克服同龄团体的强烈影响，根据自己的价值标准取向对自己的情绪反应进行评价。他们对情绪的认知不再局限于清楚"情绪状态"，而深入到对产生情绪变化的原因、情绪反应的行为后果的探究。

（二）自我控制能力提高，情绪管理的自觉性和独立性增强

在以自理为主的大学环境中，高职生需要自己安排自己的学习，照料自己的生活，组织自己的活动，解决自己的问题，这种独立生活的需要使他们的自我调控能力得到提高。高职生的自觉性、坚持性、独立性和稳定性都有显著发展，他们强烈期望摆脱依赖性和幼稚性，在情绪管理方面表现出更强的独立性和自觉性。高职生强调自己对自身情绪的控制权，他们对各种束缚和干涉自己"主权范围"的现象十分反感，对约束自己自由、独立的环境和措施以及他人的安抚、规劝，往往感到不满，甚至认为是多管闲事，对其表现出强烈的反抗倾向。同时，高职生的情绪也更具内隐性，他们管理自身情绪的自觉性提高，在公共场合会更有意识地去注意自己的情绪，对负面情绪加强控制，使其不再随意爆发。

（三）自我体验深刻而丰富，自尊心明显增强

自我体验是主体对自身的认识而引发的内心情感体验，是对自身所持有

的一种态度，如自信、自卑、自尊、自满、内疚、羞耻等。高职生的自我体验深刻而丰富，包括自尊心、自信心、义务感、责任感、荣誉感等，可以说是社会中"最敏感"的群体之一。在高职生丰富多彩的自我体验中，其情绪情感基调是积极的、健康的。调查表明，大多数高职生接纳自己，有较强的自尊心，有强烈的自我保护意识，好胜、好强、不甘落后，要求他人尊重，对涉及自尊的事敏感且易做出强烈的情绪反应。自尊心是个体要求人们尊重自己的言行，维护一定的荣誉和社会地位的一种自我意识倾向，是一种与自信心、尊严感、社会责任感、集体荣誉感密切联系的良好的心理品质，是个体积极向上的内部动力。正是这种强烈的自尊心激励着他们更加积极向上，尽可能使自己的言行受到他人的尊重。

（四）注重体察他人需要，逐渐学会了解他人

从走进大学校园的那一刻起，高职生就与新同学、新室友、新老师、新朋友等发生了联系，大学生活就在这些人际互动中展开。因此他们需要注意体察周围人的情绪、需要，以便更快更好地融入大学集体生活。大多数高职生在日常生活中能够体察他人的需要，在生活中相互谦让，在学习上相互帮助。他们也逐渐学会善解人意，会主动去体察老师、同学的情绪变化，并做出相应的反应。如发现同学、朋友情绪低落，他们会主动上前询问原因，并给予劝慰；在课堂上能随时识别老师的情绪反应，发现老师有生气、不高兴的苗头，会自觉调整、规范自己的行为。

（五）人际交往开放化，具有广泛性和时代性

大学校园是大学生人际交往的主要舞台，而大学校园的自由氛围给高职生提供了拓展独立自主意识和探索精神的空间，使得他们的交往领域逐渐扩大，更具广泛性和时代性。当前的高职生从年龄上看是以90后、00后为主体，这一代人独生子女居多，他们的人际交往需求具有急切性的特点。因此，一进入大学，他们就在班级、院系、社团之间拓展自己的人际交往空间，交往对象由以前的亲缘、朋辈交往转向更广泛的师生交往、异性交往、干群交往，社会交往群体不断扩大。随着高职生活动范围的不断扩大，高职生人际交往的范围也不断从学校向社会扩展，高职生已经不仅仅局限在校园高墙之内，跨校交往、社会接触的现象不断增多，校外兼职、外出实习的活动也使得高职生的人际圈子不断扩大。交往的内容从原来的寻求好友、交流学习工作体会，扩展到一起探讨人生、社会问题、职业技能和就业提升等，各种社会活动也使得交往活动越来越广泛。现代计算机通信、网络技术为高职生的

交往提供了先进的信息传递手段，开辟了超时空的广阔天地，高职生的交往媒介已从传统的以书信、电话为主发展为以手机、网络为主。在大学校园中，手机、电脑等现代交往媒介已经普及，高职生通过微信、QQ等新媒体传递交往信息的越来越多，尤其是微信已经成为高职生联络、交往的宠儿。交往手段的发展使高职生的人际交往变得更方便、更快捷，实现了交往的即时化，增强了交往的自由度，拓展了交往渠道，扩大了交往范围，提高了交往效率。

三、高职生情商存在的问题

从整体上说，当前大多数高职生能够在学习生活中及时调整情绪状态，在情绪的自我认知、自我管理方面都更加自觉、独立，自尊心也有增强，表现出积极健康向上的精神风貌；在提高学习成绩、专业技能的同时，也注重综合素质的培养，人际交往呈现出不同于高中阶段的新特点。但是，由于生活学习环境的变化，加上他们心理不够成熟，他们的自我认知经常容易幼稚化，容易做出冲动行为，与他人交往过程中容易以自我为中心，导致人际关系不和谐。具体来说，高职生情商还存在以下几个方面的问题：

（一）自我认知不够成熟，具有较大的片面性

研究发现，高职生的自我意识存在很多偏差，影响到了学业成绩、身心健康，以及各种社会适应性行为的形成。高职生正趋于生理成熟期，但还没有进入心理成熟阶段，这个阶段是青年自我认知发生矛盾最突出时期。有的学生直言不讳地称自己是一个"矛盾的动物"，是"自傲与自卑集于一身的人"。自卑是一种因过多地自我否定而产生的自惭形秽的情绪体验。高职院校的学生入学时的分数较低，他们对于中、高考的失利过于自卑，常抱着"没办法，有书读就行了"的消极心理。调查显示：初中起点五年一贯制的学生升入高职校与高中毕业再入高职院校的学生相比较，后者的自卑感更强，这可能是因为在学习内容难度上高中比中职要大，学生的失败体验更多，所以表现出自信心下降的趋势。一些高职生经常呈现出不安、忧伤、失望等负面情绪体验，总觉得自己与失败常伴，和成功无缘，不能正确地看待自己。一些高职生对自己过于关注，误认为自己是个"焦点人物"，到哪里都会有别人的目光、别人的评论，从而变得过分敏感、多疑、缩手缩脚，形成畏缩、胆小的性格。他们对外界的刺激过于敏感，有时，别人的一句话、一个眼神都可能让他受到伤害，因此时刻有一种提防、戒备的心理。一言以蔽之，高职学生的自我意识具有以下几个方面的特点：自强自立，面向未来；充满矛盾，理想高于

现实,渴望得到理解;复杂、浪漫,自我封闭,耽于幻想;自卑感和压抑感较强。①

(二)情绪管理能力不强,容易被情绪左右

情绪管理能力是体现一个人的涵养和素质的重要表现,是获得成功的重要砝码。"软糖实验"②表明:人的自控能力的大小,跟人一生成功与否有着密切的关系。虽然相比中学时代,高职生对自身情绪的管理更具自觉性和独立性,但他们的情绪管理能力还不是很强,容易被情绪所左右。当代高职生面对的学习、就业、情感、人际交往等方面的压力和困扰之大是空前的,高职生的情绪情感难免受到刺激,甚至产生负面情绪、心理矛盾和困惑。任何情绪的发生,都不是无缘无故的;任何情绪都是必要而有意义的。每个人都希望追求更多的快乐,不需要痛苦,但我们不可能只要愉快,不要痛苦。适度的、合情境的负面情绪,只要得到合理的宣泄和释放,就不会产生太大的消极影响,如果总是蓄积而不释放,就会郁积成病或采取极端的方式来处理问题。任何人都不可能没有消极情绪,情商较高的人也不例外,只是他们善于管理自己的情绪,能够保持情绪的平衡,做情绪的主人。高职生情绪调控能力较低,一旦遇到一点困难或不顺,就容易陷入冲动、愤怒、焦虑、悲伤、压抑等负面情绪之中。有的放纵自己,沉迷于网络游戏、恋爱等而荒废学业;有的不善表达情感、不善宣泄,郁结于心,可能导致心理疾病或形成情绪障碍;有的则采取过激行为、极端方式,违法犯罪,害人害己。

(三)自我激励能力不足,心理承受能力较低

自我激励能力可以使个体自觉地得到积极的心理暗示,从而增强自我的

---

① 徐光垣. 高职学生自我意识的调查研究[J]. 北京工业职业技术学院学报,2003(1):12-15.
② "软糖实验":1960年,美国斯坦福大学心理学家瓦特·米伽尔把一些4岁左右的孩子带到一间陈设简陋的房子,然后给他们每人一颗非常好吃的软糖,同时告诉他们,如果马上吃软糖只能吃1颗;如果20分钟后再吃,将奖励1颗软糖,也就是说,总共可以吃到2颗软糖。有些孩子急不可耐,马上把软糖吃掉。有些孩子则能耐心等待,暂时不吃软糖。他们为了使自己耐住性子,或闭上眼睛不看软糖,或头枕双臂自言自语……结果,这些孩子终于吃到2颗软糖。实验之后,研究者进行了长达14年的追踪。继续跟踪研究参加这个实验的孩子们,一直到他们高中毕业。跟踪研究的结果显示:那些能等待并最后吃到2颗软糖的孩子,在青少年时期,仍能等待机遇而不急于求成,他们具有一种为了更大更远的目标而暂时牺牲眼前利益的能力,即自控能力。而那些迫不及待只吃1颗软糖的孩子,在青少年时期,则表现得比较固执、虚荣或优柔寡断,当欲望产生的时候,无法控制自己,一定要马上满足欲望,否则就无法静下心来继续做后面的事情。换句话说,能等待的那些孩子的成功率,远远高于那些不能等待的孩子。

兴趣、热情和自信，引导个体树立正确的世界观、人生观和价值观，这是实现成功的基础，也是创新的动力源泉。自我激励能力较强的人，目标明确、意志坚强，能够坦然面对挫折，保持持久的热情、坚持不懈的奋斗。高职生基本上是在顺境中成长起来的独生子女，他们进入大学后，就像久居温室的花草突然被移栽到了室外，在自由地享受阳光雨露的同时，也失去了保护伞，一旦遭遇一点狂风暴雨，就被打得花零叶落。高职生成长成才过程中遇到困难挫折在所难免，适当的挫折有助于高职生积累宝贵的人生经验和财富，也是对高职生忍耐力和意志力的一种考验。但当前高职生面对挫折时的种种表现却让人堪忧，不管是面对生活、学习还是情感问题，稍有不顺，就束手无策、满腹牢骚、自怨自艾或者怨天尤人。对他们来说，挫折成为一股破坏性的力量。

（四）移情能力有待提高，存在自我中心倾向

移情也就是认知他人情绪的能力，是情商的重要组成部分。移情体验使人能更多地设身处地为别人着想，从他人角度看问题，因而具有较高移情水平的个体往往具有较为强烈的情绪敏感性，有较高的情绪管理能力和角色扮演能力。在市场经济体制下，社会竞争日趋激烈，"经济人"过分注重个人价值，夸大个人与他人、社会之间的对立和冲突，从而导致对他人和社会的责任感的缺失。缺乏爱心、良知和责任感就会缺乏对他人的同情心和同理心，就不会设身处地为他人着想，不会关心他人，不会产生对社会负责的诚信和正义的体验，就难以树立积极向上的远大理想以及投身于社会主义现代化建设伟大事业。大学校园里，来自全国各地的学生，生活习惯、成长经历、思想观念、性格特点都各不相同，因此难免会产生各种矛盾和冲突，在大学宿舍里，这种冲突更频繁、更明显。有的高职生在晚上室友休息后还继续打电话、玩电脑、开着灯看书，有的甚至因作息时间不一致而引发冲突。随着高职生独立性的增强和日渐适应大学生活，高职生认知他人情绪的能力有所增强，能够有意识地去体察他人的情绪。但是他们在体察他人情绪的过程中仍以自我为中心，移情能力还有待提高。在与人相处的过程中，很多高职生习惯以自己的价值观、标准去评判对方的感受，或是对他人的需要和感受置若罔闻，不能进入对方的主观世界，了解对方的感受，缺乏责任感和同理心。

（五）人际交往存有偏差，社会适应能力不强

大学是社会的一个缩影，高职生要在其中获得良好的发展，就得处理好各种各样的人际关系。尽管高职生的人际交往领域、范围在扩大，交往方式

多元化，但是，当代高职生的人际交往能力却不容乐观。在人际交往过程中，他们在心理和行为方面都存在偏差。有些高职生对人际交往抱有恐惧担忧的心态，在交往前先去设想"别人不愿意和我交往怎么办""别人不喜欢我怎么办"，因而产生过分担忧的心态，在交往中出现退缩和回避行为。另外，也有同学因在过去的交往中有过失败的经历，甚至受过伤害，就对人际交往充满恐惧，用以往的经验来判断现在，不敢主动与人交往。自卑自负是高职生人际交往中的常见心理，是人际交往的大敌。自卑是高职生自我意识的偏差，确切地说是自我认识低于自己的实际情况而产生的一种轻视自己、否定自己的负面情绪和退缩状态。自卑心理的产生，主要来源于心理上的消极自我暗示。有的同学只看到自己在容貌、身材、知识、能力、口才、家境等方面的不足，而忽略自己的长处，就表现得缺乏自信、低人一等，从而回避交往。

高职生人际交往存在偏差的另一个原因就是交往技能的缺乏。有些高职生过分追求个性的张扬，我行我素，他们待人处世常常以自我为中心，忽略别人的需要和感受，将自己的需要和价值观强加于人，不懂得尊重他人，漠视他人的处境和利益。有些家境富裕的同学在与他人交往中讲究排场、出手阔绰，完全不顾及身边相对贫困的同学的能力和感受，有时候他们的好心反而伤害了其他同学的尊严。同时，在人际交往过程中，不少高职生带有较浓的理想化色彩，倾向于用理想的尺度或过高的期望值去衡量自我和人际关系本身，对校园中人际关系的复杂性和多样性缺乏足够的心理准备。因此，当人际交往中出现问题或障碍时，往往不知如何应对，甚至从此自我封闭或伤害他人。有的因人际关系不好而申请退学，也有学生因为在班里不受欢迎，没有知心朋友，内心感到压抑，严重影响了他们学习、生活。

第二节 当前高职院校情商教育现状分析

在 21 世纪的今天，社会竞争日趋激烈，单纯的智商高已经无法满足社会和市场对人才的新要求与新需求。要提高大学生的社会竞争力，不仅仅要发展他们的智商，更要培养他们的情商，毫无疑问，这必然是当前高职院校人才培养模式变革与创新的任务之一。那么，当前高职院校情商教育情况如何？在此，首先简要呈现两个访谈案例。

访谈案例一

调查者：您了解情商吗？您如何看待对大学生进行情商教育？

辅导员 A：有些了解，经常听说情商这个词。我觉得对大学生进行情商教育是必不可少的，在我看来，很多大学生的情商都不太高。

调查者：您觉得贵校大学生的情商水平如何？具体体现在哪些方面？

辅导员 A：我觉得我们学校除了个别学生情商比较高之外，大部分情商水平都比较低。我个人觉得主要体现在不尊重老师、比较势利、以自我为中心，还有就是人际交往能力差。

调查者：您认为教师在大学生情商教育过程中应担任何种角色？发挥怎样的作用？

辅导员 A：我觉得教师主要担任导师的角色，不断对他们进行引导和教育。

调查者：据您了解，贵校有没有专门针对大学生情商教育的相关培训或其他形式的活动？如果有，是怎样进行的？

辅导员 A：根据我的了解，我们学校没有专门的针对大学生进行情商教育的培训和活动，但有很多形式的职业技能大赛，我觉得这个应该能在某种程度上提高他们的情商。

调查者：关于培养大学生情商，您认为还存在一些什么样的问题？

辅导员 A：我感觉很多高校虽然对情商有一定程度的关注，但对于如何培养大学生的情商，还不够重视。

调查者：您认为学校应如何培养大学生的情商？

辅导员 A：我觉得可以从以下几方面来培养大学生的情商：加强情商教育的保障机制建设，制定有利于大学生情商教育的政策和制度，创建有利于培养他们情商的环境，还有非常重要的是要鼓励大学生进行积极的自我教育。

访谈案例二

调查者：您了解情商吗？您如何看待对大学生进行情商教育？

教师 B：在生活中我经常听见别人谈起情商，也读过有关内容。我个人感觉，当前大学生的情商确实需要培养和提高。

调查者：您觉得贵校大学生的情商水平如何？具体体现在哪些方面？

教师 B：总体来说较低，少数学生情商很高，主要问题体现在自私自利，不替他人考虑，把很多事情当作理所当然，不会对他人感恩。

调查者：您认为教师在大学生情商教育过程中应担任何种角色？发挥怎样的作用？

教师 B：我觉得教师自身首先要加强对情商的认识，不断提高自身的情商，然后努力成为学生的榜样，坚持以身作则，从而正确引导他们。

调查者：据您了解，贵校有没有专门针对大学生情商教育的相关培训或其他形式的活动？如果有，是怎样进行的？

教师 B：我个人觉得我们学校没有这样专门培养大学生情商的活动和培训，不过我们学校每年开设了一些就业指导讲座，我想，这对于培养他们的情商应该有很大的帮助。

调查者：关于培养大学生情商，您认为还存在一些什么样的问题？

教师 B：我觉得情商太抽象、太主观，所以要培养大学生的情商，我感觉很困难，可能要花很长的时间。

调查者：您认为学校应如何培养大学生的情商？

教师 B：我认为，要培养大学生的情商，学校可以从以下方面着手：开发专门的情商教材和开设专门的情商课程，提高教师和其他教育工作者的情商，加强对大学生情商方面的显性和隐性教育。

通过问卷分析和访谈，我们发现，作为素质教育重要方面的旨在促进大学生全面发展与人格健全完善的情商教育，目前在高职院校存在一些问题。

一、高职院校情商教育的认识、重视情况

对于"情商""情商教育"等相关概念，被访谈的18名辅导员与12名科任教师都表示听说过，也在有的书籍、报刊、杂志上见过，可以说是具有一定程度的了解。有辅导员还表示，平时在与大学生相互交流的过程中，特别是在处理大学生相互之间的矛盾如典型的"寝室矛盾""学业矛盾"的时候，会经常使用"情商"这个词语，以告诉同学们在大学不仅要学专业知识与技能，更要学会如何做人，如何做事，如何与同学、朋友、老师相处。在进一步谈到具体何为情商的时候，大多数辅导员和教师均表示，情商就是指一个人人际交往的能力，要培养学生的情商就是要培养学生与他人之间的交际能力。还有个别教师认为，学生情商低主要表现为不尊敬师长、自私与自傲、领悟能力低、对他人不感恩、伦理感淡薄、社会公德意识差、过分世俗和功利等。另外，有科任教师指出，目前国内对情商这一概念存在着一定的误解，简单地将情商等同于灵活变通、社会化，而实际上，情商这个概念首先指个人对自身情绪的认识与管理能力，其次才涉及对他人情绪的认识与人际交往能力。很显然，虽然目前国内对于情商以及和情商有关的概念在某种程度上已经有所了解，但从总体上来看，这种认识仍然带有极大的局限性与片面性。

被采访的18名辅导员和12名科任教师都指出，情商的重要性不言而喻，它在一个人的学习、生活和工作中发挥着关键性的作用。但他们同时也表示，

据他们个人的经验与了解，目前很多高职院校都没有专门针对大学生情商教育的培训、课程或系统性的项目。不过，大部分辅导员认为，虽然没有专门的情商培训项目，但学校举办的就业指导讲座、职业技能大赛等从侧面渗透了一定的情商教育因素，虽然这些活动的"主流价值"不在于培养大学生的情商，但它们本身的开设却附带了间接培养大学生情商的功能。也就是说，高职院校能够认识也已经认识到情商及情商教育的重要性，但在实际的教学管理活动中，对大学生情商教育的重视程度还远远不够。

二、高职院校对情商知识的宣传、普及情况

高等院校是为国家培养高等人才的地方，高等人才必须通过教育，但教育不一定能出高等人才，即便是高等教育。我们需要知道何为高等人才，高等人才是指在德、智、体、美、劳诸方面能力高人一等的人才，即全面发展的人才，也就是智商和情商都比普通人高的人才。然而多年来受社会市场经济发展的负面影响，功利主义思想蔓延至学校，使得素质教育成为空话，教育变成一条腿的瘸子，即单方面注重智力发展，因为它投资少、见效快、回报高，各方喜闻乐见。因此学校只谈智商培育，刻意回避情商普及，并不是学校本身不知道情商的重要性。单方面注重智商，忽略情商，就导致情商慢慢淡出大众的视野，仅存在少许学术研究领域。

情商知识的普及是高职院校开展情商教育的基石，要让情商教育取得较好的效果，情商知识的普及是不可或缺的工作。师生在准确获知情商的性质及对一个人的影响作用后，教师才会主动地尝试探索情商教育，学生也才会主动地注重提高自身情商，这样，高职院校在开展情商教育时就能事半功倍。本研究通过访谈及问卷的形式调查了高职院校情商知识的宣传、普及度。通过对这一问题的调查，从一定程度上了解了高职院校对情商教育的重视程度及教育情况。问卷第三大部分"情商教育"的第3题问道："学校是否进行过情商知识的宣传、普及？"从调查的结果可以了解到，6所高校过半的学生都认为学校未进行过情商知识的宣传、普及，而三四成的学生认为学校进行过情商知识的宣传普及。这样的调查结果说明高职院校内部的部分单位开展过情商知识的教育，而高校没有在全校、各个院系开展过情商知识的教育，高职院校情商知识的教育还不够普及。事实上在对教师的访谈调查中有半数的教师表示自己了解情商但并不关注，还有20%多的教师表示不了解也不关注，这说明，高职院校在制定教育目标和内容时没有考虑到情商教育。教师没有收到教学任务，自然不会有意识、有目的地把情商教育纳入教学计划中，

可见情商教育在宣传和普及上存在很大问题。

三、高职院校情商教育相关课程的开设情况

高职院校开展情商教育的重要途径之一就是开设有助于引导学生情商发展的相关课程。开设情商相关的课程能够让学生明白情商对自身发展的重要性，且能够让学生逐渐领悟出如何提高自身情商。情商课程的开展是师生的教学相长，能促使师生情商的共同发展。本研究为了了解高职院校情商教育的情况，调研了6所学校开设课程的情况，具体情况见表4-5。

表4-5 高职院校情商教育相关课程的开设情况

学院	相关课程设置
四川职业技术学院	选修课"健康教育""幸福从心开始"，网络选修课"情商与影响力"等
雅安职业技术学院	必修课"心理健康教育"
广安职业技术学院	选修课"情商和影响力"
成都职业技术学院	选修课"大学生心理健康教育"
南充职业技术学院	选修课"心理健康教育"
绵阳职业技术学院	选修课"心理健康教育"

据调查所知，6所学校总体的情商教育课程开设都不够理想。除四川职业技术学院和广安职业技术学院有专门的"情商课"以外，另外4所学校都是以"心理健康教育"中的"情绪管理"等相关内容充当。6所学校开设的公选课绝大多数都是琴棋书画之类的文艺课，这类课程能够修身养性，对于提高大学生的素养是不可或缺的，但与提高交际能力、表达能力、自我管理能力、处事能力的情商内容相距甚远。问卷中不少学生认为学校未开设过情商教育的课程，这首先说明学校并没有对情商知识进行过相关的普及教育，另外也说明学校开设的情商课程过于片面，还不够完善。

6所学校的整体抽样调查的数据显示，48%的学生没有选修情商课程，45%的学生选修了情商课程，7%的学生没有对此问题作答。之所以出现这种情况，一部分原因是学生认为此类课程可有可无，不重要，所以没有选修；另一部分原因是学生根本不知道什么是情商教育课程，或者选修了但印象不深刻。这样的调查数据还说明一种情况，即高职院校情商教育课程开设太少，学生想选也选不上，这个原因有的被调查者也在问卷上注明过。这样的调查

数据也说明，高职院校的情商教育较欠缺，有很多需要改善的地方。

情商教育作为一项教育内容，需要开设相关课程来进行，然而高职院校在这一点上明显不足。课程是对学生进行教育的必要和主要载体，特别是中国的课堂教育，结合课程共同培养大学生。在我国，教育改革已经进行了很多年，课程改革也从未停歇，然而到现在为止，情商教育仍然被拒之门外或迎接进来却置之不理。所谓的课程改革，只是在原有内容的基础上改"形式"、改"教法"，换汤不换药，未涉及质的变化。情商教育课程开设不起来，便无法将情商教育纳入正常的教育轨道，学生也很难接受规范的情商训练。在访谈中，有68%的教师表示，学校没有或者自己不知道学校是否有开设情商类课程。有约74%的教师觉得应该开设情商类课程，这些教师不分人文社科类和自然科学类，一致如此认为。由于学校不曾开设情商类课程，因而有87%的教师表示高职院校在情商教育实施上存在不足的问题。据笔者了解，部分高职院校近年来在课程改革上有些进步，开设了更多素质拓展类课程，统称为"通识课"，然而所谓通识课还是"新瓶装旧酒""穿新鞋走老路"，学科化教学、纸笔式考核，绝大多数学生在处理通识课上仅限于修学分，就连基本知识扩展要求都没有达到，更别提综合素质技能。

四、高职院校情商教育环境的创设情况

教育环境是教育者和受教育者共同生活的场所，环境的优劣对教育效果有很重要的影响。所谓的教育环境，可分为硬件环境和软件环境，当前高职院校情商教育在硬件与软件上都存在问题，主要有以下几个方面：首先，高职院校情商教育在硬件环境上不够完善。这里说的情商教育的硬件环境是抽象的硬件环境，指的是传播情商、开展情商教育活动所涉及的那些有形的物质条件，通常包括教学设备、教学工具，比如教学信息化、智能化程度等。虽然情商教育很难找到特有的硬件与之对应，因为它本身只是教育的一个种类，依托现有硬件也可以，但很多学校的现有硬件环境上也不理想，比如宿舍楼拥挤、网络系统不发达、公共设施建设不足等，这些后勤事务对学生的生活学习有着很大的影响，是直接会反映在学生情绪上的，因此要格外注意。其次，高职院校情商教育的软件环境也存在问题。教育软件环境包括师资力量、学校氛围、教师的教学能力、学校的管理制度等方面。当前高职院校情商教育在软件环境上存在的问题有：师资力量不足，或者说教师情商素质不高，学校的人文气息不够浓厚，死气沉沉，影响师生之间和谐交流沟通。学校内设立的各种社团类组织，有很大程度上没有起到锻炼学生情商素质的作

用，几近形同虚设，如此一来，学生情商习得途径更为稀少。

情商具有较强的抽象性，情商的提高更多需要个人去领悟。而要领悟如何提高情商，最有效的手段就是亲身实践。有研究显示，情商水平和是否有假期兼职经验（实习经验）有显著相关，有假期兼职经验的学生在情绪认知方面、情绪表达方面、情绪管理方面的情商能力都要高过没有任何打工经验的学生。[①]因此，高职院校要为学生创建良好的实践环境，让学生参加社会实践，学生可以在实践中促进自身情商发展。实践环境的创建可以是多渠道、多途径的，可以通过学生社团、情景模拟等方式提供条件。高职院校为学生创建最直接的实践环境，就是组织学生参加一定数量的、高质量的社会实践，促进情商发展和专业技能的"双提升"，要避免社会实践沦为"走秀"或者"出卖廉价劳动力"，也不是"校企为刀俎，学生为鱼肉"的"被实习"。

五、高职院校情商教育效果分析

本研究通过调查了解到，目前四川各大高职院校虽然开设有就业培训指导讲座、职业技能大赛等间接附带有培养大学生情商的一些活动，但由于其本身并不是主要为了培养大学生情商而设置的，再加上举办次数相对较少、学生本身的参与度不高等因素，这些活动对于大学生情商教育的针对性与有效性自然十分有限。调查者访谈中，有少数几位老师对高职生情商和情商教育持有比较乐观的态度，但绝大多数明确表示，在高职院校培养大学生情商固然是一件好事，也值得提倡，但真正要落实下去，目前看来却困难重重。究其原因，其一，目前相当一部分大学生来自独生子女家庭，从小就是家里的"小太阳"或"小公主"，在家说一不二，全家人无不以之为中心，导致他们说话做事不太关注与考虑他人感受，过分以自我为中心。情商的培养不仅仅是学校和社会的事情，更是整个家庭的重大责任。很多教师虽然具备了良好的专业知识与专业技能，在教学过程中能够"上好课"，但他们习惯了"教书"，而不具备"育人"特别是"育好人"的动力。本课题组认为，高职院校情商教育亟待解决三个突出问题：一是现有情商教育的内容较零散，研究和实践均缺乏系统性安排和科学化设计，情商教育的内容体系规划有待完善。二是现有情商培育方式随意性较大，许多教育活动限于"挂挂条幅、摆摆展板、做做讲座、开开会议、拍拍照片、写写新闻的形式化模式"，存在层次不高、形式肤浅、内容空泛等缺陷，缺乏科学的理论指导和依据。三是教育周

---

① 余彩云. 国内高职大学生情商研究综述[J]. 济南职业学院学报，2012（4）：24-26.

期较短或时间分配不均，多为分散的活动组合或者集中在某一段时间内突击进行，造成"前期应接不暇、后期跟进不够""有时吃不了，有时吃不饱"的失衡现象，未能坚持常态化、持久性。同时，教育对象的涉及面也较窄，仅限特殊群体学生或个别班级的群体教育，全员教育还有待深入，教育的实效性有待提高。

第三节　当前高职生情商问题的原因分析

从总体上来看，当代高职生的情商水平不容乐观，造成这种状况的原因是多方面的，本节主要从以下几个方面来进行分析：

一、家庭原因

家庭是每个人最初的归属，也是人接受教育的第一场所，家庭环境对一个人的影响是全面而深刻的。根据图 4-2 所示，影响高职生情商水平的家庭因素中，选择家庭经济状况的占 30%，选父母文化程度的占 45%，选家庭教育方式的占 78%，选家庭氛围的占 30%。由此可以看出，大部分高职生认为家庭教育方式对自身情商影响较大。通过同辅导员访谈得知，很多家庭对高职生情商教育存在失当现象。

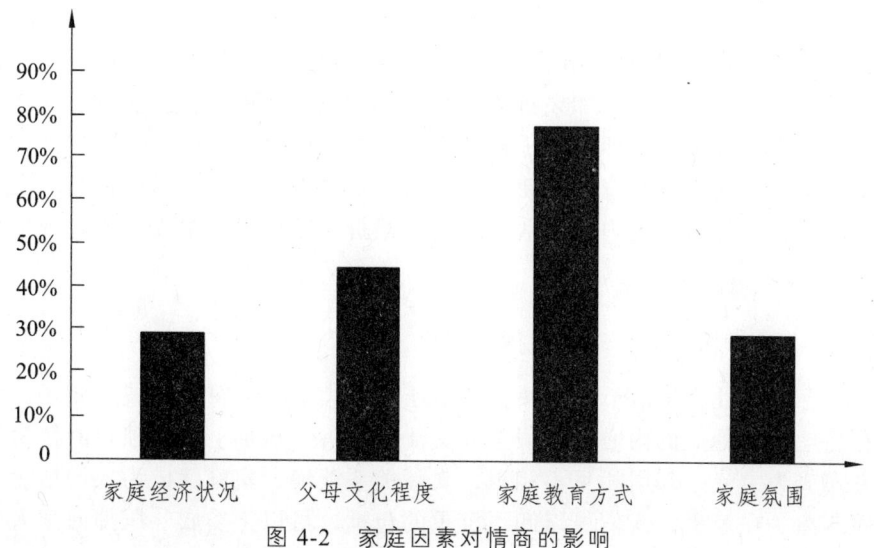

图 4-2　家庭因素对情商的影响

（一）部分家庭教育观念落后

受传统应试教育观念的影响，很多高职生家长片面强调孩子的学业成绩，认为孩子的主要任务就是考高分、上名校。在上大学之前，奔波于学校和各种补习班之间成了学生普遍的生活方式，除了学习还是学习，对人生路上那些欢乐的、悲伤的、温暖的、坎坷的遭遇等与情商教育有关的要素视而不见。部分家长只注重给孩子提供良好的物质生活条件，认为吃好的、穿好的、用好的就是幸福的，缺乏与孩子的交流沟通，孩子的情感和精神需要被漠视和忽略。进入大学后，家长还是强调高职生的成绩，因时空的距离增大，家长与高职生的交流更少了。大多数学生认为自己和父母之间有代沟。还有些家长认为孩子只要进入大学，就可以不再承担教育的责任，把对孩子进行教育的责任都甩给高校，造成与高校沟通不畅、联系不足。这些片面的观念都导致家庭对高职生情商教育的缺失。

（二）家庭教育方式存在偏差

不同的教育方式会造就不同的生命发展个体。家庭教育方式直接决定高职生情商水平的高低，存在偏差的家庭教育方式是造成高职生情商偏低的深层次原因之一。现在的高职生很多来自独生子女家庭，从小娇生惯养，家长都围绕他们转，俨然就是家中的"小皇帝""小公主"。这样过分的宠溺强化了孩子的自我意识，助长了他们生活的依赖性。当进入相对独立的大学后，容易以自我为中心，难以与他人融洽相处并融入集体生活。有些父母的教育方式比较简单、专断，由他们替孩子做出一切人生选择和规划，对孩子提出过高的要求，甚至把他们自己未能实现的人生理想和目标强加到孩子身上，使孩子背负过大的压力。如果孩子不按他们的意愿发展，不按他们为其预先设定的人生轨道前进，即使孩子已经成年、进入大学，他们也会横加干涉甚至粗暴制止。这样的教育方式使得很多高职生缺乏独立自主的意识和自主决策的能力，心理承受能力差，遇到一点点挫折，就束手无策或陷入各种情绪困境。

（三）家庭情感支持功能发挥不充分

随着现代社会生活节奏加快，竞争压力增大，人们每天奔波于职场，紧张和焦虑充斥他们的内心，无暇与人交流、倾诉。再加上独门独户的楼房居住方式成为主流，邻居相见不相识，人际关系淡漠，家庭就成为人们情感支持的港湾。在家里，人们可以卸下沉重的包袱，可以把委屈、压抑向家人倾诉，情绪情感可以得到畅快的宣泄。对高职生来说，家庭成员之间的情感支持是他们健康成长的"阳光"和"雨露"，良好的家庭情感氛围会使他们在无形中受到熏陶，不良的家庭情感氛围则会使他们处在压抑的环境中，情商水平也受到影响。因而，家长要加强与孩子在情感上的交流与沟通。但是，家庭教育并没有适应家庭功能变化的这种新要求，面对日益激烈的社会竞争，父母不得不每天为生计而奔波，高职生为了增加就业砝码，不得不在课余参加各种资格考试和证书培训班。家庭成员各忙各的，家长无暇倾听和询问高职生的不满、委屈和在学校遇到的人际关系等问题，导致家长很难觉察孩子的情绪、心理问题并对其加以合理的疏导，家庭的情感支持功能没有得到充分发挥，影响了学生与情商有关的能力的发展。当今时代，"两地婚姻"、父母离异在家庭总数中也占有相当大的比例。在父母异地和父母离异的家庭中成长的孩子，往往性格孤僻，对他人不容易产生信任感，或者缺乏责任心，有的更不愿意提起涉及家庭的话题。因此，一个温馨、和谐、平等的家庭环境，对学生的成长也是极其重要的。

（四）家庭经济条件对情商的双重影响

家庭经济条件好的学生多数性格开朗，喜欢参加各种活动。但也有一部分经济条件好的学生由于"娇生惯养"会盛气凌人，骄傲自大。而家庭条件不好的学生，由于高额的学费、生活费给自己的家庭带来负担，他们多处于自卑、自闭的环境中，不愿意参加学校或学院组织的一些活动，不喜欢和同学们接触交流，甚至有意逃避。贫困家庭的大学生如果不能正确调整自己的心态，长此以往，将导致人际交往闭塞，人际关系紧张，且容易产生心理问题。

二、学校原因

对情商有比较深刻的了解，知晓情商对个人成功的重要性，是积极开展情商教育的前提。没有这个前提，情商教育的效果就要打折扣，学生也就感觉不到情商的重要性。调查显示，大部分高职生知道有情商这一概念，但真正了解情商的所占比例很低,甚至有个别学生根本不了解情商这一概念。34%的学生是通过书刊获得情商这一概念的，50%的学生是通过网络媒体获得情商这一概念的，通过教师讲授的只占16%，通过父母传授的为零。从调查中可以看出，大学生通过学校教育获得情商这一概念的比例很低，大多数是通过书刊、网络媒体获得的。这说明我们学校针对大学生的情商教育还不够，情商教育在大学教育中没有应有的分量。而家庭对学生情商的教育问题几乎没有，中国大多数家长更注重的是孩子智力、专业技能的培养，而忽略了情商对人成功的重要作用。

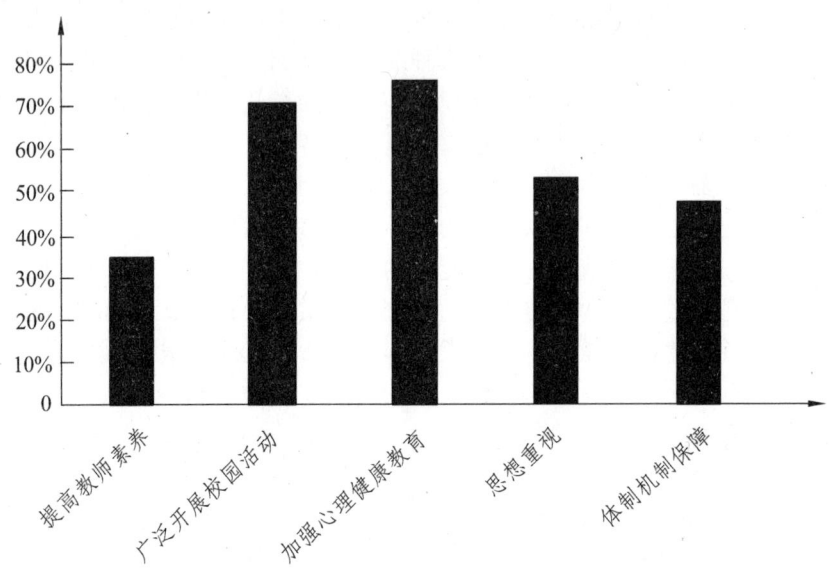

图 4-3　学校情商教育应该改善的方面调查

从图 4-3 可以看出，学校高职生情商教育所需改进之处，有 35%的大学生认为要提高教师素养，有 72%的大学生认为应该广泛开展校园活动，有 77%的大学生认为要加强心理健康教育，有 54%的大学生认为应该提高思想重视程度，有 48%的大学生认为应该加强组织建设和机制保障。在开放式题目调查中显示，很多大学生认为学校应该开设专门的情商教育课，教授情商教育理论，增强大学生的情商实践能力，让大学生在实践中提高情商水平。结合本章第二节分析，高职院校情商教育具体存在以下问题：

（一）教育主体不明确，缺乏组织力

受传统观念影响，情商教育还未在教育者心中形成广泛的共识，没能引起大家应有的重视。有人认为，学校没有必要专门开设情商教育的课程内容，情商教育应该是课程学习之外的事情，是课余的事情；也有人认为，情商教育是各系部相关领导和辅导员、班主任等从事学生教育管理工作者的工作，与其他教育者不存在多大关系；还有人认为，情商教育是心理辅导教师的工作，应该由他们专门完成。也正因为情商教育的主体不明确，没有纳入教学计划的统一要求，所以整个情商教育的过程就显得非常零散，再加上很多人对情商教育的认识存在偏差，对情商教育存在狭义的理解，认为情商教育仅仅是针对那些对社会和生活抱消极态度的人，或是只针对那些所谓心理存在偏差有不良倾向的人，导致情商教育很难达到最终目的，达到良性教育的结果。就目前看来，大多数高职院校师资力量需要加强，很多高职院校中没有专职的情商教育教师，多由科任教师和心理辅导教师兼任，自身资源的缺乏导致情商教育只停留在表面，未能真正达到应有的效果。

（二）教育内容单薄狭窄，缺乏吸引力

一些高职院校认为，新生入学是情商教育的最佳时机，所以在新生入学的时候就安排很多班会、讲座、联谊会、晚会等，或是在新生入学的初期对新生采取心理测试，对相关人员进行心理知识培训等。虽然说这个时候的情商教育很重要，是中学向大学转变的一个重要时期，但是如果学生转到正常的课程学习中或进入正常的学习和生活后，情商教育的后续工作没有跟进，与情商相关的教育似乎也就结束了。其实，任何教育都有时效性，这种"前期吃不了，后期吃不饱"的教育方式，肯定会在效果和结果上大打折扣，甚至还会影响部分同学对情商教育的认识。何况我们的情商教育并不是只针对新生入学，每个不同阶段的学生都会遇到不同情况的问题。根据这个特点，情商教育在不同阶段要有不同的教育主题内容，让情商教育贯穿大学生涯全程。现阶段的情商教育，很多都是只抓住了新生入学的时期，忽视了后期情商教育的跟进或后期安排情商教育的相关讲座。这种不连续的教育模式让我们的情商教育收效甚微。虽然越来越多的高职院校意识到了情商教育的重要，也在提高高职生情商水平上做了很多的工作，在情商教育上实行了一些改革，但是就目前看来，很多学校的情商教育都还不具备系统性，是属于脱节、断线的情商教育。

（三）教育形式方法单一，缺乏感染力

情商教育与智商开发有相似之处，实际上也应该是一项系统的工程，所涉及的内容非常广泛，但因为情商与智商存在差异，情商教育跟智商教育又存在很多的不同。情商同人驾驭情绪的能力和适应环境息息相关，是培养学生的某些特质，例如耐心、爱心、宽容、分享、自信、团结、适应等。或许是情商内容一定程度上的抽象性，导致了情商教育不像开发智商那样好操作，学校可能只做了某一个点的工作，没有系统规划情商教育。缺乏系统规划的情商教育会使学生无法感受到这种教育的重要性，会忽略这种教育，在教育过程中不认真对待等。再加上高职生个体之间的差异比较大，每个人的情商特征都不一样，情商水平都不同，这样零散的情商教育可能根本不能触动学生的内心世界。我们只有把这些零散的情商教育点连成线，再把这些线连成网，最后用这些网形成一个个的面，才能让学生感受到参与情商教育的重要性，才能够让大家主动配合参与到我们的情商教育中来。

（四）教育环境不够理想，缺乏浸润力

所谓的教育环境就是教育的氛围，教育的氛围直接会影响到教育的效果。有些高职院校将情商教育提到桌面上，但是却忽略了环境的培养。一方面要求学生学好专业知识，另外一方面要学生多参加活动，做到全面发展。学生在学校的时间是有限的，我们作为教育者，如果只在口头上支持学生全面发展，不从根本上为学生考虑，那么情商教育就只是空谈。

百年大计，教育为本；教育大计，教师为本；教师大计，师德为本。多年以来，教师都把智商作为教育的重中之重，而忽视情商教育。教师传授的不仅是治学之道，更重要的是做人之道。要达到良好的教育效果，光着重培养专业技能是不行的。在高职院校开展情商教育，不仅要依靠辅导员（班主任）和行政人员，更需要公共基础课和专业课教师的参与，他们的教学方式方法和自身的素质影响着学生的情商。因此，教师应具有良好的情商水平，其本身就是一本可视、可触、可学的教科书，对学生的影响与成长是潜移默化的、长期和深刻的，而且也是巨大的，能够使学生终身受益。我们必须重视对所有教师的情商培训。现在高职院校的情商教育，很多都是浮在表面的，没有深入进去。必须将学生的情商教育纳入教学计划，对大学三年进行整体规划，有目的、有计划、有组织地进行情商教育。

三、社会原因

每个人都是在一定的文化背景和社会环境下成长起来的，社会特定的风俗习惯、道德标准以及经济文化发展的水平差异对一个人情商的形成和发展也会产生很大的影响。高职生情商的发展也必然潜移默化地受到社会大环境的影响。

（一）转型期社会价值标准多元，给高职生情商带来消极影响

随着我国经济、政治领域改革的深入，我国社会进入了转型期，与之相应的是思想观念、价值标准的转变与多元化。市场经济对物质价值的肯定，

对个性自由的认同,发展强化了人们的竞争意识、个性意识和实效意识,但是也产生了负面效应。加上改革开放的不断扩大,西方一些腐朽思想也乘虚而入,拜金主义、享乐主义、个人主义和实用主义等价值观念侵蚀乃至占有和支配着人们的心灵,高职生也难免受到影响。例如,个性自由、实用主义在高职生中普遍存在,他们在生活上过分强调个性、自我,对他人、父母和家庭缺乏关怀和责任感,功利主义倾向严重,在人际交往中缺乏与他人的真诚交流。面对日益激烈的竞争和日益加快的生活节奏,许多学生急功近利,陷入浮躁焦虑状态之中,或是感到自卑、迷茫,精神空虚困惑,高职生的情商水平总体受到严重影响。

(二)严峻的就业形势给高职生造成严重的心理负担,影响了高职生情商水平的提高

"毕业即失业。"这是因就业形势严峻而在大学里产生的一句流行语。面对严重的就业压力,很多高职生对未来前途发展感到迷茫和无所适从,常常陷入消极情绪之中,对自己的未来缺失信心、充满焦虑和担忧,这严重影响了高职生的情商发展。为了增加就业的砝码,高职生普遍认为等级证书、资格证书越多越好。因此,计算机、会计、人力资源等技能性的功课受到学生的热捧,而参加校内外开办相关培训班的学生也是络绎不绝。在这种形势下,高职生根本无暇顾及自身情商的培养。

(三)网络等电子媒介的负面影响

随着我国科学技术的迅猛发展,我国已经进入了网络时代。这些网络媒介在给我们的生活带来极大便利的同时,也产生了一些负面影响。学生可以借助网络阅读、学习、购物,这就造成大学生普遍"宅"在宿舍内。网络对"宅族"学生的吸引,使得他们在面对电脑时能得心应手,但面对现实复杂的人际关系时却无所适从。而且,网络上传播的文化垃圾也不同程度地腐蚀着大学生的心灵。根据图 4-4 所示,在网络环境对大学生情商的不利影响上,有 54%的大学生认为网络有可能会造成个体情绪调节能力下降;有 88%认为会导致自我封闭,不愿交往;有 23%认为会导致自我意识偏颇;有 27%认为会产生思想混乱和困扰等。

首先,网络世界的虚拟性、匿名性使高职生移情能力、人际交往能力下降。在网上,大学生可以相对自由地发表个人观点,探讨问题,传播知识,交流信息。通过全世界成千上万的网址,他们可以查阅到他们想要的信息资料。正因为他们过多地沉迷于网络,在一定程度上又使他们的情绪、心理、

性格等方面出现了一些新的问题。如有了电脑，有了网络，学生们会友、交友、打球、看书的时间少了，他们把大量的时间都花在了网上。时间久了就会变成"行动的巨人，语言的矮人"。他们能在网上大展身手，可面对复杂的人际关系却感到无所适从。

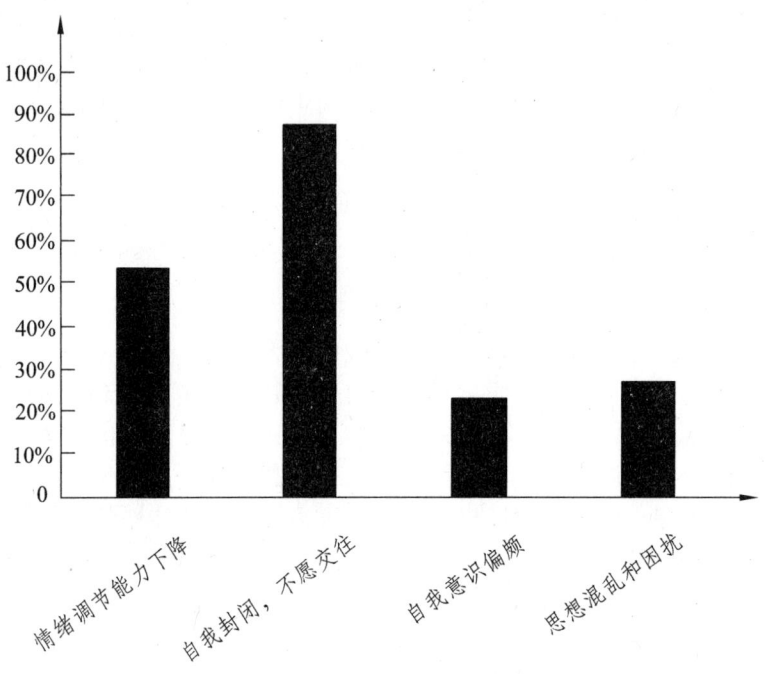

图 4-4　网络对情商的负面影响

其次，网络上的文化垃圾对高职生造成思想混乱和困扰。网络既传播文明又倾泻垃圾。由于网络行为具有开放性、虚拟性、隐匿性，加上网络管理的不到位，网络上不乏宣扬个人主义、享乐主义、崇尚暴力等极端行为的影片和言论。高职生的心理、思想还不够成熟，有些高职生对这些文化垃圾缺乏过滤能力，思想上容易产生混乱，有些人甚至会模仿那些错误行为。这些都严重影响了高职生情商水平的提高。

最后，网络导致学生在知识结构上更加忽视人文素质的充实提高。他们在认识到新技术对社会发展的巨大推动作用的同时，也出现了另外一种倾向，那就是对人文知识的忽视。他们未能全面地认识到人文学科和自然学科在科学界中的相互作用原理，对社会的责任感和人文关怀越来越淡薄，甚至可能导致人文品格和道德水平的滑坡。

四、学生原因

尽管高职生情商的发展受到各种外在因素的影响，但其自身内因才是关键因素。大学是高职生走向成熟的关键时期，是他们人生的"第二次断乳期"。能否顺利实现"断乳"，较快地适应新的生活，直接决定高职生情商水平的高低。高职生自我心理调适乏力是当前高职生情商水平不高的重要原因。具体来说，首先，依赖与自主的碰撞。高职生初入校园时都满怀激情与憧憬，为摆脱了父母、老师的约束与管制而雀跃。在大学里，高职生需要自己独立动手去做很多事情。但当代高职生大多是独生子女，从小在父母的呵护下长大，缺乏独立性的锻炼。高职生如果不能处理好这种依赖性与自主性相碰撞产生的矛盾，就会很难适应高职生活，产生不良的情绪反应，有的甚至深陷其中不能自拔。其次，承受压力和挫折的心理准备不足。大学生是一个承载社会、家长高期望值的群体，一方面他们要努力适应高速度、快节奏、复杂而多变的时代，另一方面也要适应市场经济对人才的高要求。在这样的时代背景下成长的高职生面临着沉重的学习压力、社会压力和就业压力，但他们从小相对顺畅的成长经历，又让他们缺乏承受挫折和失败的心理准备，因此容易产生一些心理困惑和冲突。而这些心理困惑和冲突常常是高职生产生焦虑、压抑、迷茫情绪的重要原因。虽然这种影响在不同年级呈现出不同的特点，但都对高职生良好情商的培养和发展产生了不利影响。

第五章
积极心理学视角下高职生情商教育的基点把握

情商是衡量人的情绪智力发展水平的指标,它主要是靠后天的学习、培养和熏陶逐渐养成的。因此,加强对高职生的情商教育,就是把高职生塑造成社会需要和时代发展的创新型人才。情商教育是一个复杂的系统工程,它受客观因素和主观因素的共同影响,高职院校应该明细目标方向,遵循科学原则,采用多元的教育方法,依靠家庭、学校、社会和大学生个人的力量,有针对性地解决大学生情商存在的问题,使大学生的情商沿着健康和谐的轨道有序发展。

第一节 积极心理学视角下高职生情商教育的目标

教育研究视域中的目标,并非简单的"哲学性"陈述,而是一个可进行纵向与横向理解的集合概念。从纵向看,目标包括教育目的、学校目标、专业目标、课程目标、单元目标等不同层级结构。从横向看,目标有价值性目标与操作性目标、正式目标与非正式目标、终极性目标与发展性目标之分。为凸显主题和重心,本研究关涉的目标,特指纵向维度的终极性目标与发展性目标。

一、终极目标:提升幸福智力

早在两千多年前,古希腊的哲学家们就提出,人类追求的最终目标是幸福。在这漫长的科学研究史中,幸福一直受到不同学科研究者的关注。从心理学的观点看,不管出现多少衡量幸福的客观指标,它们的作用始终是要回归到人的主观感受上来的。于是我们可以假设人们对幸福的追求是一种能力,这种能力以智力的形式表现出来，便有了幸福智力的概念。传统意义上的幸福研究以哲学探讨为主，包括东西方许多著名哲学家和思想家都不约而同地思考过这一问题，提出了诸如"快乐主义幸福论""自我实现幸福论""仁者之乐"等著名观点和论断，在历史上产生过重要的影响。但是这些理念和论断往往和人生价值观密不可分，具有明显的认识论、价值观和人性观的倾向。随之而来的结果则是，各种理论和观点身上聚集着浓厚的社会文化和社会变迁的痕迹，甚至有着明显的统治阶级的意识气氛，而对于幸福本质的探讨却略显重复和呆板，缺乏生气，招致了诸多学者的不满和批评。幸福研究遭遇的这种困难和尴尬使我们认真地思考新的方向，慎重地选择新的研究视角和突破口，幸福智力正是在这种背景下提出来的。

（一）幸福智力的内涵

简而言之，幸福智力是一种获取幸福的能力。具体来说，是指个体面对某一对象（包括人、事、物）或经历某一情境时感知和体验幸福的能力，以及依据内在标准表达、评价幸福的能力，还包括有意识地寻求各种策略调控幸福的能力。其中，幸福的产生有一定的生理基础，而判断是否幸福的内在标准则是个体在其先天遗传素质的基础上，通过与后天社会环境的相互作用而形成的、相对稳定的存在状态。对于这一定义，我们在此作一些解释：

第一，幸福智力是一种能力。与幸福概念相比，幸福智力强调的是获取幸福的过程和能力，包括感知、体验、评价、调控等各种方式。同时，因为它是一种能力，所以它不只是表现为感知、体验、表达、评价或调控等单一方式，而是由这多种因素相互联系而形成的有着一定组织和层次结构的统一体。这种统一体既包括认知，也包括情感（如激动体验）和行为（如调控，包括思维领域的认知操作调控）。

第二，幸福智力的产生有一定的生理基础。神经生理学家们已经发现，人的大脑中有不同的系统控制着愉快和不愉快的情绪。大脑中有专门控制幸福感产生的区域。

第三，幸福智力具有一定的独特性。这种独特性一方面体现为个体在认知、体验、评价、调控以及它们组成的统一体上存在的差异性；另一方面，每个主体在具体的认知、体验、表达、评价和调控方式上也表现出独特性。

第四，个体的内在评价标准之所以说是相对稳定的，是因为这种标准不但受到个体的认知结构的影响，而且会受其人生观、价值观等取向的影响。它们相对稳定，并非一朝一夕可以形成，但又可能因在成长的过程中受到环境的影响而作出一些调整和改变，所以幸福智力既是相对稳定的，也具有可塑性和变化性。

第五，幸福智力应该是一种状态存在，但又可以看成是个体获取幸福的方式方法，因为它除了包括对幸福的获取外，还包含了维持幸福和提高幸福的能力。在这些能力的具体操作中，个体或许还有一种运用幸福信息引导思维和行为的能力。[①]

（二）幸福智力的提升

怎样才能有效提升幸福智力呢？目前还极少有这方面的探讨。不过，我们不难从幸福智力的内容中管窥一二。幸福智力的内容从操作纬度被划分为感知和体验、表达、评价、调控四种成分；同时，将操作的内容划分为个人生活、个人情感、社会生活和个人发展等成分。相应地，要想提升自己的幸福智力，就应该提高"操作"的能力，关注"内容"中的积极信息，并且妥善处理好"内容"中的消极信息。

对于感知和体验操作来说，可以表现为感知、体验生活中满意的各个方面（例如稳定的工作、愉快的工作环境、和谐的同事关系等）。积极的情感（如快乐、激动、自豪等），同时，体验自我进步、成长、成就感等。对许多大都市的人来说，每天行色匆匆，慢慢感受、细细体验早已变成了一种奢侈。近些年一些专家呼吁的"慢"理念正是对这种现状的回应，他们主张"慢吃饭""慢说话""慢走路""慢思考"等，都吸引了不少追随者。因此，个体如能专注于感知和体验，一定会有丰硕的收获。

同理，表达幸福的能力也应受到关注。你表达过吗？你愿意表达吗？你会表达吗？幸福需要表达，例如，说出来，写出来，唱出来，向朋友、同事、家人等倾诉。当你表达幸福时，不幸就会远离你；当你表达不幸时，不幸就会消逝。因此，忙碌的生活中，应该给自己的幸福"表达"留一点时间，留一点空间。值得指出的是，评价与表达的联系非常紧密。表达时常带有评价的影子，而评价又容易受到价值观的影响。因此，为了提升自己的评价水平和评价能力，应该主动吸收社会主流价值理念，让自己的评价得到多数人的认可。

调控可以分为调节和控制。调节主要指对幸福发生、感知、体验、表达、评价等施加影响的全过程；控制是个体按照自己的意愿，自主、灵活地对幸福以及内外部的幸福信息进行的一种监控。事实上，这两者相互包含，因此

[①] 严标宾，郑雪，张兴贵. 幸福智力解读：内涵、结构及可行性研究——幸福研究的一种新视角[J]. 战略决策研究，2011（6）：89-96.

也常被概括为调控，表现为归因、比较、目标等各种方式。如果从认知加工的角度分析，幸福感知与体验、表达、评价操作都受到调控的制约。因此，调控主要指个体认知加工方式的调控，多选择乐观、积极的方式，避免悲观、消极的方式；当然也包括一些外在的行为调控（比如看电影等各种积极的活动）。

必须指出的是，网络、书籍、报刊上很多关于"提升幸福"的策略、做法、建议也具有一定的参考价值和借鉴作用，虽然多是"心灵鸡汤"式的具体建议，但也不乏幸福智力的真知灼见。例如某心理学家提出如下提高幸福感的方法：

1. 认识到持久的幸福并不来自"制造"

人们适应变化的环境，甚至适应财富或残障。因此财富就像健康：没有它会使人痛苦，但是拥有它（或者任何我们渴望的环境）也并不一定保证幸福。

2. 控制你的时间

幸福的人感觉到他们能够控制自己的生命，这通常得益于他们对时间的掌控——设立目标，将它们分解为每天的小目标。尽管我们经常高估在任何一天中我们能完成的任务（带来的结果是感到挫败），但是我们通常低估在一年内我们能够完成的工作量。

3. 表现出幸福

我们至少可以使自己假装有一个暂时的好心情。做出一个微笑的表情，人们感觉会好一些；当他们皱着眉头板着脸，整个世界似乎也在怒视自己。因此，给自己一个快乐的笑容吧。说话时好像都能感觉到积极的自尊、乐观和友好。体验这些情绪，便可以引发这样的情绪。

4. 寻找合适的工作和休闲方式，使得你的技能得以发挥

幸福的人通常处于一个叫"心流（Flow）"的圈里，专心于挑战自我而不会压倒他们的任务。最奢侈的休闲形式（坐游艇）比起从事园艺、交际或手工制作，提供的"心流体验"通常要少得多。

5. 参加运动

大量研究揭示，有氧运动不仅有益健康，也是消除轻度抑郁和焦虑的良药。健全的心灵存在于健康的身体中。不要使自己成为一个笨拙的、终日懒散、无所事事的人。

6. 保证足够的睡眠

幸福的人们过着一种积极的、精力旺盛的生活，同时也预留了时间来补充睡眠和恢复独处的宁静。许多人都受到睡眠困扰，即随之产生的疲乏、敏感性下降以及抑郁的心境等影响。

7. 优先考虑亲密的人际关系

与那些关心你的人建立亲密友谊，这能够帮助你度过困难的时期。倾诉对于心理和身体都是很好的。要决心去精心培育你最为亲密的关系，不要认为他们对你好是理所当然，要像对其他人那样对他们显示你的友善，肯定你的伴侣，一起玩耍一起分享。

8. 关注自我之外的事物

向那些需要帮助的人伸出援手。幸福能促进人们的助人行为（那些感觉很好的人会做好事）。但是，做好事同样也使人感觉很好。

9. 记录感恩日记

那些每天停下来思考他们生活当中积极方面（他们的健康、朋友、家庭、自由、教育、感受、自然环境等）的人常常能体验到更多的幸福。

10. 照顾你的精神自我

对于许多人，信念提供了一个支持性的群体、一个超出自我关注的理由、一种生活目的和希望的意识。许多研究都发现，虔诚的宗教信奉者声称自己很快乐，而且他们能够更好地应对危机。

11. 享受瞬间

要生活在这样一种状态下：把孩子的微笑当成珠宝，在帮助朋友们中得到满意感，与好书里的人物共欢乐。

12. 增强积极情绪

越来越多的证据显示：消极的情绪使人沮丧，而积极的情绪催人奋进。幸福的人做的一件事就是努力消除消极情绪。

二、具体目标：提升五大能力

目标既是行为的指向和预期结果，也是行为的诱因，它规定着行为的内容、过程和方式方法的选用。高职院校对大学生进行情商教育，首先必须根据学生的身心发展特点，科学设置教育目标，使情商教育的一切活动都围绕既定目标规范有序地展开，充分发挥教育目标的导教、导学、导测评等功能。情商教育的具体目标是提升高职生自我认知、自我管理、自我激励等自我方面和识别他人情绪、处理人际关系等社交方面的能力。

（一）自我认知能力

自我认知能力，简称自知能力，是指人客观的自我认识和自我评价能力，它包括在自我意识觉醒基础上的自我认识，自身的角色定位及自我价值期待等。古希腊哲学家泰勒斯说过，最困难的事情是认识自己。由此可见，自知能力在高职生成才中的重要地位。情商所包含的首要内容是个体的自知能力，情商所包含的另一重要内容是个体的自励能力。在个体自知能力与自励能力的构建过程中，自信力是核心，是个体自知能力与自励能力得以存在和发展的前提和基础，是个体自知能力和自励能力发展和完善的最终归宿，情商培育首先就是培养人的自信力。

一方面，只有拥有了自信力，才敢于直面各种现实及事实，才敢于正视自己及外部的各种客观情况，并从心里接受它们。也只有拥有了自信力，人的自我意识也才有萌发的可能，在自信的基础上才可能对自己的"事实状态"作出客观的正确分析，对自己的理想目标作出正确的定位，从而真正实现自身的认知。另一方面，只有拥有了自信力，才有可能具备正视负面情境的心理准备，才有可能拥有挑战负面情境的勇气和意愿，也才有可能产生应对负面情境的动力，从而真正构建起自我激励和自我鼓舞能力。因此，自信力是高职生对自身"事实状态"正确认识和"悦纳"的基础，是自己直视和应对负面情境的动力，情商自知着重培育人的积极自信。只看自己的长处，增强自信积极思维，培养兴趣爱好，多角度、换位思考问题，改变走路态势，如挺胸、抬头、快步、面带微笑，使用肯定式语言等，都会使人自信心倍增，从而产生积极心态。

曾为比尔·盖茨的七个高层智囊之一、现创新工场董事长兼首席执行官李开复谈到一个优秀、努力、自信、自觉的学生进了名牌大学能取得成功的概率也许是90%，进了其他重点大学，概率也许会降到85%，进了普通大学这个概念也不会低于80%。但是，一个没有良好的价值观、没有正确态度的学生，即便进了名牌大学，他的成功概率也一定是零。对高职生来说，应该学会冷静分析自我、把握自我，充分了解自己的优缺点，正确认识自己的能力条件，尽量避免产生不良情绪。不要时刻抱怨自己怀才不遇，如报错了学校，选错了专业，应该乐观地对待生活，豁达地为人处事，学会积极地悦纳自我，以促进自我的和谐稳定和发展。要学会提高情绪体验与情绪认知能力，以提高情商，在学习和实际交往中取得更大的成功。

（二）自我管理能力

自我管理能力即能够认识自己的多种情绪体验，如快乐、喜爱、惊讶、焦虑、愤怒、恐惧、厌恶、悲伤等，并可以协调自己的情绪，对自身情绪有管理能力，如自我安慰、自我减压、自我约束等。管理自我情绪的能力是建立在自我认识的基础上的。做自己情绪的主人很不简单，因为每个自我都经常存在着感情与理智的斗争。情商不是与生俱来的，它是可以通过一定的修炼而提高的。它是一个过程，需要一定的管理情绪的技巧，灵活地调控自己的情绪，努力做到操之在我、保持情绪的稳定和行为的积极。情绪的自我管理有良好与否之分，良好的情绪自我管理可以有效减轻各种负面情绪对人们的不良影响，促进身心健康；反之，不仅不利于我们学习工作生活，还会引发或加重一系列身心疾病，其间的密切关系已越来越为人们所认识和重视。

自制力一直被视为一种美德，能帮助人抵挡因命运的冲击产生的情感波涛，不沦为情感的奴隶。古希腊文称自制为"叩"，希腊文专家解释这个词的意思是"谨慎、均衡而智慧的生活态度"。罗马与早期的基督教会则称之为节制，意指避免任何过度的情绪反应，其中重要的是均衡，即情感要适度，适时适所。人必须在任何场合都能够控制自己，说应该说的话，做应该做的事。如果不能自控，任意发泄情绪，必将给自己和周围的人带来伤害。陀思妥耶夫斯基说："如果你想征服全世界，你就得先征服自己。"一个人如果克服了自己的弱点，不再放纵自己的欲望，每天理智地管理着自己的时间、兴趣、特长、思想、体力和心智，不仅会成为自己人生的主宰，也一定会成为世界的主宰。每个人都有成功的可能，区别在于，有的人因为超强的自制力，把自己的优势放大到了极致；有的人因为缺乏自制力，随意地放纵了自己。

（三）自我激励能力

自我激励能力，简称自励，从某种意义上说就是自我期待，人们激励自己的目的就是为达到所期待的目标。激励是接近或远离某个目标或境况的强烈内在冲动，每一个人的内心都存在着需求及激励的欲望，只有激励才能激起一个人的激情和热情。激励是一种启示、提醒和指令，它会通知你关注什么、追求什么、致力于什么和怎样行动，激励是一切内心要争取实现的条件，包括希望、愿望等所产生的一种动力，它是人类活动的一种内心状态，激励是一种无形的生产力。因此，如果一个人在其他方面都具备的条件下，又善于自我激励，成功率自然会高得多。因而，自励能支配、影响人的行为，能够激发人的潜能。

人的潜能如果不加以开发，就会自然消退，不复存在。它不像石油、煤炭等自然资源，如果不开采就依旧埋藏在地下，以后仍然可以加以利用。人的潜能，如果不加以发掘、利用，就会随着人的消亡而消失。在我们的生活中，那些不敢掌握自己命运的人，一生中失去了很多发展的机遇，最后带着被埋没的才能和无尽的遗憾，默默地告别人世，这的确是非常悲哀的事情。美国哈佛大学的威廉·詹姆斯发现，一个没有受过激励的人，仅能发挥其能力的 20%～30%；而当他受到激励时，其能力可发挥至 80%～90%。一个人在受到充分的自我与他人激励后，所发挥的作用相当于激励前的 3 至 4 倍。尽管这种激励并非都来自自我，但是最经常、最有效、最可靠的激励还是来自自我激励。

自我激励来自自我暗示的力量，自我暗示是经由人的五官进入个人意识的所有暗示与所有自治式的刺激，也就是一个人用语言或其他方式对自己的知觉、思维、想象、情感、意志等方面的心理状态产生某种刺激的过程。心理暗示是自动暗示，它是人心理活动中意识思想的发生部分与潜意识行动部分之间的沟通媒介。心理暗示有积极的一面，也有消极的一面。积极的暗示能使人变得热情、自信、充满力量，而消极的暗示则会使人灰心丧气、萎靡不振。一个人若总是进行积极的自我暗示并开发自己的巨大潜能，就能获得超群的智慧和强大的精神力量。

（四）知人能力

知人即了解对方的能力，要学会透视他人的心灵。处世艺术不仅表现在对自我的了解上，还要求了解对方的观点，即要换位思考，才能找到合适的应对措施。要努力学会为别人着想，做那些不惜花时间、精力和诚心诚意为别人设想的事情，这样才能获得真正的友谊。换位思考，是设身处地为他人着想，即想人所想、理解至上的一种处理人际关系的思考方式，它有助于搭建人脉，走向成功。换位思考是一种处世艺术，在做人做事上，若能进行换位思考，那么看待问题、处理事情、解决矛盾，就会多一些理解、多一些智慧、多一些方法。卡耐基指出，如果我们只是要在别人面前表现自己，使别人对我们感兴趣的话，我们将永远不会有许多真实诚挚的朋友。

换位思考是人类社会得以存在和发展的重要法则。一个人不可能孤立地在社会中生活，人与人之间的合作与竞争是我们社会生存和发展的动力源泉。随着科技日新月异的发展，人与人的交往日益频繁、密切。换位思考需要思想动力，需要方法承载，更需要智慧引航。在与他人的交往过程中，不论你是否处于上风,都必须考虑一下对方的利益,多为别人着想,其实就是在为自己着想。

(五)待人能力

待人能力即团队中的协作、合作能力和领导力的培养。团队协作包括许多含义,它既是一个分工、协作、团结、配合的概念,也是一个领导、服务、组织、指导的概念。特别是作为团队领导者,他需要从事大量的工作来实现组织的目标,整合各种各样的行为来促进团队的绩效,比如正确理解和把握组织目标从而确定团队目标,使团队结构化和组织化,争取团队工作所需的资源,清除团队工作的障碍,指导并帮助团队成员完成各自的任务,强化他们各自对团队的贡献,与其他团队成员作为一个整体来开展工作,更合理地配置并利用共同资源以实现团队的和组织的目标等。随着社会的发展与组织化程度的提高,团队协作的意义和作用无疑是越来越重要了,每个人的团队精神是必不可少的。所谓团队精神,简单来说就是大局意识、协作精神和服务精神的集中体现。团队精神的基础是尊重个人的兴趣和成就,核心是协同合作,最高境界是全体成员的向心力、凝聚力,反映的是个体利益和整体利益的统一,并进而保证组织的高效率运转。放眼当今社会,不管是在企业还是在科研单位,都讲究团队协作精神。我们每一个人在职业生涯发展的道路上,要想走向成功,培养沟通合作能力是极其重要的。

值得一提的是,有学者指出:市场经济体制下,少数民族学生和众多汉族高职生一样,都要参与到社会经济发展的大潮中,直接进行经济活动或者从事与经济发展相关的工作,特别是许多数民族学生还要回到原来的民族地区去,成为民族地区未来经济发展的主力军。因此,对少数民族学生必然要从经济发展需求出发进行针对性培养,对少数民族学生的情商培养也是如此。以民族情商在经济活动中的作用为依据,少数民族高职生的情商培养需要在理性认知民族、重构民族文化、族际关系交流等内容上进行经济化方向强调,另外结合经济实践展开实践教育更有助于达成教育目标。①

第二节 积极心理学视角下高职生情商教育的原则

高职生大部分时间都在学校度过,学校是他们学习和生活的主要场所。

---

① 马千. 少数民族高职生民族情商的导向性培养[J]. 贵州民族研究,2015(10):218-221.

因此，学校是对高职生进行情商教育、提高情商的主阵地，在情商发展过程中影响重大。高职院校的教育教学理念、教学内容、评价体系、管理制度、校园环境等都将对大学生情商的发展产生巨大的影响。因此，为了更好地开展情商教育,这里主要从高职院校的角度对大学生情商教育的原则进行探索。

一、主导性与主体性相结合

主导性就是指高职院校情商教育应当做到以教师为主导。这是因为在教育教学中，各种教学目标、教学任务、实践安排都是由相关老师负责，教学中学生学习质量的高低、知识掌握的多少、能力发展的快慢，主要是通过教师发挥主导作用来决定的。教师对学生学习的主动性和积极性发挥的程度也起着主导作用，教师的主导作用发挥得越好，学生学习的主动性、自觉性和积极性也就越高。同时，对学生的教育不能忽视理论灌输，必须要让学生对知识有一个初步的认识，才能在以后的教育过程中让学生去慢慢消化、吸收。最重要的是，全部情商教育活动要始终与社会进步发展相一致，引导高职生树立社会主义核心价值观。邓小平曾指出："我们干的是社会主义事业，最终目的是实现共产主义。这一点，我希望宣传方面任何时候都不要忽略。"[①]要确保情商教育的政治方向，就要确保教师的主导位置，才能使高职生思想与行动相统一。

主体性指在教育过程中，学生是主角，要发挥学生的主体地位的作用。首先，我国是人民当家做主的国家，随着时代的发展，人们的平等观念越来越强，在情商教育中就更应当适应时代要求，发扬民主精神，体现并尊重高职生的主人翁地位。其次，情商教育的对象既是教育客体，又是教育主体。无论是课堂教育，还是实践活动，都要通过受教育者的内化才能产生良好的效果，实现自我教育、自我提高。再次，情商教育要解决的问题就是高职生自身思想行动水平不能满足客观环境发展要求的矛盾，因此，就像毛泽东同志说的那样，"凡属于思想性质的问题，凡属于人民内部的争论问题，只能用民主的方法去解决，只能用讨论的方法、批评的方法、而不能用强制的、压服的方法去解决"[②]。这些因素都决定了高职院校情商教育要注重发挥学生的积极性、主动性。

因此，在进行情商教育时,要注重主导性与主体性相结合，使教师的"导"

---

① 邓小平. 邓小平文选：第三卷[M]. 北京：人民出版社，1993：110.
② 毛泽东. 毛泽东著作选读：下册[M]. 北京：人民出版社，1986：762.

立足于学生的"学",在把握方向的基础上使教学更加灵活,营造民主的课堂氛围,使教师与学生能够真诚地沟通思想,从而发现更深层次的问题,引导被教育者接受理论,从而自我改善,达到内化与外化的统一。在情商教育中按照这一规律办事,要防止两种错误倾向:一是防止一切教师说了算;二是防止一切学生说了算。情商教育教学过程中只有将教师的主导作用与学生的主体作用有机结合起来,才能发挥更好的效果。

二、创新性与实效性相结合

创新性是指情商教育在马克思主义理论指导下,在继承发扬情商教育工作的优良传统和做法的基础上,适应时代发展变化的要求,坚持与时俱进,创造性地提出高职生情商教育的新观点、新方法和新思路。创新是发展的动力和源泉。没有创新,情商教育工作也会失去生机和活力。在具体工作中,要转换情商教育观念,不断探索情商教育工作的客观规律,开辟情商教育的新方法和新手段,引导受教育者学会体谅、学会关心、学会生存、学会创造。情商教育涉及的范围比较广,要注意各部分之间的内在联系,统筹兼顾、综合运用。在解决具体的、实际的问题时可以创造性地运用心理学、教育学等学科知识,而不应机械地只看中某一方法。同时,高职生也是个不断成长的群体,所以情商教育也应当是一个动态体系,这就说明情商教育必须要有针对性地进行教育方法创新,提高教育实效性。

所谓的实效性,是指实践活动的预期目的与结果之间的张力关系,是实践活动的目的是否实现以及实现程度,亦即实际效果问题。人们对任何实践活动实效性的感知与评判,最直接、最根本的依据是这一实践结果的有效性。人们对实践活动效果的追求,其落脚点也正在于实践活动结果的效用上。实效性是情商教育的根本要求,是衡量高职生情商教育是否达到预期效果的准绳。具体来说就是以高职生的现有水平为基础,根据其身心发展规律和情商培养的需要,制定相应的教育方法和内容,调动高职生的积极性,将情商教育内化为他们的自身需求,以达到情商教育的实际效果。同时,情商教育的实效性还表现在教育的效率上,即以一定的人、财、物、时间的投入获得最佳的效果和最大的效益。可见,教育的效果、效率、效益共同构成情商教育实效性的基本内涵。在情商教育中,坚持创新性和实效性相结合的原则就是坚持情商教育的创新性,根据时代发展需要,与时俱进地创新情商教育的新观念和新思路,创新情商教育的有效策略,解决新形势下的新任务和新问题,卓有成效地提高情商教育的实效性,使高职生情商教育永葆青春与活力。

三、理论性与实践性相结合

理论性就是指情商教育要注意加强理论灌输、理论学习、宣传培养。之所以强调情商教育也要具有理论性，是因为意识具有相对独立性，而其对社会存在具有很强的反作用，也就是常说的人具有"主观能动性"。"一切事情是要人做的，……做就必须先有人根据客观事实，引出思想、道理、意见，提出计划、方针、政策、战略、战术，方能做好。思想等等是主观的东西，都是人类特殊的能动性。"[①] 人的实践活动必然受或正确或错误的思想意识和理论的支配。正如马克思说"人和蜜蜂不同的地方，就是人在建筑房屋之前早已在脑海中有房屋的图样"一样，在对高职生进行情商教育时，首先要让高职生认识情商概念、情商意义，这样才能对学生有所启发，进而对他们的思想与行动进行引导。

实践性就是指高职院校情商教育要注重组织、引导学生积极参加多种实践活动，在改造客观世界的同时改造主观世界。马克思主义认识论告诉我们，实践是认识的来源，学生只有通过实践才能搭建起思想与现实生活的纽带与桥梁，才能正确地认识生活、社会的本质和规律，从而产生正确的思想。其次，实践是人们认识发展的动力。高职生只有在实践中，才能发现新情况、新问题、新课题，他们的旧思想才会受到冲击，才有动力探索新的处世方法，形成新的思想。而经过实践所获得的经验、材料，又为他们提高认识提供帮助。再次，实践是检验认识正确与否的标准。对高职生进行情商教育最终的落脚点就是实践，实践具有直接现实性，能将人的主观与客观统一起来，所以，"人的思维是否具有客观的真理性，这不是一个理论的问题，而是一个实践的问题。"高职生情商教育的效果也要由实践来检验。

综上所述，理论与实践是密不可分的，高职院校情商教育要想避免"两张皮"现象，必须将理论与实践相结合，真正帮助高职生认识生活、社会的本质与规律，树立正确的世界观、人生观、价值观，使他们在今后的学习、生活、工作中得心应手。

四、个体性与社会性相结合

个体性是指高职院校情商教育观照每一个学生，培养出来的学生不是千篇一律的，不是"木头人"，而是个性鲜明的人，德、智、体、美全面发展的

---

① 毛泽东. 毛泽东选集：第二卷[M]. 北京：人民出版社，1991：477.

人。个性发展是德、智、体、美等多方面在个体身上的凝结，所以说，人的全面发展理论不是说每个人的发展都与别人一样，而是将人的个性发展看作整个社会历史演进的重要尺度。毕竟，由于每个人的家庭背景、经济条件、社会地位、学习基础、习惯爱好都是有差异的，所以情商教育也不能"一刀切"，要区别对待、因材施教。随着招生制度改革，生源多样化，不同学生群体由于利益诉求的不同、生活方式的不同，思想观念、价值取向也更加多元化，这种客观现实使得情商教育不可能将每个人都培养得一模一样，所以情商教育要在深入实际、调查研究的基础上关注每一个学生，促进每一个学生。

社会性是指情商教育要立足社会、生活需要，将高职生培养成为符合社会普遍要求的人才。这是因为人不是动物，是能动的社会存在物。情商教育就是培养高职生更好地融入社会的能力。同时，虽然每个学生都是不同的个体，但社会对人的众多要求中有一部分是相一致的，例如开拓进取的精神、团结合作的意识、高尚的道德品质、对工作家庭的责任心等。所以，情商教育还要注意将学生培养成为能够适应社会环境的人。尤其是在21世纪这样一个竞争的、开放的、速变的时代中，将学生培养成为具有崇高理想、能透过现象看到本质、积极参与、主动创造、自强不息等良好品质的人显得越来越重要。

因此，高职院校情商教育要注意将个体性与社会性统一起来，在注意个体发展的同时，观照社会大势。在注意教育的普遍性时，关心每个学生。只有积极塑造、培育个体发展，才能使其适应不同的社会需求；只有有意识地引导高职生适应群体发展，才能使他们正确运用自己的个性。

五、系统性与渐进性相结合

系统性首先是指情商教育是一个丰富而完整的体系，不能将它单纯地划归为心理学或者单纯地划归为成功学，而是要将思想政治教育学、心理学、礼仪学、哲学等各个学科结合起来，将它们"熔为一炉"，使各部分之间紧密联系，相互作用，相互补充，从而构建一个系统性的整体。其次，系统性是指情商教育要综合运用各方面的力量。虽然高职院校是对高职生进行情商教育的主阵地，但也不能忽视家庭、社会对高职生情商水平的影响，要注意采用不同方法，协调多方因素，构成教育合力。再次，情商教育是一个全程性、全面性、开放性、长效性的过程。高校对高职生进行情商教育要贯穿高职生的现在和将来，并且这种教育不仅限于课堂，还包括平时辅导员老师的管理艺术、校园文化建设等，从而为高职生今后的全面发展奠定坚实的基础。一旦高职生形成了较高的情商水平，那么在相对稳定的环境中，这一教育的成果就会长期显现。最后，情商教育系统性是指高职院校情商教育要将解决教育问题与解决实际问题相结合。如果仅仅是空洞的说教、纯理论的探讨，很难使学生信服。要在进行思想教育的同时，切实地采用沟通引导、交友谈心、适当激励等方式来解决高职生面对的实际的、具体的问题。

渐进性是指情商教育应遵循高职生的认知能力和水平，根据高职生的实际接受能力，分层次、按水平、循序渐进地实现高职生情商教育的目的。有研究者指出，情商教育应根据不同年级分别设定目标与内容，由浅及深、由表及里、由认知到行为，分层分段地实施：大一重在明晰情商的相关内涵，进行基础理论知识的认知养成；大二重在通过活动的参与培养训练情商意识；大三重在通过校企合作、顶岗实习等锤炼情商的深化养成。目前，可将情商评价结果作为学生综合测评的参考指标而非硬性指标，即实行"软挂钩"。这在教育价值观上是一个新变化、新导向，对于大学生也是可以接受的一种微调，等时机成熟了，再逐步纳入综合素质评价体系。

情商教育必须坚持系统性与渐进性相结合的原则，一方面，根据情商教育过程的系统性，考虑情商系统各组成部分的有机衔接以及外在和内在因素的影响；另一方面，要考虑到高职生认知发展各个阶段的特点和水平，针对高职生不同阶段的认知特点，遵循一定的指导原则，制订相应的培养目标和计划，有步骤地完成教育内容并作出客观真实的评价，这样才能提高情商教育的针对性和实效性。

六、长期性与阶段性相结合

高职院校为了培养出满足社会需求的人才，在教学过程中除了安排好学生的专业课之外，还应把培养大学生的高情商作为一项系统工程常抓不懈，并将其纳入人才培养计划来完善人才培养模式。具体表现在：高度重视学生情商教育的组织领导工作，建立情商教育评估体系，健全考核制度，并为每个学生建立测评档案，定期对进行情商考核，把考核结果作为评优评先及毕业鉴定的依据。

同时，根据大学每个阶段的教学特点，为学生制定分阶段目标，安排有针对性的内容进行情商教育，使其既能贯穿大学教育始终，更能灵活地适应学生各阶段的需求，使得情商教育"合情合理"。高职生在大学期间的心理变化主要分为三个阶段：

第一阶段：大一上学期。该阶段是学生由"高中生"到"大学生"的角色转变期，学生会出现不适应新环境、初次离开家人感到孤独、没有转变高中模式的学习方法等情况。这时，他们最信任的人就是辅导员，辅导员的作用就显得至关重要，可以将角色转换、处理同学间的人际关系作为分阶段目标。

第二阶段：大一下学期至大三上学期。随着专业知识、为人处世、个人修养的提升，这个阶段高职生的心理变化相对稳定。应注重培养他们团队协作意识、组织策划能力和耐挫力。

第三阶段：大三下学期面临择业和就业，学生会出现就业和继续学习的两难抉择，或是面对前途迷茫，或是面试失败受打击、颓废的情况。这个阶段他们的心理变化很大，应加强心理疏导教育、正确的就业观教育和职场情商教育。每个阶段都不能停止情商教育的培养，且不能如出一辙，这样才能收到良好的效果。

七、全面性与个别性相结合

全面性是指高职院校的情商培育要多渠道渗透、多层次体现、全员参与、全员受益，全面纳入人才培养计划，全面覆盖校园文化建设。高职院校应多开展积极向上的体育、文化、科技活动，加强影视、广播、报刊、专栏等建设，充分利用社会文化设施和大众传媒手段，使它们对情商培养工作起到积极作用。高职院校应为高职生创建各种社团，鼓励学生积极参与，让他们的组织管理、人际交往、情感管理、情绪控制、团结协作、战胜困难、承受挫折能力得到锻炼和提高。

个别教育是针对个别学生所进行的情商教育。这种教育有针对性，可以更好地帮助学生提高情商，以适应学习、生活及未来的工作。个别教育可以通过学生自我教育进行，也可以通过他人有目的的引导进行。例如，对于学生干部的培养，要教会他们寻找部门工作和学习的平衡点，做到工作与学习两不误、双提升；组织学生到社区服务，培养他们的亲和力和服务意识；成立学生干部培训班，让他们广泛交流，扩充人脉，加强人际交往等。

第三节 积极心理学视角下高职生情商教育的方法

教育方法是教育规律和原则的反映和具体体现，正确地运用各种教育方法，对提高教学质量、实现教育目的、完成教育任务具有重要的意义。目前，国内情商教育方法虽然有了一定的发展，但还有许多问题亟待解决，主要表现为方法形式单一、部分教育主体综合运用多种方法的自觉性不高、大学生自我教育的意愿不强、情商教育方法运行所需要的软硬件建设相对薄弱等。结合高职生情商教育的实际，从"课堂教学法、实践锻炼法、环境熏陶法、项目训练法、媒体运用法、自我教育法"这六种形态出发，尝试构建出积极心理学视角下高职生情商教育的方法体系。

一、课堂教学法

随着我国教育改革的不断推进，学校教育已经由过去单纯传授知识逐渐转向注重人的思想道德、健康人格以及情绪智力等的全面发展。其中，情绪智力在整个学校教育中占有重要地位。在学校教育中，课堂教学是传授知识和技能、加强师生情感交流的主阵地，高校情商教育必须发挥课堂教学的主导地位，充分将情商教育渗透到大学课堂的方方面面。以教学计划为先导，以心理健康教育和情商教育课为基础，以各门具体学科为载体，注重教师的引导和教学方法，将情商教育纳入学校的正规教育中。[①]

（一）融"情"于计

融情于计也就是将情商教育列入教学计划、纳入正规教育之中。美国的情商教育是以"自我训练班"的形式把情商纳入正规教育中的。"自我训练班"开设"社会发展""社会与情感课程""人生技能""个人智能"等课程，以此引导学生体验人际互动和社会生活。[②]我国高职院校可以借鉴开设专门的情商教育课，系统讲解情商理论知识以及实际应用，教育高职生学会自我认知、自我反省、自我完善，培养高职生适应社会的能力，使高职生在发挥团队协作精神的同时建立良好的人际关系。

（二）以知传"情"

以知传情就是以课程为载体，把情商教育纳入课堂教学中，做到课堂教学中处处有"真情"。首先，教师应当认识到情商教育的重要性，注意提高自身的情商水平，不断充实和更新教育知识，提高自身修养，树立高尚的人格形象，通过言传身教和人格魅力影响高职生身心健康发展。其次，高职生是

[①] 董雪. 当代大学生情商教育研究[D]. 青岛：中国海洋大学，2011.
[②] 潘春波. 大学生情商教育研究[D]. 武汉：武汉工业学院，2011.

课堂教学的主体，课堂教学应激发高职生的主观能动性和主体参与意识，根据高职生的个性特点因势利导、因材施教。最后，在课堂教学中开展"项目学习"，以合作、互动形式调动高职生学习的积极性，培养高职生刻苦钻研和探索研究的精神，提高高职生的专业素养和团队协作精神，在"平等对话、沟通发展"的氛围中学习知识、交流感情、启迪心智，实现教学相长。

（三）施"情"于教

施情于教就是通过心理健康教育课、思想政治教育课等相关课程达到情商教育的目的，以引导高职生最大限度地发挥积极性，激发潜在的心理优势，提高认识问题和解决问题的能力。具体来说，首先，要发挥心理健康教育课的优势，培养高职生积极乐观的心态和昂扬的精神面貌，能够从容面对挫折和困难、压力与烦恼，妥善调控自身情绪。其次，要重视发挥思想政治教育课的优势。作为教育者，要做好情商教育的主导工作，首先要心中有"情"，既要对本职工作热情，又要对教育对象热情，即热爱学生，并体现在每一个具体的教育对象上，切实做到尊重人、关心人、理解人、信任人。这样的"情"才会对教育对象产生强烈的情感冲击力和影响力，大大增强情商教育的说服力和实效性。

二、实践锻炼法

情商是可以训练和培养的，但绝不是仅靠读书、考试来学习，而是要通过自我评价、自定目标、有恒心的训练而不断地向目标迈进。要培养和提升学生的情商素质，不能仅仅囿于学校、囿于教室、囿于家庭，还必须要求学生走出学校，走出家庭，走向社会。社会实践活动是高职教育的突出特点，也是深受广大高职生喜爱的一种教育形式。一是通过创新创业教育活动提高学生的学习兴趣和自主学习的能力。例如，四川职业技术学院的"大学生创新创业俱乐部"，将学生的兴趣爱好和自身的发展目标紧密结合起来，在活动过程中，采用"师傅带徒弟""徒弟帮徒弟"、辅导与自学、理论与实践相结合的方式，培养出一批骨干，并通过这些骨干来带动本专业、本系乃至全院的学风建设、项目孵化，提高高职生的整体素质。二是结合专业特色，强化专业性与社会实践环节，按专业特点到企业聘请指导老师，引进更多的"双师型"教师，深层次引领学生了解本专业，热爱所学专业，树立学好专业的信心。三是开展社会调查和志愿者服务活动。一方面使学生在活动中更好地了解国情、市情和民情，了解所学专业在社会上的运用和人才需求情况，从而进一步明确学习目标和努力方向，珍惜自己的学习机会和就业机会。另一方面，培养高职学生服务社会的意识。

三、环境熏陶法

一个良好的情商教育环境，对高职生情商的形成与发展将产生重大的影响。高职院校要加强大学生情商教育，必然要营造并不断优化校内和校外教育环境。在校内，从宏观上来说，高职院校要积极营造一个良好的校园环境，为高职生情商的培养与发展发挥积极的环境保障作用；从微观上来说，则要发挥教师的关键作用，精心打造和谐的生态课堂环境。在校外，高职院校则要积极加强同家庭、社会的联系，不断拓宽高职生情商教育的支撑环境，不断丰富高职生的情绪情感体验。

（一）不断加强校园文化建设

校园文化对高职生具有潜移默化的重要教育作用，良好的校园文化将积极、正面地引导并推动高职生正确世界观、人生观与价值观的形成和发展。高职院校要不断加强自身校园文化建设，营造良好情商教育氛围。作为学校校园文化的重要组成部分，高职院校在长期的教学文化实践活动中逐渐形成的校训、校歌、校风等，是其基本精神和价值取向的高度浓缩，已成为大学生学习、生活的重要组成部分，不断激励大学生积极向上、乐观进取，对他们情商的发展产生重要的导向作用。学校整洁的校园、丰富多彩的校园活动、积极的班风学风、自由的学习氛围，都在有意无意地对学生的心灵和情感产生"润物细无声"的重要影响，使他们在不知不觉中受到思想启迪、情操陶冶和人格砥砺。

（二）加强对学生的情商教育宣传

高职生是情商教育的主体，加强对高职生的情商教育宣传，使学生了解情商及其对人生发展的重要作用，从而提高学生参与情商教育的自觉性，深化情商教育的思想基础。首先，开展情商宣讲会，普及情商知识。在全校范围内开展情商宣讲会，邀请校内外情商培养专家为同学们作情商理论讲座。通过各学院组织情商理论学习，在学院范围内深化情商培养理念的影响，提高高职生对情商培养的重视。各专业组织班会、演讲、谈心等形式，让学生了解情商对其各方面的影响，以及将会产生的积极作用，激发他们培养良好情商的积极性。其次，利用媒体宣传，扩大情商培养的影响。学校可以根据自身条件，利用学生经常可接触到的媒体，如网络、微信公众平台、广播电视、校报、宣传栏等在全校范围内展开宣传。特别是要利用校园网络资源，积极构建情商培养网络平台，推进高职生情商培养"进网络"。高校应立足自身建设发展情况，充分发挥办学特色，以构建"高职生情商教育"网络平台为立足点，以开发网络功能为融合点，以提高网络吸引力为切入点，以增强主动性、有效性和创造性为着力点，以提高网络驾驭能力为支撑点，切实增强高职生网络情商教育的针对性和实效性。

四、项目训练法

项目训练模式是当前高职生情商培育最直接、最有效的模式。在学生管理部门教师的帮助和指导下，通过具体项目由易到难、从点到面引导所有同学参与，锻炼高职生在公众场合的自我能力和社交能力，最终实现情商培育的目标。按照情商的特点，高职生情商培育项目可分三个层次，由浅到深，逐步拓展。第一层次重点对自我能力的培育，第二层次是对自我能力和社交能力的共同培育，第三层次重点对社交能力的培育（如图5-1）[①]。

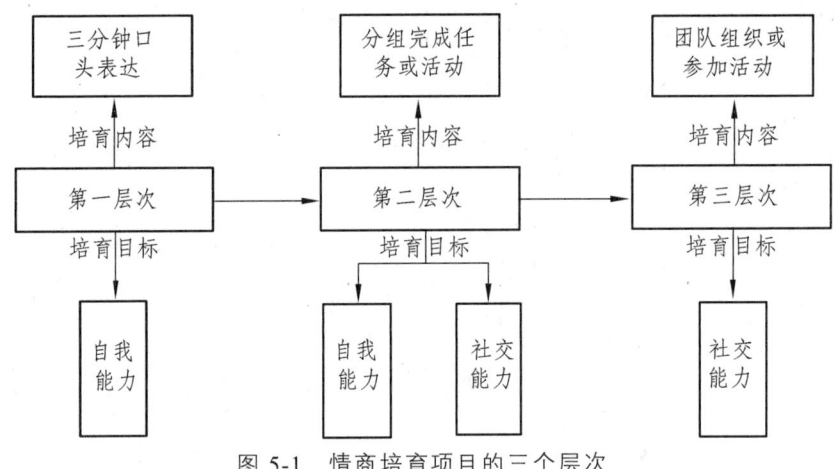

图 5-1　情商培育项目的三个层次

（一）第一层次：个体项目训练——"三分钟口头表达"

个体项目训练分非公众场合的个体训练和公众场合的个体训练两个部分。非公众场合的受训环境是小范围人群或学生熟悉的封闭环境，主要针对

[①] 吴朝军，胡蓓. 基于项目训练的高校大学生情商培育模式研究[J]. 高教论坛，2015（4）：30-32.

缺少自信、性格内向、比较害羞胆怯的学生，共有三种环环相扣的形式。前一形式的进展是后一形式的基础（第一种是由受训学生准备好相关文字材料，通过指导教师的反复提示，经过多次练习，做到在受训环境中自如地阅读材料内容；第二种是通过反复训练脱稿完成相应文字材料的表达；第三种是能够选择熟悉的话题，在没有事先准备的情况下完整地表达自己的思想）。公众场合下的训练往往在班级同学或更大范围人群面前进行，主要针对有一定的自信、善于表现自己和受过非公众场合训练的学生。经过反复强化训练，绝大多数同学能够按要求完成三分钟口头表达，提升自我认知、自我管理能力，并在不断自我激励中为分组项目训练打下基础。

（二）第二层次：分组项目训练——"分组完成具体任务/活动"

分组训练是从个体训练向团队训练的过渡。以5~8人为一个小组，小组中每个成员轮流担任组长。在教师的指导下，以小组为单位完成某一具体任务或活动，如参加招聘会、参观一景点。活动或任务进行前，小组成员充分讨论，集思广益，做好充分准备；在活动过程中，要求小组成员团结协作，相互帮助，共同努力实现目标；活动结束时总结经验，找出不足，为下次活动打好基础。组长负责召集本小组的全体成员，按照计划到达指定场所完成相应任务；小组成员按照组长要求做好具体工作，完成项目任务后，集体返回。分组项目训练过程是情商培育中自我能力向社交能力转变的过程，学生可以进一步加强自我认知和自我管理能力，而小组负责人必须考虑小组成员的具体情况和需求，调动大家的积极性，因此涉及对他人认知、处理人际关系和自我激励能力的训练。小组每个成员轮流负责，不仅使每个人都有机会获得训练，而且角色的转换也利于学生换位思考、相互理解配合。这样，在多次小组项目训练中，各个情商因子都得到了培育。分组项目训练最重要的是安全保障及项目完成后的总结，避免在下一个活动或任务中出现类似的错误。

（三）第三层次：团队项目训练（团队组织参加院系部/学校活动）

与小组相比，由于参与的人更多，参与活动的规模更大，团队（在这里我们把超过2个以上小组组成的集体称为团队）中任何不和谐的因素必然会影响最终项目的完成，因此，团队项目训练是高职生情商培育项目训练的更高阶段。开始阶段是了解活动的准备、活动的组织、活动成员的具体安排等，然后逐渐参与到活动中，从参与者的角度进一步了解活动实施的全过程，尤其是活动参与者的分工协作、信息交流等，最后能够独立组织大型活动，详细安排好活动的每一个步骤、活动中的每一个成员。通过团队项目训练，进一步加强对个人社交能力的培育，提升对他人的认知能力，即团队中每一个小组、小组中每个成员、团队以外成员的认知能力，特别是在大型活动中实现处理人际关系能力、组织协调能力、团队合作能力的提升。

五、媒体运用法

随着技术的创新日新月异，人类言语交际的媒介方式也在不断更新，印刷媒体、电子媒体、互联网已经成为当前重要的媒体形式。在此基础上，借助智能手机或其他移动终端的移动互联网迅猛成长，一种新的交流方式横空出世，成为现代文明的重要驱动力，这就是"微媒体"。微媒体颠覆了传统的一元化传播模式，并在一定程度上冲击、解构了传统传播学理论的框架和运行机制。[1]这里主要阐述如何利用微信的优势来促进高职生情商的发展。

（一）借助微信增强自我了解能力

首先，可以利用公众号的心理测评功能。例如可以邀请相关的心理专家设计相关的微信公众号，专门提供专业的心理测评服务，让测评更加人性化和私密化。测评即时获得专业心理指导报告，测评种类可以包括个性气质测评、人际适应性测评、心理健康测评等，使高职生通过类似的公众号来测评自身的性格特点，从而加深对自身的审视和了解。

其次，可以利用微信的"晒客"功能。"晒客"功能是借助私密通信工具在朋友圈参与、分享、体验和互动的一种社交载体。它通过晒自己的日常生活来展现自我，一方面维护人际关系；另一方面建构个人记忆和身份认知。微信晒客群体所晒内容大多是与自己直接相关的日常生活、心灵鸡汤和娱乐信息。有效利用这一工具，可以增强高职生对自我和社会的认知。

（二）借助微信增强自我管理能力

首先，可以尝试微信打卡等新的自我管理方式。近期，学习类 App 打卡在高校里流行起来，成为督促同学们自我学习的新方法。许多人已经习惯于定期检查微信，如果一打开微信就能看到小伙伴的打卡成果，就可以时刻提醒自己努力，打卡也成为增强自我管理能力的一种新的有效尝试。

---

[1] 高文. 如何利用微媒体引导高职生情商发展[J]. 北京市工会干部学院学报，2017（2）：47-51.

其次，可以通过微媒体的信息发布功能来调节压力，从而调控自身情绪。在现实生活中，压力无处不在，高职生或许没有更多的途径与别人分享自己的内心，而微信恰好弥补了这种不足。发布积极的信息，宣泄对生活的不满，都是一种很好的调适压力的方式。可以利用微信，也可以采取其他方式，总之是要根据个人的意志力强弱去选择适合自己的方式，关键要磨炼内心的力量。

（三）借助微信增强自我激励能力

首先，可以利用微媒体公众号的传播效应来进行心理激励和辅导。学校可以开发和维护专门的微信公众号或微博，定期在上面更新经典的励志语录或者成功者的事迹来激励和鼓舞高职生，也可以在微信公众号中开展有针对性的心理咨询或者心理知识讲座等，有意识地进行心理咨询、心理测试和心理辅导，帮助学生克服心理障碍，引导学生合理控制情绪，增强社会适应能力，帮助高职生形成健康心理和阳光心态。

其次，可以通过微信的日记功能来自我激励。鼓励高职生遇到心理问题时多在微信上书写日记，直抒胸臆，自我激励，战胜逆境。同时也鼓励学生们将自己的所思所想发布到朋友圈，朋友们会在后边留言，谈他们的感想，或批评或鼓励。

（四）借助微信增强识别他人情绪能力

首先，利用微信的好友状态查看功能。要增强识别他人情绪的能力，查看微博、微信就是一个很好的方式。微信朋友圈有各种各样的人每天发布状态、发表评论。通过浏览手机上的"状态"可以了解其他人当前的心理状态，所以应该鼓励学生多关注身边同学的朋友圈状态或微博发表的言论，感受其他人的所思所想，增进理解，引发共鸣，发表意见，互相鼓励，从而提高学生识别他人情绪的能力。

其次，教师要利用微信亲近高职生，以情感为纽带提升他们的情商。教育者只有具备爱人之心，与高职生在感情上引起共鸣，形成爱的"合流"与"交流"，才能取得教育的良好效果。所以，首先要与学生成为"微信好友"，在微信中以朋友的身份实时关注学生们的日常动态。学生进步时，予以及时肯定；碰到困难时，给予关心帮助，这些情感上的细致关怀可以激发高职生奋发向上，也有利于提高他们识别他人情绪方面的能力。

（五）借助微信增强处理人际关系能力

首先，教师可以利用微信的"群聊"功能，引导学生开展对公共话题或热点问题的讨论,从而密切关注学生动态,让更多的学生由自我封闭转向自我释放,在"网上"引导参与者大胆发表意见,充分交流互动,从而增强学生与他人沟通和协调关系的能力。同时,在微信的"群"功能,植入积极的、正面的价值观,促进学习与交流的正确方法,发挥好组织者的角色。如果是学生自动发起的主题,教师要抓住每一个机会参与学生的讨论,加强与学生间的互动,引导学生建立正确的认知。

其次,鼓励学生利用微信构建自己的朋友圈,使有相同兴趣或爱好的同学组成各种团队,提高社交能力。同时,教师可通过微信平台敏锐地发现和预见高职生群体中存在的问题,线上和线下共同关注,及时解决高职生人际交往中的各种矛盾与问题。

六、自我教育法[①]

(一)主客自我对接式 —— 认识自我

人是富有想象的主体,想象并不等于现实可能,这就是主观自我与客观自我的距离。如果不能正确认识这一点,就会使人陷入焦虑、困惑和失落之中。主客自我对接式是一种能动地认识自我的教育方式,可以从三个方面运用:

(1)自我回顾对接。即回顾自己的学习、生活历程,反思正负情绪对自身成长、发展的得失,并从中领悟教益。

(2)自我体验对接。即以课外活动、假期志愿活动、实训见习等为载体,带着自己丰富的想象深入社会实践,品尝人生五味,体验主观自我与现实生活的落差。

(3)自我理性对接。即在对自身条件、环境正确分析判断的基础上,通过主观自我与客观自我的理性对接,找出二者之间的差距,清楚自己的优势与弱势,学会根据环境、条件的变化灵活修正自己的主观愿望,拉近理想自我与现实自我的距离,从而加深对自我的理性认识。

在情商教育实践中,针对高职生涉世浅、缺乏对社会现实的深刻认识、自主自立意识强烈、自我期望过高的心性特点,可以运用主客观自我对接式,逐步提高其正确认识社会、认识自我的能力。例如面对当前就业的严峻形势,许多高职生长期被就业难的焦虑情绪困扰着。可以按照"我会干什么 —— 我想干什么 —— 社会需要我干什么 —— 化社会需要为自我需要 —— 先就业

[①] 傅华勤. 高职生情商教育的方法"五式"[J]. 文教资料,2009(4):213-215.

再择业——在竞争中求发展"的务实思路进行就业选择，有利于减轻和消除我们对就业难的情绪困扰。

（二）价值标杆测控式——管理自我

情绪是人的感官对外界事物反映引起的心理情趣，它具有正负两重属性，而且常常走在理性的前面。如果不能用理智驯化、控制它，放纵的情绪就会给学业、生活和身心造成伤害。价值标杆测控式是一种源头管理自我情绪的方式，其作用体现在三个方面：

（1）甄别情绪的动机性质。情绪是动机的外在表现，一个人的情绪动机是否健康，需要运用社会弘扬的主流价值观进行自我分析甄别。如果与社会主流价值观相悖，则是负面情绪动机，必须加以控制。以社会主流价值观为标杆甄别自身情绪动机，可以保障情感动力运行的正确方向。

（2）掌控自我需求情绪"度"。人的情绪是与需求紧密相连的，并随之上下起伏。任何需求都须有"度"，超越"度"，就会适得其反。个人的需求应该掌控在政策、法律和具体条件许可的范围内，超越这个"度"则是不可取的。

（3）涵养健康的情绪意识。思想是情绪的主导，它是以价值取向为核心的意识体系，在人们价值取向多元化、多维化的今天，要坚持用社会主义核心价值观主导自己的思想，树立健康而又理性的情绪意识，自觉运用操守驾驭各种情绪，并逐步向情操升华。

为了提高自身理性管理情绪的能力，可以按照"社会信息—需求愿望—情绪产生—主导价值标杆测度—调控—情感输出—品行、气质、个性升华"的方法去管理自我情绪。

（三）自我竞争指导式——自我激励

自我激励是主体一种心理竞争，要经历情感过程、认识过程和意志过程，需要主体的情感动力、认知能力和信念意志支持。自我竞争指导式是一种针对激励心理过程的教育方式，可按三步进行。

（1）自我认识竞争。正确的自我认识是自我激励的理性基础。站在不同角度有不同的自我认识，用积极的、发展的理性认识战胜消极的、僵化的情绪性认识，树立从现在起步、从小事起步的意识，使自我激励驱动主体脚踏实地地去创造更大的成就。

（2）自我情感竞争。每个人的经历和成就各不相同，有的已颇有成就，有的碌碌无为，有的正处于挫折之中，分别有着不同的情感体验。然而，"不进则退,优胜劣汰"。人不能沉湎在过去的情境中。自我情感竞争不仅有助于主体提高对成功和失败的承受力,而且驱动主体从过去的体验中走出来,重新燃烧生命的激情去奋斗进取。

(3)自我意志竞争。自我激励并不仅仅停留在主体的心理活动上,而是要向行为实践延伸。自我激励取得成功要靠主体坚定的信念和意志来支撑,如果一个人的信念动摇,意志薄弱,那么自我激励只是一种空想。

在情商教育实践中,教师灵活应用自我竞争指导式培养学生的自我激励能力。例如学生张某因羡慕同学出手大方而心态失衡,于是萌生偷窃念头,事情败露后,同学们对他敬而远之,因而他非常孤独与悲观,于是向学院提出休学申请。教师针对这一情况,一方面要对他的错误行为进行严肃批评和纪律处分;一方面要教给他自我竞争的方法,指导他进行自我认识竞争,不要与同学比享受,而是比学习,比艰苦进取的精神;指导他进行自我情感竞争,尽快从悲观的情绪中走出来,化羞愧为改正错误的决心;指导他进行自我意志竞争,告诫他改正错误,让同学重新认识需要一个过程,要靠坚定的信念和意志支撑,任何时候都必须毫不动摇。同时,还要让班长、班干部与他做知心朋友。张某通过自我竞争,彻底改正了错误,不仅重新回到同学中间,而且学习成绩优良。

(四)换位思考认知式——认知他人

认知他人情绪是正确处理与他人关系的基础,也是营造团结、和谐、互助人际环境的需要。人生活在群体之中,都有各自的境况、秉性和需求。换位思考认知式是一种积极的、客观的认知他人的教育方式。可从三方面把握。

(1)细微观察认知。即通过细微的信息观察他人的内心需求和情绪变化,从而主动、理性地选择自我对应情绪情感。

(2)换位思考认知。即站在他人的立场、角度思考问题,设身处地地理解他人,从而获得与他人相接近的内心感受。

(3)角色扮演认知。在群体中每个人的角色都各不相同,因而责任也各不相同。角色扮演能够拉近彼此间的距离,有利于个人克服偏见、接纳异己。在大学校园这个小社会中,除必要的情商认知教育外,高职院校可以更多地组织学生开展形式多样、内容活泼的群体活动,让高职生在活动中学会换位思考、角色体验。

(五)求同存异互动式——人际管理

人际关系管理是重要情商能力之一。一个人的事业、学业和生活离不开他人的理解、支持和互动，良好的人际关系是事业成功的重要保证。要拥有良好的人际关系，就必须坚持求同存异、与人为善的准则，加强彼此之间思想、情感、行为的互动。求同存异互动式是人际关系管理的有效方式，可以从三个方面加强互动。

（1）思想互动。由于人与人之间出身条件、生理特征、文化底蕴和现实基础等的差异，思想认识也会有差异。求同存异是指求得大方向、大目标的一致，放下小分歧。只有思想求同存异互动，才能把自己建设性的思想充分表述出来，并赢得众人的信服，同时又能在不同意见中吸取营养，让思想的睿智绽放人缘的光华。

（2）情感互动。世界万物，唯有情最富魅力，也最易沟通与切入。由于各人的角度不同，对同一事物也会有不同的情感反映，必须求同存异。只有通过将心比心理解，以心换心交互，才能换取他人的信赖，并为情感插上力量的翅膀。

（3）行为互动。"行"能甄别人的思想与情感的真伪，"行"能展示思想与情感的力量。表里不一、言行相悖只会失去人心，一个人只有在行动上关心、理解、支持他人，众人才会聚集在你周围。

为了提高高职生人际关系管理能力，一方面，可以给学生搭建宽阔的自我锻炼平台，通过以集体荣誉感为主题的各类创建活动，以奉献爱心为主题的各类人文关怀活动，营建"我爱人人，人人爱我"的亲和氛围，让每一位高职生在与同学间的思想、情感、言行互动中学会如何做人，如何与人相处，如何合作共赢，培养他们求同存异的团队情结，提高他们的社会适应能力。

综上所述，智商的传承、发展主要通过有形的文字获取的，而情商却较少能通过有形的文字来获得发展。情商具有抽象性，其发展主要靠自己去领悟，而领悟的条件、环境却是可以人为创造的。高职院校需要教大学生认知情商，为大学生情商发展提供各种有效的教育条件，通过模拟教学、社会实践，让学生"身临其境"去体会、领悟。高职院校情商教育不理想的原因之一就是没有把握好情商的特点，而使得情商教育形同虚设。

第六章
积极心理学视角下高职生情商教育的内容拓展

积极心理学的倡导者、美国前心理学会主席马丁·塞利格曼先生指出："积极心理学的目标是催化心理学从只关注于修复生命中的问题到同时致力于建立生命中的美好品质。"积极心理学的兴起反转了20世纪中后期心理学过分关注人性的消极面和弱点的研究取向，开始关注人性、社会和生活的积极面，围绕着"一个中心、三个基本点"展开，即以幸福感为中心，以积极体验、积极人格、积极社会组织为三个基本点。十多年来，积极心理学研究从学科理论框架层面的建设逐渐转向对如希望、满意、乐观、感恩、心流、宽容等具体概念的深入探讨，并且在此基础上走入实践应用领域。基于积极心理学的视角，高职生情商教育应在内容上不断拓展：努力增强积极体验，尽力满足积极需要，着力培植积极人格。

第一节 努力增强积极体验

积极情绪体验是积极心理学研究的第一大支柱。积极情绪体验的获得可以帮助个体生活得更快乐、更开心、更幸福，从而更有效地帮助提高人类生活的幸福感和满意感以及防御心理问题、心理疾病的能力。这种积极心理品质对高职生情商教育至关重要。

一、沉浸

（一）何谓沉浸

20世纪60年代心理学家 Csikszentmihalyi 在研究一些创造性活动时，发现很多优秀的画家在作画的时候全身心投入，很少被外界干扰，甚至能够长时间超负荷地创作，完全感受不到身心的疲惫和不适，一心只想着即将完成的作品。但是一旦创作完成，他们立刻判若两人，之前的疲惫和不适立刻表现出来。基于这种现象，Csikszentmihalyi 提出了沉浸的概念，并对其进行研究。

沉浸是指对某一活动或者事物表现出浓厚的兴趣并能推动个体完全投入该项活动或事物的一种情绪体验。这是一种包含愉快、兴趣等多种情绪成分的综合情绪，而且这种体验是由活动本身而不是任何外在其他目的引起的。[①] 人们从事一种可以控制且富有挑战性的活动，从事这种活动需要一定的技能并受内在动机驱使，就会产生沉浸体验。为了产生沉浸体验，人们必须把握好合适的机会来完成这些任务，必须有明确的目的和即时的反馈。这些活动要求全神贯注，人们全身心投入其中的时候不会想起日常生活中的忧虑、挫折等。投入工作时完全忘我，而在完成某项任务后，重新出现的自我仿佛更强大了。并且由于成功地完成了此项任务而使人的自我意识得到增强。在沉浸体验中，人们的时间知觉也不同寻常，有时过去 1 小时就如同才过去 1 分钟，而有时几分钟又像几个小时那样漫长。[②]

研究表明，不同的阶层、不同的性别、不同的年龄、不同的文化、不同的活动所表现出来的沉浸体验非常相似。通过对不同个体处于沉浸体验时的状态进行分析归纳后，Csikszentimihalyi 提出了沉浸体验的九大特征，即挑战与技能的平衡、注意力集中、清晰的目标、即时的反馈、潜在的控制感、活动与意识的融合、自我意识丧失、时间知觉扭曲和发自内心地参与活动。

（1）清晰的目标。即个体在从事活动时很清楚地知道自己从事这项活动的目的，同时也很明确地知道完成活动后能够获得什么。

（2）即时的反馈。具有即时的直接反馈，活动的每一个环节都是对上一个环节的反馈。

（3）挑战—技能平衡。即个体在从事一项活动时，能够感知到自身的技能水平与面临的挑战难度之间具有平衡性。

（4）潜在的控制感。即参与者能够应对活动中即将出现的后续行为并能做出相应的适当的反应，感觉能够控制活动。

（5）活动与意识的融合。即参与者完全融入活动中，自发地行动，他们感觉不到活动之外的自己。

（6）注意力集中。即参与者完全专注于活动中，没有心思去想活动之外

[①] 任俊. 积极心理学[M]. 上海：上海教育出版社，2006：154.
[②] 王继瑛. 积极心理学视野中的青少年网络游戏行为[J]. 镇江高专学报，2011（3）：55-58.

的东西，将生活中的所有的不愉快暂时抛在脑后。

（7）自我意识丧失。即仿佛自我暂时与外界分开，忘记了自己的身份、身体状况等，将自我与活动的环境融为一体。

（8）时间知觉扭曲。即出现暂时性体验失真，较典型的如在活动结束之后才发现已历经多时，觉得时间过得比平常快，或者觉得时间过得很慢。

（9）发自内心地参与活动。即在内部动机的驱使下，不计较是否能获得外在物质性奖励，活动本身成为促进完成活动的最大动机。

（二）沉浸体验的产生条件

在沉浸体验特征研究的基础上，Csikszentimihalyi 认为沉浸体验的产生是有原因的，只有满足了一定的条件，沉浸体验才可能发生。Csikszentimihalyi 将沉浸体验的产生条件归纳为以下几个方面：

首先，个体接受的挑战必须与个体目前拥有的技能水平平衡，当然这种平衡是一种相对的平衡。挑战是个体面临的困难或者要解决的一项任务，技能是个体目前拥有的才能和技巧。挑战和技能本身都不能让学习者产生沉浸体验，只有当二者达到一种相对平衡的状态，沉浸体验才可能发生。从上述分析可以看出，理论上，任何一种活动都可以让个体产生沉浸体验。但事实上，没有任何一种可以让个体获得永久性的沉浸体验，因为个体接受的挑战和拥有的技能之间永远不可能达到一种绝对平衡的状态。但是正因为如此，人类才不断追求进步和发展。根据沉浸体验的组成成分，我们可以总结出这样的结论：追求沉浸体验是人类进步和发展的一种动力，人类在达到暂时的沉浸体验时获得进步，又在这种沉浸体验失去时迎接新的挑战。

其次，要想让个体在活动中产生沉浸体验，活动本身必须具有一定的结构性。这种结构性指的是活动应该提供明确的目标，让活动的参与者知道自己为什么而做，以及需要做什么；且在活动过程中能够依据一定的规则和评价的标准给予个体及时的反馈，使个体知道自己哪些应该做，哪些不应该做，了解自己已经取得了哪些进步，还需要做哪些调整。

再次，个体在活动的过程中应该能够感受到潜在的控制感，即参与者能够应对活动中即将出现的后续行为并能做出相应的适当反应，感觉能够控制活动。这一点很重要，如果个体在活动中感觉自己不能控制活动，就会产生恐慌、焦虑等一系列不利于沉浸体验的情绪，影响个体在活动中的沉浸体验。

最后，沉浸体验的产生与活动参与者自身的特点也有密切的关系，事实上，每个个体都有达到沉浸体验的能力，但是这种能力是存在个体差异的。影响个体沉浸体验的自身特点主要包括人格和注意力的一些特征。

Csikszentimihalyi 将利于沉浸体验产生的人格命名为"自向性人格",拥有这种人格的人容易将正在做的事情和即将要做的事情看成一种人对生活的享受,他们乐在其中,而且拥有较强的耐力和持续性,能够从内在动机方面给自己以奖赏。此外,由于沉浸体验往往在个体注意力高度集中的时候才会发生,所以个体在注意力集中方面的一些特征对沉浸体验有着重大影响。注意力品质除遗传因素外,也可以通过后天的学习来改善,使自己的注意力得到一定的提高,从而使自己更容易获得沉浸体验。

以上是 Csikszentimihalyi 在传统活动中归纳和总结出的沉浸体验的产生条件,概括一下主要包括:挑战与技能的平衡、清晰的目标、即时的反馈、潜在的控制感、自向性人格、注意力特征等。

(三)如何获得沉浸体验

1. 在学习中获得

刘甜芳、杨莉萍(2017)调查发现,高职生的学习沉浸度总体高于本科生,技能与挑战的匹配度较高,学习目标相对明确具体,对外在评价的敏感度较低,任务专注力较弱。为提高高职生的学习沉浸度,要在挑战任务与学生能力之间寻找平衡,设置具有结构性特征的学习任务,培养学生的自向性人格,帮助学生提高对学习任务的专注度。①

(1)在挑战任务与学生能力之间寻找平衡

挑战与技能平衡是沉浸体验产生的最重要条件之一,也是各种沉浸理论模型建立的基础。因此,教师的教学设计应着眼于学生的最近发展区,为学习者提供带有一定难度和挑战性的任务,调动学生的主动性和积极性,充分激发潜能,超越其现有的技能水平,进而达到下一阶段的发展水平,步入新的最近发展区。如此螺旋式循环上升,才能激发和维持学生的学习沉浸体验,促进学生学习进步。

(2)设置具有结构性特征的学习任务

活动本身具有某些结构性特征是沉浸体验产生的第二个基本条件。其要求学生的学习具有明确的目标和规则、可量化的评估标准和清晰的反馈。为此,教师在教学活动中需要帮助学生设置明确合理的学习目标,并将其细化为循序渐进的小步子。在每一个小目标达成时,学生的技能水平也随之上升一个梯度。要建立系统的评价体系和可操作的评价标准,让学生随时对自

---

① 刘甜芳,杨莉萍. 高职生学习沉浸体验的量表编制与特点研究[J]. 职业技术教育,2017(13):56-62.

己的学习效果有清醒的判断。教师对于学生的学习要给予及时反馈，在目标未达成时，要尽快找出原因并寻找相应的解决方法；在目标达成时，及时给予奖励或鼓励，引导学生顺利地过渡到对下一个阶段目标的追求。如此才能帮助学生不断学习和发展新的技能，应对新的、难度更高的挑战任务。在针对高职生进行教学设计或选择课程内容时，可优先考虑技能类的学习内容，以此为切入点引导学生产生沉浸体验；或者将文化基础理论加以适当改造，使得对这部分知识的教学能够适应高职生群体的心理特点。

（3）培养自向性人格

具有自向性人格特质的人倾向于享受生活，对所从事的活动充满极大的好奇心，参与任何活动主要是出于由衷的兴趣。他们不太在意外部的奖赏，只关注内在的主观体验，其最终目标和动机就是自我满足，这是一种自得其乐的人格特质。在当前整个社会以功利价值为导向的背景下，培养高职生的自向性人格，对高职生个人、对整个社会都有积极意义。应该教会他们对外界事物具有自己的判断力，不随波逐流，注重内心体验；活在当下，努力做到从容不迫、不功利、不敷衍，集中精力于学习；干一行，爱一行，在艰难的职业技能学习中找到真正的人生乐趣。但是，自向性人格特质过高，容易使个体错误地评估实际上远远高于其技能水平的挑战任务或错误地判断远远低于挑战水平的技能，导致个体屡战屡败。这种盲目性从长远看会对个体发展造成破坏性的消极影响，最终令学生萎靡不振，失去信心。因而，学生的自向性人格特质最好能保持在中等水平，既有利于学生客观估计任务的难度和技能水平，又能保持十足的信心，不骄不躁，不卑不亢，充分发挥现有能力，达到最佳发展效果。

（4）帮助学生提高对学习任务的专注

任务专注实际上是人的注意问题。注意分为无意注意和有意注意。其中，无意注意是指事先没有预定目的、不需要任何意志努力的注意。这种注意主要取决于学习内容的特点。有意注意是指事先有预定目的、需要付出一定意志努力的注意。有意注意具有目的导向的特点，学生对学习活动的目的和意义理解得越清楚、越深刻，就越能调整自己的注意，使自己专注于与学习任务相关的事物。此外，合理的奖惩制度以及让学生尽量参与教学过程，都有助于提高学生的有意注意。

2. 在运动中获得

在散步、跑步、游泳等体育运动中产生沉浸体验的方法如下：第一步，设定整体目标，然后再把它分成一个一个的小目标；第二步，为你设定的那些小目标选择一种合适的测量方式以评估你取得的进步；第三步，把注意力集中到你的活动上，注意你达成子目标的程度；第四步，逐渐提高你设定的小目标的难度和复杂性。这样，你所面对的挑战就会和逐渐熟练的技能相匹配。①

3. 在工作中获得

如果想要在工作中获得沉浸体验，你可以试试以下三种方法，这样，你就可以在每天的工作中充分利用好所有时间了。

（1）移除障碍

想要进入沉浸体验并不那么容易，我们身边充斥着很多阻碍。研究指出，一个员工平均每天会受到 87 次干扰，例如来自同事的打扰、办公室突发事件和电子邮件等。我们无法控制别人，但是可以控制自己检查邮件的频率。哈佛大学商学院建议，我们应该刻意控制自己检查邮件的次数，可以给自己定下一条规定：在完成每天最重要的任务之前，不可以检查电子邮件。而如果检查邮件就是你每天最重要的工作任务，那你就应该设定电子邮件的优先级，将重要的邮件放在专门的一个文件夹中，按照重要程度来处理邮件，而不是接收顺序，这样你可以用一天中精力最充沛的时间来处理优先级最高的邮件，这一点其实适用于每一个人。

（2）设定详细的目标

如果你连目标都没有，又谈何效率呢？仅仅设定一个目标还不够，你还应该制订一个详细的计划。这个计划越详细越好，时刻提醒自己的目标是什么，以及要如何实现这个目标。你要写下目标成功的标准，以及目标失败的标准。如果你想要进入沉浸体验状态，你就必须给自己设定好标准，然后按着这个标准去执行。

（3）记录过程

进入沉浸体验的一个重要方式，就是不断激励自己，让自己获得源源不断的动力。而要想获得动力，你就要知道自己已经完成了哪些工作，以及这些工作完成得有多好。很多人都没有记录工作过程的习惯，其实如果你每完成一项工作，就将其记录下来，是有很大的好处的。这样，当你在看这些工作记录的时候，你就会感到："我出色地完成了这么多困难的任务。"从而你也会获得更大的工作动力。其实一点小小的成功，就能够为我们带来动力。你可以在开始工作前写一个待办事项，每完成一个，就将其划去，这样的行为也能够帮你管理任务进度，并且"积小胜为大胜"。

---

① 郑雪. 积极心理学[M]. 北京：北京师范大学出版社，2014：56.

二、乐观

（一）乐观的概念界定

在心理学领域中，研究者依据不同的理论来源对乐观的概念进行了不同的界定。到目前为止，主要有两种观点，其一是 Scheier 和 Carver 基于传统的期望价值理论而提出的气质型乐观的概念。[①]气质型乐观指个体总体上对积极结果的期望，具有跨时间与跨情境的一致性。因此气质型乐观的定义更加倾向于将乐观看作一种稳定的人格特质，所以一般也称作乐观人格。乐观特质突出的人倾向于积极、正面地评价事物的发展趋势和结果，而悲观特质突出的人倾向于消极、负面地评价事物的发展趋势和结果。通常，我们把气质型乐观的人称作乐观者，反之则是悲观者。

其二是塞利格曼等人基于"习得性无助理论"提出解释风格的概念（Explanatory Style），并把解释风格分为两种：乐观解释风格（Optimistic Explanatory Style）和悲观解释风格（Pessimistic Explanatory Style）。他们认为乐观和悲观是人们习惯性地解释生活中积极事件和消极事件的方式，包括内在—外在、持久—暂时、普遍—特殊三个评价维度。当人们把积极事件归因于内在、持久、普遍的原因或者把消极事件归因于外在、暂时、特殊的原因，称作乐观解释风格，这些人称作乐观者，反之称作悲观者。乐观者具有乐观解释风格，悲观者具有悲观解释风格。

这是目前比较被普遍认可的两种概念，虽然有所不同但两者并不矛盾，它们只是从不同的角度来界定乐观概念。于是，我们可以把乐观看作一种人格特质，其理论核心是个人对未来事件的积极期望，相信事件的好结果更可能发生，表现为一种积极的解释风格。[②]

（二）乐观的价值

乐观品质的价值与意义何在？国内外大量的心理学工作者开展了一系列研究。

1. 乐观与心身健康

国内外大量研究结果表明，乐观与个体的心身健康有着密切的关系。

---

① SCHEIER M.F., CARVER C.S.. Optimism, coping and health : assessment and implications of generalized outcome expectancy[J] . Health Psychology, 1985（4）: 219 -247.
② 温娟娟, 郑雪, 张灵. 国外乐观研究述评[J] . 心理科学进展, 2007（1）: 129 -133.

Schweizer 等研究结果表明,个人乐观与生活满意度呈显著的正相关,和抑郁呈显著的负相关。袁莉敏、张日昇(2007)的研究结果也表明,气质性乐观与抑郁呈显著负相关,与生活满意度呈显著正相关。[①]另外,陶莎(2006)探讨了乐观、悲观两种一般结果期待倾向与高职生抑郁的关系,结果发现:乐观倾向越强,抑郁水平越低;悲观倾向越强,抑郁水平越高。两者对抑郁的变异各有显著、独特的贡献。乐观倾向是抑郁保护性因素,而悲观倾向则是危险性因素。[②]大量研究还表明,乐观的个体拥有较强的免疫力,也较少生病和看病。乐观者能够更多地寻求社会支持和健康的生活方式,并保持积极的情绪状态,从而达到身体和心理的健康。

2. 乐观与应对方式

Scheier 和 Carver 等探讨了在压力情景下乐观主义和悲观主义所采取的应对策略。研究表明,乐观主义者比悲观主义者有更好的表现,因为乐观者和悲观者采用了不同的策略来应对他们所面临的问题。乐观者采用以问题为中心(Problem-focused Coping)的积极应对策略来寻求社会支持,强调压力情境的积极方面;而悲观者更可能采用分心、否认、逃避或沉迷于压力情境中等策略。[③]

3. 乐观与学业发展

研究者对乐观与学业成就的关系进行过研究,关于儿童和成人的研究都表明,悲观是沮丧和低成就的主要原因。对小学生的追踪研究表明,悲观者容易产生沮丧、无助等消极情感,面对学业上的失败会放弃努力,时间久了以后学业成绩自然会滑落。[④]Nolen Hoeksema 和 Susan Kay 在对 8~11 年级的学生的研究中也发现,无助的解释风格与学生的抑郁水平和学业成就有关。[⑤]刘志军(2007)研究了初中生乐观主义与其学业成绩的关系,结果发现:乐观主义是影响初中生学业成绩的一个重要影响因素,不同乐观主义者对学业

---

① 袁莉敏,张日昇. 大学生归因方式、气质性乐观与心理健康的关系[J]. 心理发展与教育,2007(2):111-114.
② 陶莎. 乐观、悲观倾向与抑郁的关系及压力、性别的调节作用[J]. 心理学报,2006(6):886-901.
③ SCHEIER M. F., WEINTRAUB J. K., CARVER C. S.. Coping with stress: divergent strategies of optimists and pessimists[J]. Journal of Personality and Social Psychology, 1986, 6(5): 1257-1264.
④ 袁莉敏,张宏宇,李健. 乐观研究综述[J]. 中国特殊教育,2006(8):82-86.
⑤ NOLEN HOEKSEMAS, GIRGUS J. S., et al. Learned helplessness in children: a longitudinal study of depression, achievement and explanatory style[J]. Journal of Personality and Social Psychology, 1986(51): 435-442.

成绩产生的直接影响不一样，高水平的乐观有利于学业成绩的提高。①

（三）乐观的教育策略

针对高职院校中部分学生身上存在的悲观倾向，学校教育者有必要采取一定的教育策略。

1. 改变其认知，使其归因重组

归因重组（Attribution Retraining）是指学习检验对成功和失败的悲观归因，并用乐观归因取代悲观归因。塞利格曼认为，乐观其实就是一种由学习而来的解释风格。按照这种观点，一个人之所以乐观，主要是因为学会了把消极事件、消极体验以及个体面临的挫折或失败归因于外在的、暂时的、特殊的因素，把积极结果看作内在的、稳定的和普遍的因素；与此相反，一个人之所以悲观，则是因为会把消极事件、消极体验以及个体面临的挫折或失败归因于内在的、稳定的和普遍的因素，把积极结果看作外在的、不稳定的和特殊的因素。了解悲观者的归因方式很重要，因此可以改变其归因方式，从而使悲观者转变成乐观者。训练学生把不幸归因于外在的、暂时的和特殊的因素，把成功归因于内在的、永久的和普遍的因素。贾伊克斯和塞利格曼等人曾在20世纪90年代初期在美国宾夕法尼亚州进行了一项为期两年的针对在校中小学生的名为"宾夕法尼亚预防项目"（Pennsylvania Prevention Program）的教育实验，实验的目的是通过有意识地培养学生的乐观解释风格来达到预防学生产生抑郁等心理问题。从实验的结果来看，"宾夕法尼亚预防项目"取得了相当不错的成效，实验组正常孩子具有抑郁症状的情况明显少于对照组正常儿童。实验之后进一步长期观察还发现"宾夕法尼亚预防项目"具有长期的作用，即那些在青少年时期参与过训练的人即使在进入青年期以后，他们患心理问题的人数仍少于对照组。②

2. 改变其应对方式

在成长过程中，每个人难免都会遇到各种挫折，如学业挫折、人际关系挫折、家庭挫折等。挫折有两面性。当遇到挫折时，如能战胜挫折，则可以增强人的聪明才智与耐受力，激发其进取精神以及磨练其坚强意志。但如果不能战胜挫折，则可能导致孤独、自卑、抑郁甚至绝望等消极结果的出现。研究发现，乐观主义者和悲观主义者面对生活中的危急情况时使用不同的应

---

① 刘志军. 初中生乐观主义与其学业成绩的关系及中介效应分析[J]. 心理发展与教育，2007（3）：73-78.
② 任俊. 积极心理学[M]. 上海：上海教育出版社，2006：180-181.

对策略,乐观主义者采用问题中心的应对策略,积极寻求解决问题的信息和可能性,以最终达到问题的解决。而悲观主义者更可能采用分心、转移、逃避和否认等消极策略,想从认知上避免或从事件中逃避,放弃努力,甚至彻底否定自我等。乐观的个体充满对积极结果的期望,相信挫折终将被战胜。这样的一种积极期望和良好心态会对我们现在以及将来的行为产生一定的积极影响,把挫折看作是一种挑战,从而能够积极应对挫折,努力寻找各种问题解决的方法,从而战胜挫折。因此,要使悲观者转变成乐观者,必须使其在应对方式上有所转变,教会其在挫折情境中采取问题中心的解决策略,由消极的应对方式转变为积极的应对方式。

3. 增加其成功体验

个体乐观的形成受许多因素的影响,其中,个体"生活体验"是一个极其重要的因素。生活体验主要是指儿童从父母、教师或其他成年人那里所获得的体验,在学校中,这种体验主要是教师对儿童思想、行为及学习成绩等的评价,尤其是学习成绩的评价。那些后进生在学习上大多是悲观的学生,这些学生在学习中受到了过多负面的、消极的评价,如"每次考的比较差的都是你,跟你说了多少次,一点长劲都没有""老师都快对你失望了,你整天就知道玩,就是成绩不好""你的能力不行,我看是学不好了,回家叫你父母来吧,我是对你没希望了"等。这种负面评价不但不能起到教育的效果,反而会使儿童产生一种自我无能的心理体验,感觉自己在各个方面都不如别人,从而形成悲观的倾向,这种悲观倾向更加阻碍了学习的进步和成绩的提高。因此,在学校的环境中,老师是学生乐观形成中的"重要他人",老师的评价对学生至关重要,尤其是针对后进生,要以赏识的眼光去看待他们,多看到他们身上的优点,多发挥他们身上的长处,对他们提出能达到的、切实可行的具体目标,使其体验到成功的喜悦,从而提高其在学习上的自我效能感,转变悲观倾向,形成乐观品质。

除此之外,增加学生的社会支持,营造团结、友爱、互助的良好班级文化氛围、培养学生健全的人格等都会在一定程度上使学生形成乐观的品质。总之,教育是一个多因素的活动,要根据具体情况和学生的特点,机智地运用各种策略和方法,才能收到较好的效果。[①]学生乐观品质的形成,需要学校、家庭及社会的共同努力,学生拥有乐观品质能让他们从自己的失败或挫折中去获利,去寻找成功的落脚点,并有助于他们更好地面对现实,不至于在现实中迷失方向,这或许也是当今教育不可或缺的价值所在。

[①] 赵富才. 论教师的学生观[J]. 聊城大学学报:哲学社会科学版,2002(6):121-124.

三、希望

高职生情商教育需要希望教育吗？当然，情商教育同样需要重拾希望之火，尤其是在中国这种"批评式"的教育模式导致希望水平降低的情况下更甚。以前的情商教育也有灌输希望的意识，但更多的是一种主观意志、良好愿望，而对于希望是什么、如何达成希望则讨论较少。因此，高职生情商教育应该重视希望教育。情商教育可以组织高职生讨论什么是高水平的希望，实现这些希望最有效的途径是什么，怎样克服阻碍自己实现既定目标的障碍，怎样把这些目标和自己的现实生活联系起来。这样在讨论中明确自己的想法，同时也可以向他人学习，发挥群体的力量，提高整体的水平。高职生希望品质的培养，一方面意味着思想的成熟，另一方也意味着行为的成熟。一个抱有希望的高职生必定是勇于面对未来、面对挑战的人。在如今变化莫测、充满不确定性的社会，这种积极思维方式是成功不可缺少的品质，所以，培养高职生的希望品质是情商教育中应该重视的。

（一）希望是什么

作为人类的重要心理特质，希望一直是哲学、宗教等人文学科讨论和关注的焦点。"希望是关不住、锁不牢的，是有翅膀的鸟，是流动的空气，是息息尚存的呼吸，是永远无法遏制的，是任何黑暗都无法染指的，有了希望就有了一切，有了希望就一切皆有可能。"电影《肖申克的救赎》里这段精彩的对白生动地道出了希望的力量，每个人都不能没有希望。那么希望是什么？"希望"一词标志着某种期待情绪，但在不同领域，其内涵不尽相同。早期的研究者把希望定义为一种对目标达成所抱有的积极的期待。Dufault 等提出，希望有广义和狭义之分，前者的范围更广，不与特别的、具体的或抽象的目标相关，后者指在不同时期与特定目标相关联的希望。虽然这一观点得到了较为广泛的认同，但研究者们往往认为这样简单的概念不足以揭示希望的本质，也无法对希望做出清晰明确的可操作性定义，因此他们试图对希望进行更深入的研究分析。

1. 思维决定论

Karl 等人认为希望的核心是一种思维而非情绪。Snyder 在此基础上深入研究发现，个体想要达成目标所产生的相关情绪、动机和决策制定都依赖于个体对未来计划的认知。由此，希望被 Snyder 等定义为一个认知集合，即希望包括两个相互关联的认知成分：动力和路径，"动力"是指启动个体行动，并支持个体朝向目标的动机和信念；"路径"是一系列有效地达到个人所渴望的目标的认知操作。Snyder 的希望理论因操作性强、概念清晰、模型完整，成为当今心理学界应用最为广泛的希望理论。由此理论发展出的一系列测量工具及干预方案也得到了广泛的研究应用。但是有批评者认为，Snyder 的希望理论无法解释个体对结果或目标很少有知觉控制时的希望经验。

2. 情绪决定论

以 Averill 为代表的研究者更倾向于把希望描述为一种情绪。他将希望与生气和爱等更典型的情绪作比较，发现：首先，希望很难控制。其次，希望是非理性的，当希望足够重要时，个体可能说服他们自己实现目标的概率比事实上要大。最后，希望和情绪一样能激发行为。Lazarus 认为，希望是一种和目标有关的情绪，这种情绪大多在不能得到满足的环境中被激发，可以帮助个体应对恐惧和焦虑。MacInnis 用情绪的评价理论来解释希望，他们把希望定义为一种积极情绪，认为这种情绪是个体对目标进行评价的结果。当个体认为自己的行为方向与意愿目标一致，且目标有可能达成的时候，希望即作为一种情绪反应被唤醒。

3. 共同作用论

目前，心理学界对希望的理解还存在第三种观点，认为希望既包含认知成分，同时也包含情绪成分。如 Staats 认为希望是一种"情感性认知"，从情感的角度来说，希望被个体预想的积极情感和消极情感之间的差异所左右。预想中的积极情感越大于预想中的消极情感，个体的希望就越大；当两者相等时，则不产生希望；如果预想中的积极情感小于预想中的消极情感时，则会产生与期望相反的消极情感，如失望等。许多研究表明，希望本身内涵的多维性决定了它的概念及结构的不确定性。研究者从不同的角度用不同的方法对希望进行研究，从各个侧面丰富了研究成果。

（二）希望的应用研究

1. 希望在心理健康教育领域的应用

Valle 等人（2006）发现，希望水平是影响生活满意度的重要因素。面对不利的生活事件，希望水平高的青少年表现出更高的生活满意度和更少的问题行为。国内学者也发现，积极归因风格、希望水平高的学生，其学习适应性的水平也较高；而消极归因风格则希望水平、学习适应性的水平也低。[1]通过对贫困生的研究发现,希望特质对抑郁具有独立的影响作用,但对幸福感的影响则以应对方式为中介。希望水平通过激发问题解决、求助等积极的应对方式来影响幸福感。[2]Snyder 认为个体的希望水平影响他面对问题所采取的应对方式。当个体认为解决问题的希望比较大时,往往会采取积极的应对方式;相反,如果希望水平低,则倾向于使用消极的应对方式。JenniferS Cheavens 等人的研究也表明,希望能够帮助个体有效克服困难,或帮助个体尝试更多的方式应对困难。在面对压力时,希望水平高的被试倾向于使用更多积极的应对策略,有更少的不切实际的妄想(Wishful Thinking)、自我批评和社会退缩,表现出更多的求助意识和求助行为,因此也更容易尽快摆脱忧伤、焦虑、孤独等不良情绪。

近年来,国内也有学者提倡依据 Snyder 的希望理论,通过培养学生对学习和生活的希望,在一定程度上消除学生的厌学情绪,提高学生的希望水平,激发其学习动机,提高其学习兴趣以及促进其人格完善。田莉娟(2008)在其硕士毕业论文中,以 Snyder 的希望特质两因素模型为出发点,编制了《中学生希望特质的团体训练方案》。研究采用班级团体心理辅导的方式,针对学生学习、生活中不能合理地设置目标,缺乏坚持性,在实现目标过程中所遇到的挫折障碍,以及在面临挫折障碍时缺少解决问题的技能等现象进行干预,干预效果良好,对学生的希望特质、心理健康有明显的促进作用。[3]

2. 希望在医疗卫生领域的应用

心理状态会影响患者对治疗的反应性和耐受性,也影响患者的生活质量和生存期。国外大量定性和定量研究表明,希望能淡化疾病造成的痛苦和身体功能障碍,使人相信目前的处境能够改变,带给人面对困境的勇气,有助于患者增强社会适应性,获得较多的社会支持。David B. Feldman(2005)研究表明,希望能积极预测生活意义,消极预测焦虑与抑郁,且希望和生活意义之间有很大的重叠部分。Bailey 等人(2007)的研究表明,幸福感和希望具有密切的关系。Klausner 等人(1997)以 Snyder 的希望理论为依据,对患抑郁症的老人实施希望干预。研究者帮助被试设置目标,如种植玫瑰花圃或者到购物中心采购等,然后通过 10 次定期集中活动、完成家庭作业等方式带

---

[1] 毛晋平,张素娴. 大学生归因风格在希望与学习适应性间的调节作用[J]. 湖南师范大学教育科学学报,2009(1): 100-102.

[2] 陈海贤,陈洁. 贫困大学生希望特质、应对方式与情绪的结构方程模型研究[J]. 中国临床心理学杂志,2008(4): 392-394.

[3] 田莉娟. 中学生希望特质的评定及干预研究[D]. 石家庄:河北师范大学,2008.

领老人考虑如何实现这些目标，有哪些途径，并培养和提高他们的动机。实验结束后，被试和家庭成员之间的关系得到显著改善，并且《汉米尔顿抑郁量表》得分下降了10个点，已经从抑郁状态回到了完全无抑郁的状态，开始变得相当积极。

近年来，国内逐渐出现了对癌症患者、艾滋病患者、精神分裂症患者、精神分裂症家属、血透析患者和脑卒中患者等人群的希望水平的研究，并着重考察了希望水平与应对方式、社会支持和生活质量的关系。研究发现，希望是疾病治疗过程中的一个重要心理功能，可促使患者减轻痛苦、树立信心、缓解应激状态，是患者应对疾病的重要策略。但国内在此方面的研究才刚刚开始，尚缺少将希望引入临床实践的干预研究。

3. 希望在积极组织行为学领域的应用

积极组织行为学（Positive Organizational Behavior，POB）是对积极导向的且能够被测量、开发和有效管理，从而实现提高绩效目标的人力资源优势和心理能力的研究和应用。积极组织行为学的发起者Luthans认为，符合POB定义标准的概念主要有自信或自我效能（Confidence or Self-efficacy）、希望（Hope）、乐观（Optimism）、韧性（Resiliency）、情绪智力（Emotional Literacy）和主观幸福感（Subjective Well-being）等，它们是POB取向最典型的代表。Luthans把其中的自我效能、希望、乐观和韧性这四种积极心理状态概括为心理资本（Psychological Capital），并做了一系列相关研究。Peterson和Luthans的研究结果表明，希望水平较高的管理人员，其管理的工作部门的绩效较高，下属的留职率和满意度也较高。Luthans等通过对422位中国员工的实证研究，探讨了心理资本及希望、乐观和坚韧性与工作绩效的关系。结果表明，员工的心理资本及希望、乐观和坚韧性，都与他们的工作绩效显著正相关。Larson和Luthans认为，拥有希望的员工通常都有明确的工作目标，制订了实现目标的切实可行的行动计划并能努力实现目标。Avey、Patera和West研究证明，心理资本及希望、乐观、坚韧性和自我效能感都与员工的旷工（Absenteeism）负相关。在工作压力较大的行业如服务行业中，高希望者在其工作质量较好并且满意度较高时，不易产生工作倦怠。

组织行为学积极转型的理念传入中国后，给中国的企业管理带来了新的活力，心理资本研究更是得到众多学者的青睐。仲理峰（2007）研究发现，在控制了性别和年龄两个人口统计学变量的效应后，员工的希望、乐观和坚韧性三种积极心理状态都对他们的工作绩效、组织承诺和组织公民行为有积极影响。①温磊（2009）以 Luthans 建立的心理资本干预模型为基础，在企业员工中开展了心理资本干预的实验研究。②他在方案中安排了希望的个人反思练习，如"我的上司是一个差劲的管理者，一个非常信赖的同事出卖了我"等，活动从影响希望的一些因素如意志、途径等着手，使小组员工有身临其境的感受。

（三）高职生希望的培养

基于希望理论，心理学家们提出了希望疗法。它通过灌输希望、确立目标、加强路径思维和意愿动力，提高个体的希望水平，是预防心理疾病、提高心理能量的有效手段。灌输希望主要通过特定的方法，让个体对希望疗法的效果和未来生活的改善产生积极的预期，叙事疗法是灌输希望中常用的技术；确立目标在于帮助个体发现和设立符合自己价值的、积极的、清晰的目标；加强路径思维的基本原则是目标分解和寻找替代方法，个体路径思维的加强，就是提高个体产生实现目标的具体方法，预测到可能的困难并在原先方法受阻时想到替代方法的能力；意愿动力则提供了目标追求所需要的动力，回顾成功经验、发展积极思维和选择难度适当的子目标都是加强意愿动力的有效手段。③基于希望疗法，具体来说，帮助高职生提高希望水平，主要从三个方面入手：一是帮助个体确立合适的目标；二是有意识锻炼克服困难的意志力；三是发展个体的各种策略，主要是寻求达到目标途径的策略、应对生活障碍的策略等。

在具体的方法上，人们发现，指导孩子阅读一些充满希望的、人战胜困难、取得成就的故事对提高孩子的希望水平有很大的影响作用。对高职生希望的培养，可以参照 Lope（2002）曾在一所初级中学做过的"希望导航项目"。在这一项目中，研究者一方面让学生阅读那些高希望孩子的故事；另一方面把学生组织结成各种"希望伙伴"（Hope Buddy），特别是让具有较高希望水平的伙伴与低希望水平的孩子相互结成伙伴，这其实是为了给低希望水平的孩子寻找一个现实的直接榜样，从而使他们能够直接面对高希望。在项目进程中，学生还被组织参与各种结构性练习（一些设立目标和寻找实现目标的技能、技巧训练）和目标定位讨论等，例如，什么是高希望水平的目标？实

---

① 仲理峰. 心理资本对员工的工作绩效、组织承诺及组织公民行为的影响[J]. 心理学报，2007（2）：328-334.
② 温磊. 企业员工心理资本干预的实验研究[J]. 中国健康心理学杂志，2009（6）：672-675.
③ 陈海贤，陈洁. 希望疗法：一种积极的心理疗法[J]. 桂林师范高等专科学校学报，2008（1）：121-125.

现这些目标的最有效途径是什么？怎样克服各种阻碍自己实现既定目标的障碍？怎样把这些目标与自己的现实生活相结合？从初步的检验来看，参与这一项目的儿童的希望水平都有一定的提高。

近年来，国内也有学者提倡依据 Snyder 的希望理论，通过培养学生对学习和生活的希望，在一定程度上消除学生的厌学情绪，提高学生的希望水平，激发其学习动机，提高其学习兴趣以及促进其人格完善。田莉娟（2008）的研究采用班级团体心理辅导的方式，针对学生学习、生活中不能合理地设置目标，缺乏坚持性，在实现目标过程中所遇到的挫折障碍，以及在面临挫折障碍时缺少解决问题的技能等现象进行干预，学生的希望特质和心理健康都有明显的提高。

第二节 尽力满足积极需要

美国哈佛大学心理学家威廉·詹姆斯曾经说过：在一般情况下，职工能力发挥出 20%~30%，而一旦受到激励后，职工能力可以发挥到 80%~90%。激励前后表现出 60% 的差距，这就是有效激励的结果。可见，恰当的激励能够激发人的创造性、积极性和潜在能力，发挥出巨大的效应。马斯洛需要层次理论就是以研究人的需要为基础，探讨如何激发人的行为动机的理论，即人们的需要是什么，需要的满足程度如何，如何满足人们的需要，从而激发人的动机。这种理论认为，需要是一切激励过程的起点和基础。马斯洛的需要层次理论在其他领域如经济领域、管理领域已得到非常广泛的运用，并且发挥了积极的效益。如何科学合理地将马斯洛需要层次理论运用到高职院校情商教育领域，提升高职生情商教育的实效性，这是值得探讨和研究的课题。

一、马斯洛需要层次理论简介

亚伯拉罕·马斯洛（Abraham Harold Maslow），美国社会心理学家，是人本主义心理学的集大成者，具有"人本主义心理学之父"之称。他在 1943 年的论文《人类动机理论》中把需要分为五个层次加以具体阐述。后来，经过多年的思索与探究，马斯洛在 1954 年出版的里程碑式的著作《动机与人格》一书中，将需要动机理论扩充为七个层次，把认知和理解的需要和审美的需要加入尊重的需要和自我实现的需要之间。到了 20 世纪 70 年代，马斯洛最终又将需要层次变为五个,即:生理的需要、安全的需要、从属与爱的需要、尊重的需要以及自我实现的需要,它们由低到高呈金字塔形排列(图6-1)。

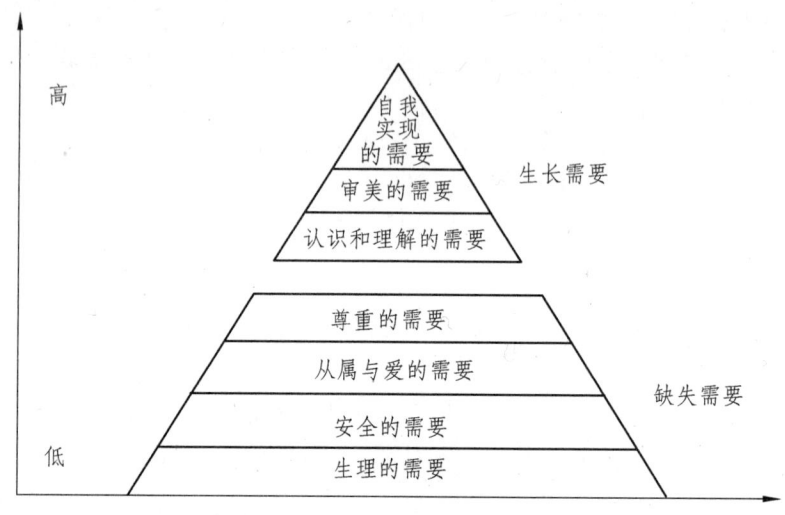

图 6-1 马斯洛需要理论构成

第一,生理的需要。生理的需要包括食物、水、性、排泄、睡眠等,是人类最原始、最基本的需要,它们与个体的生存息息相关,也是人与动物所共有的。生理的需要是人类最强有力的需要,一个同时缺乏食物、安全、爱和尊重的人,对食物的需要可能最为强烈。如果所有需要都没有得到满足,并且机体因此受生理的需要的主宰,那么,此时的生理的需求就会成为他行为的动力,其他需要可能会全然消失,或者退居幕后。所以,生理的需要是必须优先获得满足的需要。只有当生理的需要得到满足,更高一级的需求才会出现。正如马斯洛所说:"在没有面包吃时,人只是为了面包而生活,这是正确的。但是,一旦有了面包后,肚子已经填满时,人类期望什么呢?"所以,生理的需要是处于人类需要的最底层的、最基本的需要。

第二,安全的需要。安全的需要是继生理的需要满足之后出现的优势需要。安全的直接含义是指不受威胁、没有危险、危害、损失。人类的整体与生存环境资源的和谐相处,互相不伤害,不存在危险、危害的隐患,是免除了不可接受的损害风险的状态。引申含义包括职业的稳定、一定的积蓄、社会的安定和国际的和平。安全的需要是指一个人对安定、有秩序、有保障的环境的期望,对免受恐吓、焦躁和混乱的折磨的需要以及对于保护者实力的要求等。处在这一需求层次的人们,首要的目标就是减少周围的不确定性,追求一个可预知的周遭世界。

第三，从属与爱的需要。从属与爱的需要是继生理的需要和安全的需要得到满足后出现的优势需要，它也叫社交需要。人具有社会属性，他希望归属于一个群体，成为群体中的一员，期望这个群体的成员接受他、认同他，和大家建立起友谊，有亲密的同事和他交流谈心，愿意接受并给予爱。也即，从属与爱的需要就是指生活在社会之中的人对于团体的认同，对家庭的幸福美满、人际的和谐的需求。一旦这层需求得不到满足，常常就会有孤独感、疏离感、异化感，十分痛苦。

第四，尊重的需要。马斯洛认为，社会上所有的人都对外界有一种对于他们自身的稳定的、牢固不变的、较高的评价的需要或欲望，有一种对于自尊、自重和来自他人的尊重的需要或欲望。也就是说，尊重的需要包括自尊和被别人尊重的需要，具体包括两个方面：一方面是需要他人对自己的尊重，以及对地位、声望、支配、重要性等的欲望，包括获得他人的赏识、赞许、支持和拥护，由此产生认同、威信、地位等情感；另一方面是自己对自己的尊重即自尊、自重，这是一种对于实力、成就、胜任、面对世界时的自由独立等的欲望，由此可以产生自信、自强、自足等情感。这些需要的满足可以增强人的自信心和自豪感，如果受挫，则会产生自卑感等。马斯洛认为，最稳定和最健康的自尊是建立在当之无愧的来自他人的尊敬之上，而不是建立在外在的名声、声望以及无根据的奉承之上。

第五，自我实现的需要。自我实现的需要是建立在前四种需要都得到满足的基础之上，处于需要层次的最高层，它是指实现个人理想、抱负、发挥个人聪明才智的需要。他是一种人的自我发挥和自我完善的欲望，也就是一种使自己的潜力得以实现的倾向。这种倾向可以说成是一个人越来越成为独特的那个人，成为他所能够成为的一切。马斯洛曾说："一个人能够成为什么，他就必须成为什么。"

马斯洛把需要划分成高低两大类：一类是缺失需要，另一类是生长需要。通过图 6-1，可能我们有意无意间把需要看成一个等级固定、阶梯分明、呈金字塔式的体系。的确，大多数人的需要符合以上按等级排列的组合，但是，事实上，人的需要也不是死板的、固定不变的。就其关系而言，需要层次之间是相互影响、渗透与转化的。为了说明这种波浪式前进的过程，马斯洛还用了一个图来说明他的各种需要之间的关系和转化（图 6-2）。马斯洛认为：第一，人的需要具有层次性和优劣之分，就像阶梯一样从低到高按层次排列。但是这种次序也不是完全固定的。他明确指出："我们把这个层次集团说成仿佛是一个等级固定的集团，然而实际上它并不完全像我们表达的那样刻板。的确，我们研究的大多数人的这些基本需要似乎都是按照已经说明过的等级排列的,但是也一直有许多例外。"第二,人的需要满足程度具有相对性,主要表现为一个层次的需要相对地满足了,就不再是积极的推动力了,就会向高一层次的需要发展,越到上层,满足的百分比越少。第三,同一时期内,可能同时存在几种需要,但是只有一种需要占优势地位,支配着人的行为。如个体刚出生时看不到高级需要的出现,除此之外,在人生旅途的其他大部分时间里,人多种不同层次的需要是重叠交叉存在的,是共存的。第四,五种需要又可分两个级次,其区分标准主要是以是否能够以外部条件得以满足为依据。其中,前三个层次的需要属于低一级需要,一般说来,通过外部条件就可以得到满足;后两个层次需要属于高一级需要,主要是通过内部因素才能满足,并且是无止境的。一般而言,高需要层次满足的比例与个体身心健康程度成正比。第五,各层次需要虽然呈现递进关系,但各层次的需要又相互依赖和重叠,高一层次需要得到发展后,低一层次的需要仍然存在,只是对人的行为影响力大大减弱。①

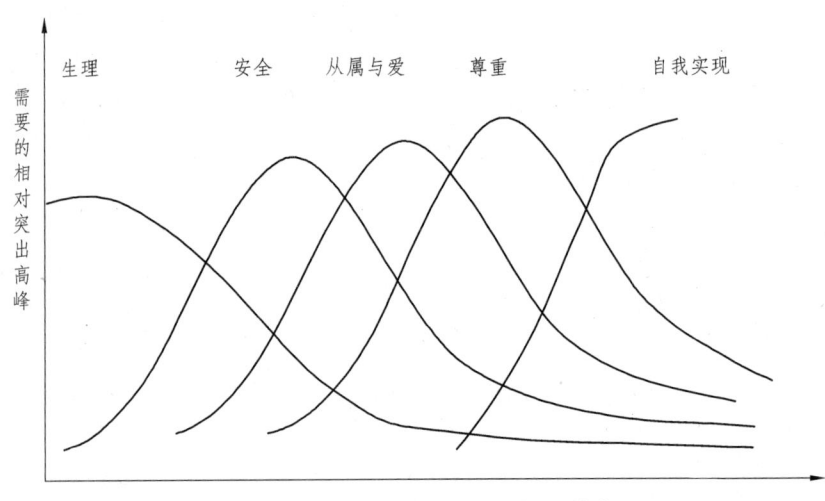

图 6-2 马斯洛五种需要的相互转化

二、马斯洛需要层次理论与情商教育的契合

(一)需要层次理论为高校情商教育提供理论支持

需要是情商教育生成、存在和发展的人性基础。情商教育是做人的工作的,要有效达到情商教育的目标,必须把握人性需要,遵循其规律。随

---

① 张瑞敏.马斯洛需要层次理论与高校思想政治教育[D].泰安:山东农业大学,2016.

着社会多元化的发展，大学生从心理到行为上的需求日益多样化，要求情商教育者必须掌握一定的心理学知识，把握大学生思想行为的变化规律。马斯洛的需要层次理论为我们展现了大学生需要的层次与发展，对于情商教育者来说，这是掌握大学生思想活动的有力理论。同时，马斯洛需要层次理论分析了不同阶段人的具体需要，情商教育者如果想要更为具体的了解大学生的需要情况，可以分阶段深入了解大学生需要的特点及规律，这就为情商教育提供了更为细致的理论出发点。此外，从大学生需要的角度去研究其情商教育的实效性，满足大学生各个层面的需要，可以有效把握大学生的内心思想和意识方向。教育者应将人的行为和心理看作一个统一有序的过程，用具体动态的眼光了解大学生的需要及其规律。这种思路是马斯洛需要层次理论体现出来的，对高校开展情商教育工作具有十分重要的理论借鉴意义。

（二）情商教育实效性的增强对需要层次理论的作用

辩证唯物主义认识论指出，认识来源于实践，实践对认识具有决定作用。同样，情商教育实践效果的增强，对需要层次理论具有促进作用，影响其应用与发展。情商教育的与时俱进与创新性，决定了它在运用需要层次理论的时候，必然会从实践经验的角度对其进行新的解释和补充，从而丰富需要层次理论的内涵，为进一步提升高校情商教育的效果提供理论依据。情商教育的最终目的和归宿在于提升人的综合素质，培养和谐发展的人。在实现这一目标的过程中，情商教育要不断引导受教育者思想和行为向有利于社会和个人的方向发展，尽量规避受教育者的不合理需求的产生，促进和激励受教育者向更高层次需要的演进。在对受教育者需要进行引导的同时，通过归纳和总结，实现对需要层次理论的补充和发展，从而进一步丰富需要理论。情商教育实效性的增强，就意味着情商教育本质和目标在实践过程中得以体现和践行。由于需要是受教育者"需要—动机—行为"过程中最基本、最首要的部分，那么，随着情商教育实效性的增强，需要也会随之不断地科学化，对动机和行为也会产生显而易见的影响。随着社会的不断进步和发展，大学生的需要不断变化，这对高校情商教育提出了更高的要求，高校情商教育必须立足以人为本，从细微处着手，把需要层次理论作为研究情商教育的关键点，把解决情商教育实效性问题与受教育者的需要相结合，满足受教育者的需要，以预测他们的动机，探讨其行为目的，促进其情绪智力。

三、关注高职生不同层次的需要,提高情商教育的针对性

高职院校情商教育面对的是个性特征迥异、成长环境不同的高职生。他们的需要必定不同,有处于成长性需要阶段的个体,亦有渴望自我实现的主体。并且,随着身心及其他方面的不断发展变化,他们的需要是不断变化的。面向全体学生,让每个学生在原有基础上有所发展,是素质教育的主要理念。马斯洛对人的需要层次的划分,以及关于需要实现的动机的观点,为高职院校情商教育有针对性地开展实施提供了可靠依据。

(一)重视高职生的生存的需要

生存的需要包括生理需要与安全的需要,他们是高职生最基础的需要。随着我国经济的发展,人们的生活水平不断提高,但是由于发展的不平衡性,部分地区仍比较贫困,地区差别、城乡差别巨大。由此,来自不同地区的高职生,他们面临的自身问题千差万别。

第一,高职院校情商教育要关注高职生的生理的需要,建立健全合理的助学体系。当前,贫困高职生仍然占相当部分的比例,这部分学生中普遍存在着敏感、自卑、易受伤的特点。也是由于这些特点,他们有时候并不愿意吐露自己的心声,而是默默承受。在基本的温饱问题都难以解决的情况下,学业更是难以顺利完成,他们不得不想办法谋生。外出兼职是他们不得不选择的路径,他们有时候甚至"身兼数职",不仅耽误正常学习时间,对自己的健康成长也极为不利。另外,高职生步入大学以后,远离家人,面临的社会诱惑和社会风险增多,在兼职期间容易出现问题,误入歧途,这些情况都不利于高职生的全面健康发展。为此,高职院校应尤为重视这一群体,尽最大努力满足高职生的生理需要,帮助其顺利完成学业。首先,管理部门应当在助学贷款方面为贫困学生开辟绿色通道,由于各省市情况的不同,在申请助学贷款时,有些地区异常麻烦,甚至最终无法成功贷出,这就需要学校的全力协助。其次,在奖学、助学方面,高职院校应加大财力、物力等的投入力度,并且进一步完善奖助减免机制,充分体现公平、公正原则,让每一位贫困高职生通过努力,不仅提升自己的综合能力,同时满足自己的现实需求。再次,在高职生入学以后,高职院校情商教育要发挥其应有的功能,通过各种途径和方式深入了解高职生的内心需要,帮助他们扫除心理障碍、解决心理问题,不被贫困和挫折所羁绊,努力做一个健康、乐观的新时代大学生。此外,包括所有处于青春期的高职生,对于恋爱的渴望和身体的好奇是普遍关注的话题,这是无可厚非的。但是,由于青春期的高职生责任意识尚未达

到很高的层次，处理恋爱关系时容易出现方法不当等问题，很可能因不正确的恋爱方式造成严重后果。近年来，高职院校因为恋爱问题发生的流血事件频频出现。所以，高职院校情商教育要正确引导高职生树立正确的恋爱观，及时开展生理教育和心理健康教育。

第二，安全的需要关乎着高职生的生命健康和个人安危。近年来，校园安全事件频频出现，从马加爵杀害室友到复旦投毒案，一系列的校园惨案触目惊心、令人心寒。此外，竞争压力的与日俱增，校园环境的复杂化等，也使生命安全和心理安全需要的满足成为高职生亟待解决的问题。高职院校不仅应该在制度上、设施上、环境上为高职生拥有一个良好安定的氛围保驾护航，还应该向学生传授安全理念和责任意识，让他们从自身做起，规范自我，加强防范，养成良好的安全意识及习惯。高职院校情商教育在满足高职生安全需要时，要通过调研、沟通等形式明确高职院校中哪些因素会扰乱校园秩序、导致高职生不安感的产生，给同学们以科学警戒。总之，通过学校规章制度的约束，硬性设施的完善，加之以情商教育的引导，才能增强高职生的安全意识，增强自我保护的能力，最终满足其安全性的需要。

（二）关注高职生的交往的需要

人的本质是一切社会关系的总和。社会性是人的本性，人不可能脱离社会而存在。交往的需要是人的本质的需要。马斯洛需要层次理论指出，从属和爱的需要，是说交往的需要是继生理的需要和安全的需要得到满足后出现的优势需要。每一个人都希望归属于一个群体，期望这个群体的成员接受他、认同他。一旦这层需求得不到满足，常常就会有孤独感、疏离感、异化感，十分痛苦。在当前的信息社会，网络等新媒体的出现，对高职生造成了无比巨大的影响。在交往方面，因为对网络过度依赖，很多高职生被禁锢在虚拟世界的交往之中，现实交往渐渐淡化。网络这把双刃剑，给高职生带来便利的同时，也造成了很多不利影响。高职院校应该发挥它的自身优势，营造良好的校园文化，建立多样化社团组织等，为高职生的交往提供更多的机会和便利。通过营造"百花齐放"的校园文化，来创造和谐的交往氛围，吸引更多的高职生从网络的禁锢中走出来。学校在高职院校情商教育实施过程中，要及时跟上时代步伐，时刻把握社会发展潮流，把高职生感兴趣的交往方式运用于教育教学当中来，比如开展网络情商教育时，不能只一味地进行理论教学，把学生感兴趣的新闻案例加入其中，并和学生采取交流互动模式，让学生参与进来，提高他们交往的积极性。此外，高职院校情商教育者要善于引导高职生的团结协作意识，多以革命先烈的事迹为例开展党课教育，培养同学们的高尚品格。虽然大学期间存在很多竞争，尤其是关乎个人利益的竞争。但是，在利益面前，始终要以一种高姿态发扬风格，树立榜样，这样才能形成一种和谐的交往氛围，才能够使大家更愿意参与到学生团体中来，从而更加有利于高职院校情商教育的开展。

（三）满足高职生的尊重的需要

马斯洛需要层次理论指出，个体的尊重的需要包括自尊和他尊。尊重的需要的满足是体现一个人价值的重要形式。高职生中独生子女居多，优良的家庭环境使他们对尊重的需要的满足更加渴望。高职院校情商教育要转变传统教育者居于主体地位的教育方式，重视学生的主体地位，尊重学生，爱护学生，让他们时刻感受到自己的存在。高职院校情商教育要引导、培育高职生高尚的道德品格，让他们学会自尊、自爱、自强的品格，并通过心理健康教育促使其形成强大的内心品质。只有这样，在遇到挫折或者问题时，他们才能够冷静处理，做出正确的抉择，从而达到自我肯定、自我认同。他尊的需要的满足，需要高职生自身拥有良好的知识素养、高尚的思想政治素养、强烈的集体主义价值观和荣誉感。这样的一名高职生，无论何时何地，都会获得所有人的尊重和认可。而这些素养的形成，需要高职院校情商教育改进教育方式方法，始终"以学生为本"，多种途径开展情商教育，努力提高教育者的业务能力和理论素养。只有这样，才能满足高职生的尊重需要，激励他们全面发展。

（四）注重高职生的自我实现的需要

自我实现的需要是马斯洛需要层次理论中的最高层次的需要，也是人的发展性需要。发展，是个体存在的意义和价值，是驱动个体不断前进的最强大的动力，也是高职院校情商教育培养目标的灵魂所向。对于高职生来说，自我实现的需要的满足是他们对人生规划和人生发展做出实践性跨越的关键之举。高职院校在对高职生进行情商教育的过程当中，一定要重视高职生的自我实现需要，力争让每一个人在自己的人生道路上找到属于自己的舞台。

首先，高职生的自我实现，必须将个人理想与国家命运相结合。高职院校对高职生进行情商教育，要把中国传统文化的精华融入其中，增强高职生的民族凝聚力和自豪感。同时，把现代社会党和国家提出的中国梦、社会主义核心价值观作为情商教育内容的一部分。发挥教育的合力，促进高职生思想的成长成熟，制定正确的自我实现目标，摒弃因功利主义、一己之私而想要去达成的"自我实现"。

其次，高职院校情商教育要加强对高职生创新观念的引导。高职院校情商教育过程中要根据高职生的目标定位，并结合社会发展情况，本着求真务实、与时俱进的精神，着力提高高职生的创新意识，进而助力高职生把思想理念转化为具体行动，满足自我实现的需要。高职生个人价值的实现，反过来又会为高职院校情商教育注入新的活力，促进其实效性的增强。

再次，高职院校情商教育还要增加对高职生就业指导、引导的内容。顺应形势需要，许多高职院校都为高职生创建创业实践基地，这些基地使同学们通过自己创业取得成就，也是自我实现的过程。高职院校要加强对高职生的就业指导，转变就业观念，为社会输送更多的有用之才，这样不仅缓解了社会的就业压力，也实现了高职院校人才培养目标。

第三节 着力培植积极人格

有这样一个真实故事：美国的科林斯开办了一个学校，学校接受的都是一些被常规学校放弃的孩子。父母把他们送到科林斯那里念书，也并未对他们抱太大的希望，只要他们不流浪街头、不吸毒犯罪就好。科林斯宽容地接纳了这些孩子，并耐心鼓励他们。在她的努力下，那些曾经"无可救药"的孩子竟然奇迹般地变好了，每个孩子都上了高中，并成了有用之才。她是怎么做到的呢？因为科林斯让孩子们发现了自己的优点和潜能。每当孩子犯错需要惩罚的时候，就会惩罚他们用 100 个单词来形容自己的优点。这样，孩子在接受惩罚的同时受到积极暗示，唤醒了自己的潜能。其实，许多高职生并不乏优秀的、积极的特质，他们只是需要指引者帮助他们。情商教育者有责任、有义务去帮助高职生发现自己的优势。[①]学校教育不仅仅包括知识传授，还包括生活教育、情感教育和人格教育等。众所周知，人格的形成是遗传、环境和教育等因素共同作用的结果。其中，学校教育具有主导作用。

一、积极人格的概念和特点

在国外，关于积极人格的研究用到了 Character Strength，Value，Virtue，

[①] 于凤笛. 积极心理学视域下高职生心理健康教育对策研究[D]. 沈阳：沈阳航空航天大学，2015.

Good Character，Positive Character 等词语来描述积极人格。这是广义的对积极人格的理解，包含人类潜在的核心美德和积极的力量。积极人格研究就是研究人类存在的积极的美德与性格力量，就是研究人格中具有积极效用的核心特质，即积极人格特质。积极人格特质可以被界定为反映个体思想、情感和行为的积极品质，是个体核心的人格特质和个性特质。

积极人格特质是人固有的、实际的、潜在的、具有建设性的力量，是人的长处、优点和美德。积极人格特质与天赋不同之处在于积极人格特质并非完全是天生的，而更多地依靠后天的发现和培养。国内有学者更倾向于认为积极特质是人固有的、实际的、潜在的、具有建设性的力量，是人性的优点与价值，使人们在某些方面得分很高，并且与特殊的优点相关，能使人生活得更幸福的人格特质。

大量文献研究表明，积极人格是相对消极人格提出的，受积极心理学的理论的影响。故我们认为，积极人格特质指的是人格中的积极力量和正向特质，涉及乐观、希望、公平、爱、感恩、勇敢、谦逊、仁慈、宽容、善良、同情心、慷慨、自律、坚持和信念等积极品质。具有积极人格特质的人更具有创造性、自我实现、不断发掘自身潜能等特质。例如刘志军（2009）就认为积极人格至少应包含乐观主义、主观幸福感和复原力三个方面的内容。[①]

人格是一个复杂组织，它在日常生活中支持着个体的认知、情感和行为。人格的形成受遗传因素和后天的各种生活经验的影响。积极人格理论并不认为没有疾病或者问题就是积极，也就是说，没有人格缺陷或者没有人格障碍并不一定就是积极人格。所谓积极人格，指的是个体能在生活中不断主动追求幸福并时时体验到这种幸福，同时又能使自己的能力和潜力得到充分的发挥。综上所述，积极人格是个体积极的思想和情感，以及由其所引导的外在行为。简单来说，积极人格具有以下特点。

第一，积极人格倡导乐观、希望、爱、宽容、智慧、卓越等积极向上的品质。这些是不同文化背景下的人所公认的积极力量和美德。塞利格曼曾经在不同文化背景的国家做过有关积极人格特质的调查，发现积极人格特质具有跨时间和跨文化的稳定性，那些被公认为是积极人格特质的积极力量和美德，都具有一种积极向上的作用。

第二，积极人格可以帮助个体更好地对抗挫折，善于应对困难和挑战，更好地做出决定和采取行为解决事件。刘志军（2009）在提到积极人格中的三种重要特质时，着重强调了积极人格中的复原力。它在人们面对危机

---

① 刘志军. 乐观主义——一种重要的积极人格[M]. 长沙：湖南人民出版社，2009：21.

时会帮助人们采取积极的行为，躲避不幸，更快复原，是一种朝向积极的目标。

第三，积极人格能带给个体更多的积极情绪。当个体体验到较多积极情绪时，就会增加个体的自我效能感，拥有乐观的心态，从而促进个体的成功。

第四，积极人格促使人们追求幸福。积极人格中的积极人格特质会带领个体开放地接受外界世界，与他人相处得更加融洽，并在工作中使自己更高效，在生活中更幸福。积极人格会促使个体内部形成一种追求幸福的内驱力。在这种内驱力的驱使下，个体会更加追求自我实现，使自己更幸福。

第五，积极人格引导个体采取更多积极的行为。每当个体的行为表现出积极人格特质时，周围的人感受到这种积极人格特质后会被感染，也会采取一些积极的行为，而不是感到自己的积极人格特质被削弱。

第六，积极人格是可以被培养和开发的。只要通过一定的引导、训练和干预，可以达到培养积极人格的目的。①

二、中国传统文化对当代大学生人格塑造的启示

正确对待自己，是正确对待他人、正确对待社会、正确对待自然的基础。而一个人的人格高下，又是通过如何处理与他人、社会及自然的关系中体现出来的。中国传统文化在处理人与自我、人与他人、人与社会、人与自然的关系方面，不乏真知灼见，值得我们学习、借鉴。

（一）吸收人格独立精神，处理好人与自我的关系

人与自我的关系，是一个人格塑造的问题。人格也就是古代人所说的人品。什么是具有高尚人格的人，怎样才能达到和保持高尚的人格？孔子强调人人应具有独立的意志与独立的人格。孟子认为高尚的人格，就是始终如一地坚持自己的原则，在任何情况下都决不动摇。庄子认为圣人应具有不受任何环境影响的独立精神和自主精神，并提倡超越自我，与天地同在。这些学说对后世产生了深远的影响。中国传统文化中的人格独立精神给予我们中华民族以深远的影响。历史上许多仁人志士，都发扬了人格独立精神。他们在人生旅途中，坚持不为名利所诱，不与黑暗势力同流合污，表现出了难能可贵的高风亮节。今天我们要用祖先留给我们的人格独立精神塑造当代大学生的高尚人格。实践证明，人格的完善与否对一个人的立身做人至关重要。有

---

① 于骞. 大学生积极人格培养研究[D]. 兰州：兰州交通大学，2013.

了高尚的人格，就能坚持做到"见利不忘其义""见死不忘其守"，就能抵制各种香风毒雾、灯红酒绿的诱惑。如果丧失人格、寡廉鲜耻，就必然丢掉做人的操守，就难免见利忘义、见财变节，乃至出卖人格国格，成为"跪着生"的可怜虫。

（二）吸收"爱人""和合"之道，处理好与他人的关系

在现实生活中，有的大学生常常难以正确估计社会对自己的要求以及自身应采取的方式，难以对周围环境作出恰当的反应，难以正确地处理复杂的人际关系，常常和周围的人甚至亲人发生冲突，缺乏责任感，甚至超越社会的伦理道德规范，做出扰乱他人、危害社会的行为。在指导当代大学生处理与他人的关系方面，我们应当批判继承中国传统文化合理内核，如儒家交朋结友、推己爱人的观念，道家的"上德若谷""为而弗争"的宽容精神，墨家的"兼爱博施、助人为乐"主张，法家的"依法共存、合法共荣"思想等将其自身的精华有选择、有目的地改造，整合到社会主义的伦理道德体系中，用以塑造当代大学生的人格。"仁"是孔子学说中的核心思想，孔子对"仁"作过许多解释，如《论语》中的"己所不欲，勿施于人""克己复礼为仁""樊迟问仁，子曰：'爱人。'""非礼勿视，非礼勿听，非礼勿言，非礼勿动"。孔子的"爱人"主要讲做人的道理，讲处理人与人之间的关系，从道德观念来讲，孔子要求人们说话做事，要合乎礼仪，待人接物要有礼貌，要约束自己，将心比心，推己及人，这是有积极意义的。"仁者爱人"的思想，体现在行动上要"己所不欲，勿施于人""己欲立而立人，己欲达而达人""躬自厚而薄责人"。老子的"上德若谷""为而弗争"是宽容和合之道。他认为人的胸怀要像空旷的山谷一样，化育万物，包容一切。主张对人应一视同仁、平等施予、相互包容、和平共处。而要想宽容共处，就要"为而弗争"。道家的智慧对于我们现实社会人际关系的调整，对于遏制恶性竞争、极端私欲都有重要的指导意义。

（三）吸收"尚公"精神，处理好人与社会的关系

中华民族历史上的尚公精神，有助于塑造当代大学生高尚人格。我们的先人十分重视整体利益，主张"公而忘私、国而忘家"。早在先秦时期，先贤们就提出"以公灭私""夙夜在公""天下为公"等尚公观念。其共同点就是强调以公义战胜私欲，要求社会成员为整体的利益而无私奉献。此后，爱国观念日益成为中华民族的普遍精神。如屈原的以死报国，范仲淹的"先天下之忧而忧，后天下之乐而乐"，顾炎武的"天下兴亡，匹夫有责"，文天祥的

"留取丹心照汗青",都是真挚炽烈的爱国主义精神的光辉体现。这些关心社稷民生、维护民族国家独立的爱国主义情怀,是我们民族的浩然正气,是塑造当代大学生高尚情操、美好品行的精神财富。

(四)吸收"天人合一"的思想,处理好人与自然的关系

现代生态伦理学拓展了伦理道德关系的领域,它认为不但人与人、人与社会的关系具有伦理性质,而且强调人与自然的关系也具有伦理道德性质。在人与自然关系的问题上,中国传统哲学一直重视"天道"与"人道""自然"和"人为"的探索。老子说:"人法地,地法天,天法道,道法自然。"强调人要以遵循自然规律为最高准则。宋儒张载继承了这一思想,提出了"天人合一"思想,认为人是自然界的一部分,要保持自然和人类的和谐。这些思想对当今人类来说尤为重要。由于人类以往无节制地利用和破坏自然生态,我们的地球正面临严重的生态危机,水土流失、土地沙漠化、环境污染、温室效应、臭氧层空洞等时刻威胁着人类。中国传统文化的生态伦理思想可以启发我们重新认识人与自然的关系,指导大家从道德伦理的高度来认识人与自然和谐相处的重要性与必要性,从而自觉地维护自然生态平衡。

历史是不能割断的,现代是传统的延续和超越。毫无疑问,当代大学生的人格塑造必须以社会主义、共产主义思想为核心,以集体主义为基本原则,在此基础上,积极开发中国传统文化的思想资源,并将其提升到现代水平,这对塑造当代大学生的高尚人格具有重要的现实意义。[①]

三、高职生积极人格特质的发现与培养

积极心理学家通过对特质的研究,建立起了一个完整的人格系统——人格优势的价值实践分类系统(VIA),包括人类本性中的六大美德,即智慧、勇气、仁慈、正义、节制与超越(对于任何个体而言,完善人格的塑造和生命意义的达成都需要具备这些美德)。六大美德分别对应人格中的 24 种人格优势,这些具体的人格优势是个体获得美德的途径。高职生情商教育过程中应借鉴积极心理学中有关积极人格特质的理论,发现、培养高职生的积极人格特质。

首先,发现高职生身上的积极特质。

积极心理学认为人人都具有巨大的潜能,都有追求自我实现的需要,都

[①] 吴寿松.中国传统文化与当代大学生的人格塑造[J].高教论坛,2005(3):52-55.

有整合自己的力量去克服困难的能力,因此,情商教育的目标不是发现"学生的问题",更不是发现"问题的学生",而是发掘高职生自身具有的优势和潜能。情商教育工作者应抱着积极的人性观,对高职生要有足够的爱心、宽容心和信心,尤其是当高职生身上存在严重的不良品行时,仍要以发展的眼光、积极的态度对待他们,相信他们有改善自我的积极愿望和潜在能量。教育者应当丢掉工作中那种简单、直接的,以反复提醒、批评惩戒为主的教育方式,而是采用理解、接纳、欣赏、说理、赞美等更加人性化和科学化的方式方法;应该善于给高职生贴上"积极的标签",而不是"消极的标签",让高职生在意识中按照"积极标签"的方向去塑造自己。

情商教育者不光自己要善于发现高职生的积极特质,同样也要善于引导高职生发现自身所具有的积极人格特质、积极力量。高职生非常希望得到别人的认可,希望老师、父母、同学都爱他,但是自己却不能无条件接受自己,或多或少对自己有很多不满的地方。这些学生往往是没有发现自己的优势,更谈不上珍惜自己的优势。还有的学生在自我认识的过程中给自己贴上消极的标签,于是通过不断的心理暗示和潜意识的作用,真的就塑造了消极的自我形象。相反,如果能接纳自我,给自己贴上积极的标签,那么就可能塑造另一个积极的自我。

其次,培养高职生积极的人格特质。

积极的人格特质是人身上固有的,然而有的积极特质是潜在的、难以察觉的。如果不去发掘开发这些积极的人格特质,那么这些优秀的品质最终不会显露出来,也不会给你的生活带来意义。正因为它的潜在性,高职生积极的人格特质"培养"更是需要用心去经营。作为情商教育者,就要善于利用教育资源以及教育艺术去培养高职生的积极人格特质。比如培养诚信、爱、宽恕、感激等积极的人格特质,可以组织开展针对高职生的有关这方面人格特质的主题活动,包括心理讲座、社会实践体验、辩论赛、作品表演等,在这些活动中真正感受到人格特质的力量,以及积极人格力量给人带来的快乐、幸福和安宁。除了情商教育者的培养,高职生自身也应该有意识地去培养自己的积极人格特质。比如培养"感激",可以每天记录一下你说"谢谢"的次数,并试着在这一周内增加说谢谢的次数;比如写感恩信并寄出去(有的学生理所当然地享受别人的关心,而不懂得心存感恩,如对亲人、朋友)。比如培养"爱",可以跟你最好的朋友一起做他或她最喜欢做的事情;可以给你所爱的人写一张便条,把它放在显眼的地方,表达你的关心。积极品质的培养其实并不需要你经过多少的考验和磨练。生活中的点点滴滴只要用心就可以轻易获得。高职生还有许多其他的优秀品质,这需要情商教育者和高职生自身用心去挖掘、去体验，从生活中来，到生活中去。

　　积极原本就是人类固有的本性，在个体内心深处包含着对于尊严、品德、人生目的和生活意义的追寻。当前，高职生思想主流仍然保持着积极、健康、向上的良好态势，以"95后""00后"为主体的高职生与党中央保持高度一致，表现出了高度的政治觉悟、严密的组织纪律性和强烈的爱国热情。他们能自觉学习，提高能力，注重修养，塑造品格。我们要善于引导他们完善自我意识，以自我设计为前提，以自我奋斗为途径，以自我控制为条件，以自我实现为目的，着力于挖掘和培植高职生的积极品质——仁爱、责任、诚信和工匠精神。

　　仁爱是一种心理自觉，是一种基于"性相近"的自然本能引申出的天然关怀，也是现代道德教育的重要内容。在市场经济条件下提倡仁爱尤为重要。英国古典经济学理论的奠基者亚当·斯密在其《道德情操论》中指出，应该"设身处地在别人的情境中看待我们的所作所为"，"爱人如爱己的教导是最伟大的道德律"。可以肯定地说，现代大学生并不缺少仁爱的良知，也不乏仁爱的能力，问题是他们如何表达自己的仁爱，在多大程度上表现了自己的仁爱。更广泛更深刻的仁爱精神的培育仍然是时代对高职生的基本要求，"入则孝，出则弟，谨而信，泛爱众，而亲仁""老吾老以及人之老，幼吾幼以及人之幼"等古老的伦理道德格言依然需要现代意义上的弘扬。

　　早在1972年，联合国教科文组织就在《学会生存》这一报告中确定了教育发展的方向之一，是使每个人承担起包括道德责任在内的一切责任。1989年，该组织将"面向21世纪的教育"国际研讨会的主题确定为"学会关心"，呼吁一种道德关怀与道德责任。部分大学生过多地关注自我、责任意识流逝是不争的事实：将本该自己承担的责任转移给他人是当代大学生责任感缺乏的重要表现；用生命做赌注以逃避责任，则是大学生缺乏责任感的极端表现。然而，他们的社会责任感在某些维度上又是如此地张扬，以徐本禹、洪战辉、李春华等为代表的大学生事迹足以感动中国！在对大学生的责任教育中，我们要着力强化责任意识，完成责任从他律性到自律性的飞跃，使他们自觉地服从责任；从承担起最低限度的责任做起，自觉地、主动地、积极地、负责任地承担责任；逐渐向更高境界的享受责任发展，体验履行责任的快乐、愉悦与满足。

　　诚信缺失几乎成为当代中国大学生最严重的道德问题——考试作弊、论文剽窃、拖欠贷款、寝室内盗、简历注水等，林林总总，不一而足。大学校园正在遭遇一场诚信文明危机。诚信的确立需要自身内在修养的不断加强和积累，但有时也需要制度来约束。因此，要建立大学生诚信行为的唤醒机制和保证机制,加大诚信教育宣传力度,树立正面引导;从早抓起,从新生入学开始,常抓不懈,制订分阶段的诚信教育计划并加以实施,应将诚信教育渗透到教学活动中;开展诸如主题班会、征文演讲、辩论、诚信名人报告会等形式多样的诚信教育活动;建立大学生诚信档案,将其与评优评先、推荐就业、申请入党、干部晋升等挂钩;建立健全监督机制,设立举报信箱和投诉站,揭露与处理不诚信言行……

　　工匠精神是指工匠对自己的产品精雕细琢的精神理念,其内涵就是精益求精,注重细节,严谨专注,精致专一,在"品质从99%提高到99.99%"的极致追求中努力求索。职业教育在人才培养上应加入"工匠精神"教育,从学生接受职业教育开始,就应该让工匠精神扎根心中。① 将工匠精神融入专业基础课程教学。高职专业基础课程应根据岗位的工作任务,奠定专业核心学习领域课程的厚实基础。课程设置力求做到高等教育不缺位、高职教育不错位,形成精练、实用的课程体系。② 提升专业技能,养成工匠精神。高职院校学生的就业方向是企业生产、建设、管理和服务一线,必须具有高素质、高技能。学生的专业技能主要通过学习专业基础课程和参与学校、企业实训实践而来,专业基础课程应以岗位工作任务为依据,以项目导向、任务导向为原则构建教学内容,开展"教学做"一体化的教学活动,并重视通过校企合作、工学结合、顶岗实习等人才培养模式改革来培养和提高学生的专业技能,使学生在实际的专业技能学习中逐步养成工匠精神。③ 培养敬业精神升华工匠精神。高职学生必须树立主人翁责任感、事业心,追求崇高的职业理想,培养认真踏实、恪尽职守、精益求精的工作态度,力求干一行、爱一行、专一行,努力成为本行业的专家,并以正确的人生观和价值观规划和调整职业行为,将对职业的热爱,转化对工作的精益求精,进而升华为工匠精神。①

---

① 吴娟. 论工匠精神与高职学生职业素养的培养[J]. 人才资源开发,2016(5):178.

第七章
积极心理学视角下高职生情商教育的路径选择

教育是一个系统工程，需要各个方面的共同努力、协调配合才能完成。家庭、社会、学校、个人，任何一个环节出现问题，都会影响到整个教育活动的效果。家庭教育是基础环节。作为父母，要以身作则，以自己积极良好的情商行为来教育、培养子女。社会要为学生的健康成长营造一个良好的情商教育环境。学校应积极引导学生认识情商、重视情商、学习情商、提高情商水平，成长为社会主义事业优秀的、可靠的接班人。学生要在认识自我中了解情商，在悦纳自我中培养情商，在完善自我中升华情商。

第一节 发挥家庭教育的基础作用

家庭是高职生健康成长的坚强后盾和精神支柱。家庭教育在高职生成长过程中起着重要作用，家庭教育的效果决定着高职生世界观、人生观和价值观的形成和取向，是整个教育体系的基础。目前，高职生的家庭教育存在一些不利于高职生情商教育的因素，父母或家庭成员应当采取相应措施，优化高职生情商的家庭教育建设。

一、转变家庭教育观念方式

正确的家庭教育观念和方式对高职生的全面发展具有重要指导作用，而当代高职生家庭教育中普遍存在的是"知"和"行"两方面的误区："知"的误区在于认为物质的满足是对高职生最好的关爱方式，"行"的误区则在于教育过程中对高职生采取专制型、权威型、放任型、溺爱型的家庭教养方式，并将高职生的教育重任全部寄托于学校。这些家庭教育的误区给高职生的情商提升带来一定的消极影响。因此，父母应转变家庭教育观念和方式，达到知行统一，使家庭教育在高职生的情商培养中起到重要作用。

（一）转变家庭教育观念

家长作为高职生身心发展的指导者和引导者，更加熟悉孩子的个性特征，因此，家长应不断吸取和学习先进的教育理念，形成正确的教育观，并且在日常生活中有针对性地对高职生进行个性化的教育，引导高职生全面健康发展。家长不应仅仅把智商作为个体素质高低的衡量标准，还要树立正确的人才观，把处事能力、实践能力、受挫能力、合作意识等作为高职生情商培养的目标。家长要更多地关注高职生的内心世界，培养高职生自尊、自信、自立、自强的良好品质，把他们同孩子成人成才紧密联系起来，使之适应社会发展的需要。

（二）转变家庭教育方式

有目的、有意识的家庭教育方式有利于高职生身心和谐发展。实践证明，民主型的家长能以平等、对话的方式与孩子进行交流沟通，建立起相对民主、和谐的关系氛围。同时，家长还要适当地给孩子一些吃苦、受挫的机会，因为每一段受挫的经历都是对孩子意志的磨练。家长要教会他们如何在逆境中坚持拼搏，将挫折转化为人生的财富。正如苏联著名教育家马卡连柯所说："适当的惩罚，不仅是一个教育者的权利，也是一个教育者的义务。"

二、逐步完善家庭自身建设

（一）提高家长自身修养

"父母是子女的第一任老师。"父母的言行举止和为人处世的态度会对孩子产生潜移默化的影响。如果家长知识水平不高，素质较差，特别是情商较低，就会阻碍孩子综合素质的提高。正如法国思想家卢梭所说："你要记住，敢于担当培养一个人的任务以前，自己就必须是值得推崇的模范。"家长要重视自身建设，也就是在日常生活中给孩子树立良好的榜样，用独特的人格魅力和积极向上的心态塑造孩子、感化孩子，以达到情商教育的目的。具体来说，首先，家长应时刻把子女的教育问题放在第一位，充分认识到家长对子女的重要性，要主动自觉地承担教育孩子的责任，关心孩子的健康成长。其次，要主动学习各种知识和家庭教育理论，做学习型家长，尤其注意学习有关情商教育方面的知识，针对孩子的特点采取恰当的教育方式，提高思想道德修养、文化素质和心理素质，进一步提升情商教育水平，增强家庭教育的实效性。

（二）加强家庭环境建设

家庭环境对高职生个体的发展具有不可忽视的作用。首先，优化家庭物质环境。家庭物质环境即家庭生活条件，包括家庭的经济状况和与此密切联系的居住条件、生活设施等。家庭物质生活条件是家庭生活的物质基础，是高职生生存和发展必不可少的前提，也是高职生接受教育所依赖的基础。因此，要科学合理地利用家庭现有的物质生活条件，尽量为高职生创造一个舒心的物质环境。其次，优化家庭文化环境。家庭文化生活影响家庭的幸福和高职生的成长和发展。家长是家庭文化的创造者和传播者，承担着优化家庭文化环境，建设健康、文明、积极的家庭文化环境的重要责任。家长应建立健康文明的家庭生活方式，形成与时代主流相融合的家庭舆论，树立积极的家庭教育观念，努力营造一个与现代社会相适应的家庭文化环境。再次，优化家庭心理环境。家庭不仅是一个生活场所和文化实体，而且还是心理的归宿。家庭心理环境是个体心理的"减震器"，它影响高职生的发展和家庭教育的效果。民主和谐的家庭氛围有利于高职生获得安全感，形成独立的品质和良好的情绪，有利于家庭教育影响的发挥；而专断紧张的家庭氛围会使高职生感受不到家庭的温暖，导致严重的心灵创伤。因此，优化家庭心理环境，必须建立团结合作的家庭关系，营造和谐温馨的家庭氛围，保持合理适中的教育期望，正确处理家庭冲突。

（三）建构家庭教育体系

完整的家庭教育体系能科学规范地培养高职生的情商。首先，家庭教育资料规范化。家长必须首先了解孩子的身体状况、学习情况、个性特征和心理情况等，设立情商成长档案，每周或每月及时地关注孩子的情商状况，以便对症下药。同时，家长还应学习和借鉴国内外优秀的家庭教育观念，以民主和谐的家庭教育理论为指导，使家庭教育资料科学化和规范化。其次，家庭教育运作科学化。以家庭情商教育档案为基础，以增强高职生的情商水平为目标，使高职生在家长的监督和激励下及时地了解自身情商状况，定期回顾与反思，从而形成一套比较规范的情商教育机制，实现家庭教育运作的科学化，使家庭教育的运作处于和谐统一的良好状态。再次，家庭教育赋予情感化。父母与子女之间有一种无法割舍的感情，有些高职生进入大学，远离父母，在情感上与父母一时难以割舍；有些高职生则出现"情感荒漠化"，漠视他人、漠视情感乃至漠视生命，造成很多"无语家庭"。而父母对子女真正的关心不仅是物质上对子女的满足，更重要的是情感上的支持和心灵上的沟通。因此，家长应采用适当的情感教育方法，与子女之间建立民主平等的关系，以对话的方式引领孩子独立成长，关爱生命，关心社会，从而启迪孩子的心灵，丰富孩子的情感，升华孩子的情商。

三、构建家校联系沟通机制

在高职生的情商教育中，家庭、学校与高职生三者之间的相互沟通在高职生的和谐成长中起着至关重要的作用。由于家庭所在地与学校之间有一定的距离，家庭与学校之间容易出现沟通不畅、联系不足的情况，出现"学生不愿说，学校不会管，家长不去问"的教育真空状态。所以，家长和学校应该在互相尊重、互相支持、互相配合中实现家校互动。

第一，家长应主动咨询高职生的辅导员（班主任）和任课教师，更多地了解高职生在大学期间的学习和生活等各方面的情况，通过家长与老师有效的沟通，悉心听取老师反馈的学生情况，共同探讨培养高职生情商素质的有效方法和途径，达成一致的教育理念，从而避免高职生只会埋头读书，只注重技能培养而忽视情商提升。

第二，家长还可以参与由辅导员、班主任和家长代表组成的具体负责高职生家庭教育指导和协调工作的家庭教育委员会，共同商讨高职生情商存在问题的解决方法以及未来的发展方向，并参与学校教育和管理工作，尽自己所能帮助学校解决一些问题和困难，从而发挥家庭与学校的纽带作用，使家庭教育与学校教育形成高职生情商教育的合力。

四、提高家庭的社会化程度

家庭社会化是指在家庭与社会相互作用过程中，家庭成员接受社会教化并对自己的心理和行为产生影响，使自己能够适应社会，成为一个合格的社会成员的过程。每个人都要经历一个由"自然人"到"社会人"的社会化过程。在这个过程中，一个家庭的社会化功能实现得越好，家庭成员就越能在自己扮演的社会角色中获得成功，就越能在社会关系网络中体现自己的社会价值。

（一）尽可能地改善家庭的社会经济状况

家庭经济条件的优劣对高职生的人生观、价值观和学习观会产生重要影响。条件优越的家庭可以更好地获得接触社会的机会和更多的社会信息，在处理社会问题上也会表现出更大的自信心和更强的能力。而家庭条件贫困的高职生容易产生不稳定的情绪，易受外界环境影响。因此，家长应尽可能地改善家庭的经济环境，为高职生的发展提供良好的物质基础。

（二）建立尽可能地加强家长自身的社会化程度

家长自身的社会化程度是整个家庭社会化程度提高的关键，是实现高职生情商教育的基础。它影响着家庭成员的道德观念和社会意识，对高职生的心理健康和社会交往能力的形成有至关重要的作用。在家庭社会化过程中，家长应主动学习社会知识，自觉遵守社会规范，学会扮演各种社会角色，深刻理解社会意识，为家庭成员的社会化树立榜样。

（三）尽可能地实现家庭与社会的良性互动

提高家庭的社会化程度，就要逐步加强家庭与社会的接轨，尽可能让家庭获得公共资源利益的最优分配，就是要坚定正确的政治方向，积极行使国家赋予的公民权利，积极参与到国家的政治生活中来，提升家庭的社会地位；要发扬集体主义精神，为社会多作贡献，实现家庭的价值，得到社会的尊重与认可；利用自然资源与人文景观、社区设施、大众传播媒介等社会资源实现家庭与社会的互动。

第二节 发挥学校教育的主导作用

学校是系统指导和培养受教育者的专门机构，高等学校的基本职能是培养高级专门人才。高职生正处在走向心智成熟的关键时期，高校作为情商教育的主阵地，对高职生情商的培养起着至关重要的作用。发挥学校教育的主导作用，需要高职院校"树立现代情商教育理念、保证课堂教学中心地位、丰富情商教育课外活动、架构多元情商评估体系"。

一、树立现代情商教育理念

理念是实践的先导，没有现代教育理念的指引，就不会形成有效的情商培养机制和体系。现代教育理念注重培养学生健全的人格，重视学生的情商教育，强调学生的和谐发展。树立现代教育理念是高职生情商教育的前提和基础，只有树立现代情商教育理念，统一思想，才能全方位调动各种因素，形成有利于情商培养的环境。这就要求学校管理人员、教学人员和学生树立现代教育理念，全方位形成高校情商教育的浓厚氛围。

（一）学校管理人员要树立全面协调发展的现代教育理念

管理人员首先要认识到，在当今机会日益均等、竞争日益激烈的时代，情商的高低已经成为学习、事业、生活成败的关键。具备较高的情商已经成为21世纪社会对人才的基本要求。学校的发展要以高职生的全面发展为根本目的，不断满足高职生全面发展的需要，协调学校各项工作，重视高职生的德育和心理健康教育，并在素质教育思想的指导下加强学校人文建设，培养高职生的健全人格和文化素养，把情商教育置于学校教育的框架体系中，建立并完善促进高职生情商培养的科学规范的制度，加快构建有利于高职生全面发展的和谐校园氛围。

（二）教师要树立以人为本的现代教育理念

以人为本的现代教育理念就是要摒弃过去以知识为本、以基本技能为核心的教育理念，向以学生发展为本，关注高职生的学习、情感、价值实现等全面发展转变；就是要在教育教学中建立平等民主的新型师生关系，尊重高职生的主体地位，激发高职生的积极性和创造性，做到因材施教；就是要注重对高职生的人文关怀，培养他们健全的心智，成为适应现代社会需要的高情商人才。

（三）高职生要树立以创新为核心的可持续发展的现代教育理念

高职生作为学校的主体，必须转变学习观念，认识到现代社会需要创造创新，终身学习。因此，高职生不仅要掌握扎实的学科知识，还要关注自己的兴趣爱好、认知结构、行为习惯以及身心的和谐发展。在现代社会，学习贯穿于人生的始终，学习不再只是学校里的事情，而是在人生的各个阶段需要持续坚持的事情。所以，高职生需要树立终身学习的观念，培养学习的主动性和积极性，通过不断学习新知识，树立积极的人生观和价值观，塑造高尚的健康人格和健全的心智，以提高创新能力和可持续发展能力。

二、保证课堂教学中心地位

随着我国教育改革的不断推进，学校教育已经由过去单纯传授知识逐渐转向注重人的思想道德、智力能力、健康人格以及情绪智力等的全面发展。其中，情绪智力在整个学校教育中占有重要地位。在学校教育中，课堂教学是传授知识和技能、加强师生情感交流的主阵地，高校情商教育必须保证课堂教学的中心地位，充分将情商教育渗透到大学课堂的方方面面。以教学计划为先导，以心理健康教育和情商教育课为基础，以各门具体学科为载体，注重教师的引导和教学方法，将情商教育纳入学校的正规教育中。

（一）融"情"于计

融情于计就是将情商教育列入教学计划，纳入正规教育之中。美国的情商教育是以"自我训练班"的形式把情商纳入正规教育中的，"自我训练班"开设"社会发展""社会与情感课程""人生技能""个人智能"等课程，以此引导学生体验人际互动和社会生活。高职院校可以开设专门的情商教育课，系统讲解情商理论知识以及实际应用，教育高职生学会自我反省、自我完善，使高职生在发挥团队协作精神的同时建立良好的人际关系。此外，情商教育课还可以开设社交礼仪课，以提高高职生的情绪自控力和公关社交能力。良好的情绪自控力可以培养高职生的社会责任感、诚实守信、洞察力、忍耐力等品质，良好的社交能力则是建立稳固社会关系的最基本要素。

（二）以知传"情"

以知传情就是以课程为载体，把情商教育纳入课堂教学中。课堂教学在情商教育中处于主导地位，它是对高职生进行情商教育的有效途径。课堂教学应在坚持高职生主体地位的基础上，充分发挥教师的榜样引导作用，做到课堂教学中处处有"真情"。首先，教师应当认识到情商教育的重要性，注意提高自身的情商水平，不断充实和更新教育知识，树立高尚的人格形象，通过言传身教和人格魅力影响学生身心健康发展。其次，高职生是课堂教学的主体。课堂教学应激发高职生的主观能动性和主体参与意识，提高高职生的创新能力和创新精神，根据高职生的个性特点采取相应的教育策略，做到因势利导、因材施教。最后，在课堂教学中开展研究性学习，以互动形式调动高职生学习的积极性，提高高职生的专业素养和团队协作精神，在"平等对话、沟通发展"的氛围中学习知识、交流感情、启迪心智，实现教学相长。

（三）施"情"于教

施情于教就是通过心理健康教育课、思想政治理论课等显性课程达到情商教育的目的，以引导高职生最大限度地发挥积极性，激发潜在的心理优势，提高认识问题和解决问题的能力。具体来说，首先，要发挥心理健康教育课的优势，培养高职生积极乐观的心态和昂扬的精神面貌，使其能够从容应对挫折和困难、压力与烦恼，妥善调控自身情绪。其次，要重视发挥思想政治教育课的优势。思想政治教育是要把受教育者培养成为符合社会需要的政治、思想、道德和心理统一协调的高素质人才。具体来说，要发挥党团组织、班主任、辅导员、班干部等思想政治教育主体的模范带头作用，坚持以人为本，尊重高职生的主体地位，注重高职生的全面发展，教育高职生坚定社会主义立场，树立远大的理想信念，增强社会责任感和使命感，努力做好社会主义的建设者和接班人，达到心智的和谐统一。

三、丰富情商教育课外活动

情商教育除了需要发挥课堂教学的主导作用外，还需要创设新型情商训练计划，拓展情商教育有效的课外形式，提升高职生的情商水平。

（一）加强对高职生的人文关怀和心理疏导

心理咨询机构在高职生情商教育中占有重要地位，开展情商训练计划必须重视和利用心理咨询机构灵活多样的优势，依靠高素质、专业化的心理咨询专家队伍，对高职生关心的问题，如学业问题、就业问题、人际关系问题、恋爱问题等进行系统和专业的讲解；通过讲座等形式宣传和普及情商理论知识，使高职生认识到情商的重要性；借助心理咨询机构搭建的平台，举办"阳光社交""认识陌生人"等活动，让高职生在活动中锻炼自己的情商，提高自己的情商水平。心理咨询机构的重要作用还在于可以对有心理障碍和心理疾病的高职生进行有针对性的指导，及时矫治他们存在的心理问题和情绪问题，塑造他们的人格，并在定期心理测评中及时了解高职生的心理动态，针对他们的情商状况提出训练方案，实现对高职生的人文关怀和心理疏导。

（二）开展适当的挫折教育，锻炼高职生坚强的意志力

挫折教育旨在锻炼高职生坚强的意志和百折不挠的精神，增强承受挫折的能力，提高处事能力，从而不断完善自我、适应生活。卡耐基说过："苦难是人生最好的教育。"古今中外大量事实说明，只有经历过挫折的人，视野才会开阔，灵魂才会升华，人生才会成功。开展挫折教育，首先，要树立正确的挫折观，提升高职生挫折认知水平。英国心理学家布朗曾说过："如果没有任何阻碍，一个人便会继续保持其平庸、愚蠢、无想象力。而'挫折可能产

生鼓舞的效果，成为促进人上进的力量'。"挫折可以激励高职生们朝着更加实际的目标努力拼搏和积极进取。其次，要引导高职生建立积极的自我防御机制，增强挫折免疫力。转移、升华、合理化、补偿、幽默等积极的自我防御机制可以有效帮助高职生减轻心理压力，度过心理难关，防止精神崩溃，降低挫折感，从而养成自信乐观、坦诚豁达、坚韧不拔的良好品质。再次，要创设一定的挫折情境，磨练高职生的挫折容忍度。人为地制造和创设一定的挫折情境，引导高职生从具体的情境中寻找解决挫折的方案，是磨练高职生的挫折忍耐力和增强适应能力的有效形式。但挫折情境的创设要注意讲求"度"，要因人而异，采取不同的挫折训练方案，这样才能对症下药。最后，要积极开展挫折实践活动，培养高职生的实践能力。挫折实践活动是挫折教育最真实、最有说服力的形式，它可以使高职生在社会这个大课堂中增长见识，开阔视野，增强社会适应能力。挫折实践活动的形式可以是组织高职生参加丰富多彩的志愿者活动，组织他们到贫困地区实地考察，到名企实习，让他们"自找苦吃"，真正体验生活，回味生活，在挫折中培养自己的坚强意志。

（三）开展职业生涯规划教育，提高高职生就业竞争力

当今，社会竞争日趋激烈，社会需要的是德才兼备的人、具有国际视野和眼光的人、富有团队精神的人、身心和谐发展的人、具有自主创新能力和发展潜力的人、具有高情商的人。情商在求职就业中起着重要作用。微软亚洲技术中心总裁唐骏招聘员工时，最看重的是新人的逻辑思维、价值观、精神状态等。据国外职业发展专家研究，要做好自己的工作，必须遵循一个 TOP 法则：T（Talent）即工作能力；O（Organization）即工作是否能给企业带来效益；P（Passion）即工作热情。因此，开展职业生涯规划教育，提高高职生的情商素质是非常必要的。职业生涯规划教育就是有计划地引导和帮助高职生根据自身条件，确定适当的择业目标，筹划职业生涯道路，并做好培训、教育和规划职业的全过程。开展职业生涯规划教育不仅仅是为了帮助高职生找到一份理想的工作，更重要的是帮助高职生挖掘自身潜能，提高应对竞争的能力，增强自我调适的自觉性，学会处理自己与他人、环境之间的关系。高职院校职业生涯规划教育应贯穿大学的整个阶段，引导高职生在刚入学时就进行职业生涯规划，帮助他们设定短期、中期和长期的人生规划，并根据个人的兴趣爱好和专业特长，做好充分的知识储备和心理准备。此外，高职院校还要给高职生搭建就业平台，及时将有价值的信息传递给高职生，将合适的毕业生推荐给用人单位。同时，高职生应主动增强危机意识和忧患意识，

学会自我推销，敢于竞争和创新，勇于开拓进取，这样才能脱颖而出，胜任未来的职业。

（四）加强高职生社会责任感训练，实现社会价值与个人价值的统一

社会责任感是指社会群体或者个人在一定社会历史条件下形成的为了建立美好社会而承担相应责任、履行各种义务的自律意识和人格素质。社会责任感教育是高职生情商教育的重要内容，它要求高职生敢于对自己负责、对他人负责、对社会负责，增强把个人价值与社会价值统一起来的责任感和使命感。具体来说，首先要提高高职生对社会责任的认知水平，强化高职生的社会责任意识，加强人生观教育和形势政策教育。其次，要教育高职生增强法制观念，遵守社会规则，规范约束自身行为，从而自觉履行公民的权利与义务。对有责任感的高职生典型和榜样，要及时激励和表扬，对缺乏责任感的行为，要给予严厉的批评和惩罚。

四、架构多元情商评估体系

评价具有导向、激励、监督和调节等功能，是实践活动必不可少的组成部分。在情商教育中，只有通过评价和评估，才能衡量教育质量的好坏，才能判断教育目标的实现程度。开展公正客观的多元情商评价，是判断高职生情商状况、衡量高职生情商水平、促进高职生全面发展的重要途径，是检验教育成果的实效性、确定情商教育方案的重要依据。公正客观的多元情商评价有利于高职生不断完善自我，妥善管理自己和他人的情绪，建立和谐的人际关系。因此，在高职生情商教育中，架构一套多元情商评估体系至关重要。

（一）确立科学的情商教育评估体系原则

理念和原则是行为的向导，能够指引前进的方向，因此，情商教育评估体系应遵循客观性、全面性、主体性和发展性原则。具体来说，应认清高职生情商水平的客观现状，多层面、多维度、多视角评价高职生的实际情况；做好评估过程中各环节之间的相互衔接和相互配合，保证情商教育评估的顺利开展；坚持以人为本，遵循高职生的身心发展规律；注重培养高职生的创新能力和持续发展能力，以动态、发展的眼光看待高职生的情商。

（二）建立情商教育评估指标体系，明确情商教育评估内容

建立高职生情商教育评估指标体系要从物质层面、思想层面、管理层面、

绩效层面全方位考虑，还要结合情商的内涵，从自我维度和他人维度设立总体目标，并分层次设立各级能力指标，明确情商的内容和特征，包括自我认知能力、移情能力、挫折承受能力、情绪调控能力、人际交往能力等。只有明确了情商教育评估的内容，才能了解高职生的心理倾向和行为特征，分析和重点解决高职生情商最薄弱的环节，并发展其优秀品质。

（三）完善高职生情商教育评估体系的方法和手段

很多高校和用人单位衡量高职生情商水平的重要评估方法就是设置能够显示高职生情商素质的一组评价题目，通过评价量表的形式，反映高职生的情商水平和情商变化情况。架构多元情商评估体系还要完善情商教育评估手段，拓宽评估渠道，使学生、教师、家长、学校和社会的力量都参与到评估过程中，然后参考他们对高职生的评价，实行定性与定量相结合的评价方式，运用激励机制营造积极上进的氛围，提高高职生的自我激励能力，调动高职生学习和生活的积极性。

第三节　发挥社会教育的辅助作用

当今社会越来越注重高职生的社会实践能力、社会交往能力和社会适应能力。高职生情商的培养离不开家庭和学校的重要作用，也离不开社会这股不可替代的教育力量。强有力的社会教育有助于高职生"社会化"，有利于培养高职生参与社会的能力，成为高职生情商教育的根本途径。发挥社会教育的辅助作用，需要努力营造良好的社会氛围，充分运用社会媒介的力量，发挥公众人物的示范效应。

一、努力营造良好的社会氛围

每一个人的培养和教育都离不开社会环境和社会氛围的影响，高职生的情商教育更是如此。高职生在良好的社会氛围中可以恰当处理自己与他人、社会之间的矛盾和冲突，促使人际关系良性互动，从而发挥积极性和主动性，增强社会责任感。因此，要营造和谐的社会氛围，为高职生情商教育提供有利的环境。

(一)践行社会主义核心价值体系,把握正确的舆论导向

党的十八大报告强调指出:"倡导富强、民主、文明、和谐;倡导自由、平等、公正、法制;倡导爱国、敬业、诚信、友善,积极培育和践行社会主义核心价值观。"这是党中央第一次对社会主义核心价值观的内容进行完整的阐述。从大的方面来讲,它是党中央对打造文化强国和提升国家软实力做出的重要部署;从小的方面来讲,它也是对社会主义核心价值体系的重要补充、完善和发展。社会主义核心价值观对我国大学生树立正确的世界观、人生观和价值观具有重要的参考和指导意义。因此,帮助高职生树立以社会主义核心价值观为基础的价值理念,是时代赋予高职院校的使命,也是时代赋予高职院校思想政治教育的重要使命。高职院校要牢牢把握正确的舆论导向,弘扬和学习时代主旋律,增强高职生的价值认同感,激励他们为国家多作贡献,实现社会价值和个人价值的有机统一,应通过各种形式的教育帮助高职生树立正确的世界观、人生观和价值观,特别是提高高职生在市场经济条件下对金钱和权力的抵御能力,引领高尚文明的社会风范,防止高职生走向犯罪的深渊。这样才能创造一个有利于情商教育的良好社会环境,把高职生培养成为对社会有用的人才。

(二)建立维护社会支持系统,增加社会支持的利用度

"社会支持是指一个人通过社会联系所获得的能减轻心理应激反应、缓解精神紧张状态、提高社会适应能力的力量。其中,社会联系是指来自家庭成员、亲友、同事、团体、组织和社区在精神上和物质上的支持和帮助。"①心理学研究表明,社会支持系统在人的可持续发展总能力的构成系统中占有非常重要的位置,它直接或间接地影响人的认知、情绪、情感、意志和心理健康等。越是高情商的个体,在遇到突发或紧张事件时,越愿意使用社会支持系统,提高社会支持的利用度。社会支持不仅可以缓冲压力所带来的负面影响,降低个人对突发或紧张事件的焦虑感和恐惧感,还可以强化对弱势群体的支持功能。所以,社会成员或团体等各种力量对高职生进行情商教育时,应坚持以人为本,加强人文关怀,针对高职生的个人特点和实际情况,在物质和精神上积极帮助高职生,在学习、就业和情绪等问题上引导高职生及时走出困境,让他们感受到各种社会支持给予的温暖和力量。

---

① 张惠敏.中学生情绪智力与社会支持及心理健康的关系[D].上海:上海师范大学,2005.

二、充分运用社会媒介的力量

社会媒介是指对人们的思想、行为和社会发展具有广泛而深刻影响的外部传媒环境，是受教育者联系社会、完成社会化的一种方式。作为社会教育的现代技术手段，社会媒介直接或间接地影响高职生的价值观念和社会关系的形成，它们在为高职生提供信息的同时，也会带来一定的负面影响。因此，党和国家要创设和优化有利于高职生情商教育的媒介环境，加快社会媒介的法制化进程，完善社会媒介监督机制和自律机制，防止媒介行为失范。同时，媒介从业人员要提高自身素养，把传播积极的信息和理念、树立正确的方向和舆论、提供健康的娱乐资源作为应尽的责任和义务，为高职生构建社会化活动的良性平台。高职生要合理运用社会媒介，学会抵制不良思想的侵蚀，从而保证和谐健康的发展。

近年来，网络作为一种重要的社会媒介形式得到迅速发展，并逐步渗透到人们的生产和生活之中。网络的多元化、开放性等特征决定了信息资源的丰富性和新鲜性，影响着高职生的思想观念和行为方式。因此，高职院校必须牢牢把握网络教育的主动权，依据网络环境的特点加强高职生情商教育。首先，根据网络自身特点，开辟情商教育主题网站。网络信息获取的便捷性有助于高职生及时了解有关情商和情商教育的知识，因此，国家相关部门可以联合学校和社会网络教育，开辟专业的情商教育主题网站，登载有关情商教育的系统知识和实践案例，扩大其在高职生群体中的覆盖面，提高高职生对情商的认识，使情商教育在高职生群体中得到普及。其次，运用网络技术手段，控制和引导高职生的上网行为。国家相关部门应坚决取缔不健康网站，加强对不健康网络信息的监督和管理，减少高职生与不良信息接触的频率。再次，遵守网络道德是遵守社会公德的一部分。只有规范高职生的网络行为，才能维护文明和谐的网络环境。因此，要教育高职生既遵守网络道德，又要加强自身免疫力，提高判断是非的能力，自觉抵制不良信息，使他们明确知道应该坚持什么、反对什么，从而树立正确的价值观。

除了网络形式之外，其他社会媒介形式如电视、电影、新闻传播、标志性建筑物等都会对高职生的情商水平产生重要影响。这些影响既有显性的，也有隐性的。因此，国家要加大对这些社会媒介的监管，引导其把握正面的舆论导向。

三、发挥公众人物的示范效应

社会公众人物是指在社会某一领域内具有重要影响力和社会知名度，被人们所广泛知晓和关注，并与社会公众利益密切相关的人物。社会公众人物是社会关注的焦点，其言行举止对社会有很大的示范效应，直接影响着社会风气。公众人物知名度越高、影响力越大，其言论也越容易被人关注和效仿。一些公众人物口无遮拦，行无规矩，缺乏社会道德，只追逐个人利益，无视公众利益。于是，不良的言论广泛传播，势必形成一种舆论态势，从而影响社会公共利益。因此，社会公众人物要加强道德自律，注意自己在各种场合的言论并对其负责，要为高职生做出表率，用自己的公众名声推动社会的文明和进步。政府官员、著名企业家、明星等知名人士都是高职生关注和仿效的对象，当高职生遇到挫折和困境时，往往会模仿公众人物的言行和做法，但"问题人物"给社会带来的负效应要远远大于"榜样人物"的正效应。所以，社会要教育高职生不能搞盲目崇拜，为高职生树立正面典型，让高职生在积极向上的氛围中接受教育，提高思想境界和精神层次。比如，《感动中国》人物的评选，就是通过典型人物事迹的感召力量使人们在感动中受到心灵的启迪、感到精神的鼓舞、激发昂扬的斗志的。

（一）更新观念，完善高职生价值观教育方式

借助明星效应，情商教育应从更新教育观念入手，不再局限于课程、教材，而以提升教育效果为出发点。在教学过程中，教师应该充分认识到，每一个大学生因成长环境的不同，个人前期形成的价值观难免会出现与社会主义核心价值观相悖的现象，需要教师有针对性地进行个别化引导。

（二）合理利用新媒体，构建和谐的校园文化氛围

应充分发挥新媒体优势，将明星效应的正面影响及时传递给大学生，构建和谐的校园文化氛围。高职院校在进行价值观教育和引导时，应充分利用校内的广播站、宣传橱窗和各种团体活动，借助微信、微博、QQ等，深度挖掘明星效应的积极影响，将明星效应的特质与大学生价值观教育进行融合，让大学生在耳濡目染中自觉规范自己的行为，确立正确的理想信念。

（三）充分发挥大学生群体中的明星效应

在进行价值观教育时，高职院校应充分发挥大学生群体中的明星效应，引导大学生在追求遥不可及的明星的同时，尝试发现存在于校园内的各类"明星"。大学校园内不乏一些出色的校园小明星，例如考试第一、年年拿奖学金的"学习明星"，逢赛必参加、次次拿奖的"竞技明星"等。他们都来自校园，离大学生的学习生活非常近，可以带给大学生更深的感触与激励。

第四节 发挥自我教育的核心作用

内因是事物变化的根本和源泉,情商教育必须通过高职生自身才能真正起到作用。教育家苏霍姆林斯基说:"自我教育是教育的真谛和核心。只有促进自我教育的教育才是真正的教育。"自我教育是一种重要理念和自觉行为,是发挥学生的自觉性、主动性的重要途径,是情商教育能否顺利进行的关键。提高高职生的自我教育是情商教育的需要,也是情商教育的最终归宿。在情商教育中,应做到让高职生在认识自我中了解情商,在悦纳自我中培养情商,在完善自我中升华情商。

一、在认识自我中了解情商

自我意识即人对自己及对自己与周围关系的认识与体验,是人的意识发展的高级阶段。自我意识包括自我观察、自我评价、自我体验、自我设想、自我监督、自我控制、自我塑造等多种形式,是情商的核心和基础,是个体对自我情绪、动机、需求和价值观等的认识、了解和评价。职业心理学家研究发现,一个情商高的人是自我认知能力强的人,他们能够更好地了解自己的情商,能更好地认知、调控自己的情绪情感。丹尼尔·戈尔曼认为,"自我认知是在情感发生时对情感的识别能力,这种能力是情商培训的关键之处"。自我认知必须建立在客观的基础上,若自我认知出现了偏差,过分美化或丑化自我,都会出现错误的认知,轻率否定自我。因此,在情商教育中,高职生要客观正确地认知自我。

第一,内省是对自我动机和行为的审视与反思。内省可以解剖自我、反思自我,对自己的内心世界加以分析,以便有的放矢地进行自我调控,对自己的心理活动和心理状态做出观察和判断。内省不仅要正视自己的缺点,还要重新发现自己的优点和潜能。内省是现实的、积极的,情商高的人擅长通过内省了解自我。孔子曰:"君子慎独。"指的是即使一个人独处时,也要克制自己,不要做失道失德的事。"慎独"也可以作为识别人的道德品质的方法。一个人的道德品质往往从最隐蔽、最细微的地方真实地暴露出来。善于了解自己情绪的人,大多善于将自己的情绪调整到一个最佳位置,调谐或顺应他人的情绪基调,轻而易举地将他人的情绪纳入自己的主航道。认识并把握住自己的情绪,便能主宰自己的人生。高情商者是自我觉知型的人,他们了解自己的情绪,能对自己的情绪状态进行认知、体察和监控,能在情绪纷扰中保持中立自省的能力。每个人都有巨大的潜能，每个人都有自己独特的个性和长处，每个人都可以通过自省发挥自己的优点，通过不懈的努力去争取成功。

第二，他人的评价和比较是认识自我的重要途径。别人对自己行为的评价可以帮助高职生清醒地认识自己。如果他人的评价与自我评价一致，会巩固和发展自己的这些优点；反之，自我认知就需要及时调整，以便形成正确的判断和评价。所以，应尽可能地把自我评价与别人对自己的评价相比较，并在实际生活中反复衡量，从而正确认识自己，建立一种良好的自我形象，增强自信心，挖掘个人潜力。

第三，参加社会实践活动可以进一步认识自我，发现自己的价值和不足，从而树立正确的人生航向，形成正确的价值观。所以，高职生应积极参加社会实践，充分展示自己的能力，增加自己的人生阅历，将自己的内心世界具体化，在实践中客观正确地认识自我。

二、在悦纳自我中培养情商

悦纳自我是衡量一个人心理状况健康与否的一项重要指标。积极悦纳自我的人能够全面客观地看待自己的优点与缺点，冷静理智地面对生活中的成功与失败。很多高职生之所以存在自卑、自我否定等不良情绪，主要原因是他们不能全面客观地认识自己、不能积极地悦纳自我。因此，高职生积极悦纳自我，有助于发展健康的自我体验，帮助高职生正确面对困难和挫折，形成良好的心理品质。

（一）高职生要学会恰当地自我认同，提高自信心

自信是个体对自己的积极感受，是一种对自己的认可、肯定、接受和支持的情绪或感觉。自信心是实现个人理想和目标的动力源泉，是激发个体潜能的精神支撑，是获得成功的必备要素。自信的人比较有能力、有智慧且有较高的自我接受度，具有较强的独立意识、准确的判断力、合作精神和适应性。建立自信一定要客观，既不能不足，也不能过强。如果自信心过强，则有可能变得骄傲自满、自以为是、行为鲁莽、不计后果；反之，如果自信心不足，畏畏缩缩，就会丧失前进的动力和高昂的精神状态，影响才能的发挥和事业的成功，也会导致其他心理问题和心理疾病。因此，高职生要树立足够的自信心，肯定自身存在的价值，保持乐观向上的心态，以百折不挠的勇气面对挫折和压力，以百倍的信心投入到学习和生活中去。

自我认同是自我身份的确认与认同，对于高职生的成长和成才具有非常重要的作用。但当今高职生普遍存在自我认同危机，过度追求完美主义或期望值过高，结果导致个体理想的自我与现实的自我存在一定差距，内心的焦虑和冲突就否定了自己存在的价值，产生自我怀疑、自我否定等消极情绪。所以，恰当的自我认同要求高职生理智看待并接受自己，而不是苛求自己，既要善于发现和挖掘自己的优势，建立和巩固良好的自我感觉，又要敢于正视和弥补自己的缺点和不足；既要有效地统合自我和他人的信息，达到自我同一性，又能充分理解和尊重他人的独特性。

（二）高职生要学会移情，提高团队精神

所谓移情，是指在人际交往过程中能够认识和体察他人的情绪和想法，理解他人的立场和感受，站在他人的角度进行换位思考的一种问题处理方式。它是一个人人格成熟和社会化的标志，也是基本的人际交往技巧。很多高职生以自我为中心，自私狭隘，只顾及自己的利益和感受，从不替他人考虑。所以，要教育高职生具有"同理心"，体谅他人，了解他人，设身处地地为他人着想。这其中包括三要素：同情（感同身受），"跳进"他人世界，与他人同欢乐、共忧愁；同理（保持客观），从别人世界里"跳出来"，保持清醒，不为情所蔽；沟通（传达感受），要"进出自如，相互感应"，两个内在世界相互交流。只有建立同理心，学会移情，将心比心，包容他人，才能加强高职生相互之间的理解和沟通，在相互帮助中与他人融洽相处，减少顾虑和猜疑，才能使心理更加健康、人格更加饱满，提高情商水平。

21世纪的教育包括学会认知、学会做事、学会共同生活、学会生存四个方面。其中，合作是一种宽容的胸怀、高尚的美德，体现的是做人处世的态度。知识经济时代更加呼唤合作意识和团队精神，因为它有助于建立和谐的人际关系，实现双赢，实现"1+1>2"的成效，有助于个人在集体中发挥才智、实现价值，更快获得成功。美国贝尔实验室取得诸多举世瞩目的成就的根本原因不在于该实验室的科学家有多么高的智商，而在于他们相互之间友好、愉快和有效地合作。他们乐于及时与伙伴分享自己的观点、思想和成果。所以，高职生在人际交往中应懂得交流、理解、信任和沟通，尊重和理解合作者的观点和建议，减少误会和隔阂，在学习和工作中建立和谐互补的人际关系，求同存异，正视自己和别人。当发生冲突和矛盾时，以大局为重，树立合作的理念，最终为实现共同目标而努力。

三、在完善自我中升华情商

高职生情商的培养是一个不断完善和超越的过程，要求高职生在自我教育过程中既能妥善管理和调控自己情绪，还要激励自己培养积极的情绪，向更高的境界发展，从而提升自己的情商水平。

（一）妥善管理情绪，理智控制情绪

情绪管理是指通过自我安慰和运动放松等途径，调控自身情绪，有效摆脱焦虑、烦躁等消极情绪，使情绪适时、适地、适度。自我调控能力较高的人可以及时从失败和挫折中摆脱出来，迅速调整，重整旗鼓；自我调控能力较低的人则会影响自我认知和个性发展，降低学习和工作效率，影响身心健康。处于青年期的高职生，情绪体验丰富，情绪波动较大，所以，妥善管理情绪对于高职生来说是非常重要的。首先，要改变不合理的认知，转换认识的角度。很多高职生对自己或他人存在主观认识与客观现实的偏差，会因行为不能满足主观愿望而产生挫败感。因此，应控制自己的期望值，抱有一颗平常心，以自身的实际情况为依据设定适合的目标。其次，要学会制怒，控制无益的愤怒。极度无益的愤怒对身体有害无益。许多高职生的人际交往矛盾、打架斗殴事件、杀人犯罪等都是由于没有控制好愤怒而引起的。因此，要学会拓宽自己的心胸，大事化小，小事化了，通过自我暗示、自我激励、心理换位、升华等方法控制自己的情绪。

（二）宣泄不良情绪，培养积极情绪

心理学上把焦虑、紧张、愤怒、沮丧、悲伤、痛苦等情绪统称为负性情绪，又称为负面情绪。人们之所以这样称呼这些情绪，是因为此类情绪体验是不积极的，身体也会有不适感，甚至影响工作和生活的顺利进行，进而有可能引起身心的伤害。产生了负面情绪，可以通过参加体育锻炼或者户外活动放松自我，也可通过想象、憧憬一些美好的事物，让自己身心愉快，而不是一味地抱怨。正面情绪不仅有益身心健康，还能充分调动人的潜能，而负面情绪则对身体、事业有莫大的害处。正如有白天就有黑夜一样，负面情绪也是任何人都无法避免的，我们能做的只是对它进行控制，把它的危害降到最低，甚至将它转化为正面情绪。

在紧张忙碌的生活中，在人生漫长的迁徙旅途中，每个人都有身心疲惫的时候，每个人都需要一个休憩身心的地方。给心灵松松绑，不要像有些海鸟，等到自己筋疲力尽的时候，将自己的生命一头栽进大海。我们时常疲于

应付琐碎的生活,每个人真正留给自己为心灵沐浴、为思想充电的时间却是少得可怜。我们知道,一个发条上得过足的表不会走很久,一辆速度经常达到极限的车容易坏,一根绷得过紧的琴弦往往容易断,一个心情烦躁、紧张、郁闷的人容易生病。善用表的人不会把发条上得太紧,善驾车的人不会把车开得过快,善操琴的人永不会把琴弦绷得过紧,情商高的人总在为自己的心灵松绑。高情商者懂得放松自己,懂得调适自己的心灵,以一种愉快的心态投入到在生活和工作中。要想成为一个快乐成功的人,最重要的一点,就是记得随手关上身后的门,学会将过去的不快通通忘记,让自己的思考保持一种空灵状态,定期让自己"清零",将名利与荣誉放进"回收站",为自己的空间留出一片静地,重新开始,振作精神,不使消极的情绪成为明天的包袱。

(三)培养较高思想境界,树立科学幸福观

幸福是一种心理体验,是人的价值的自我实现。情商水平越高的高职生,他们的幸福感也就越强烈。情商教育中必须培养高职生较高的思想境界,将高层次的幸福目标作为情商教育的一部分。首先,高职生要提升感知幸福的能力。感知幸福就是对"什么是幸福"有正确的认知,这并不意味着幸福有固定的标准和模式,也不是只享受现在。提升感知幸福能力的关键是主动自觉地感受幸福,发现生活的意义,摒弃"虚假幸福"的错误认识,提高判断能力和能动意识,实现物质幸福与精神幸福、个人幸福与社会幸福的和谐统一。其次,高职生要提升体验幸福的能力。体验幸福就是认真体味和把握人生的每一段历程,在体验中享受幸福。提升体验幸福的能力就是把学习和生活的体验过程变成一种享受的过程,在享受的同时感受幸福,这才是身心和谐统一的过程。同时,高职生要注意自身实际情况,善于从平凡的生活中感悟幸福,使情绪处于持续的幸福状态。再次,高职生要提升追求幸福的能力。只有追求幸福,才能使生活更加有情趣、有意义。提升追求幸福的能力要求高职生主动克服惰性心理,确立正确的人生目标、主动探求和创造幸福,提升追求幸福的境界,实现生理、心理和自我实现三个层面的和谐统一,在自我实现和无私奉献中找到幸福的归宿,促进高职生的自我完善和全面发展。

(四)锻炼心理韧性,培养耐挫力

心理韧性作为从积极心理学中翻译过来的词汇,还有其他译法,包括"心理弹性""复原力",本课题组暂且取其为"心理韧性"。关于心理韧性的概念有三种解释:一种认为心理韧性是个体身上的一种能力和特质,能够使人在处于压力的情景时,发展出健康的应对策略。一种认为心理韧性是一种系统的、动态的适应过程。处于高压力情境下的个体，需要不断地与环境进行互动，包括很多种保护性因素和危险因素的复杂作用。一种认为心理韧性是指大的创伤发生后，高复原力的个体仍然能够产生积极的适应性的结果。这三种解释侧重点不同，但都描述了个体在遇到大的压力事件时积极应对的整个过程。拥有心理韧性的个体在遇到大的创伤时，通过与环境的互动，最终获得了积极的结果。

高职生在困难、压力面前，可以遵循五个阶段来提升自身的心理韧性。阶段一，保持健康、能量的可持续性，在最糟糕时也要保持积极。遇到压力时，许多学生可能就会出现情绪失控，惊慌失措，做出一些不理智的事情。这个时候要引导学生意识到自身的情绪问题以及带来的后果，正确认识自己的情绪以及学会控制情绪。阶段二，改善自己有效解决问题的技能。遇到困难时我们常常会以受害者自居，往往用"不是……，是因为……所以我才会失败"句式来推卸责任，让自己免受责怪。这种心理对解决问题于事无补。只有勇于承认失败、承担责任，学会用积极的方法看待问题和挫折，才能找到化解困境的方法。阶段三，加强自尊、自信和自我认同。挫折和困难很容易伤害到自信心和安全感，因此需要有意识地训练高职生的自我认同、自信心和自尊。在日常生活，尤其是在困难面前，不要轻易否定自己，要看到自己的优势和缺点，并且建立积极的语言方式和积极的行为方式。久而久之，积极乐观就会成为一种习惯，人也会变得越来越自信。阶段四，开发高职生身上原有的积极品质和技能。高职生的社会责任心、自我管理能力、学习能力、希望、乐观等优良的品质都有利于提高高职生的心理韧性。阶段五，磨砺"意外发现珍奇"的才能，将不幸和变故转化为幸运和财富。展开历史画卷，但凡成就大事业者，都经历过常人无法忍受的压力和困苦，并且能从困难中发现有价值的东西。当然，这种承受到成功的过程是需要一定的领悟能力的，是心理韧性发展到一定阶段的综合能力的显现。

（五）自我激烈，挑战自我，超越自我

自我激励就是给自己打气，鼓励自己。暗示自己"我很好""我能行"，并从内心里相信自己的能力，不管是面对"昨日的遗憾""今日的压力"，还是想到"对未来的焦虑"，都可以满怀信心，都可以做得更好。1991年，一个名叫坎贝尔的女子徒步穿越非洲，不但战胜了森林和沙漠，更通过了400公里的旷地。当有人问她为什么能完成这令人难以想象的壮举时，她回答说"因为我说过我能。"别人问她对谁说过这句话，她的回答是"我对自己说过"。如果人能够经常进行积极的自我暗示，以肯定的态度看待自己、别人和这个世界，就能让自己变得符合你的理想，继而让别人和这个世界更符合你的理想。心态越积极，表现出来的能量就越大，对世界的改变也就越大。改变自己，相信没有什么不可以，在不断的自我激励中，突破内心一道道的屏障，从而激发来自内心的强烈渴望，让思索和行动成为一种习惯，不管在何时何地，遇到何种困难，都能坚定信念，创造持久的动力。

　　自我激励是人生中一笔弥足珍贵的财富，在人生的前行中能产生无穷的动力。当你感到激励自己的力量推动你去翱翔时，你是不应该爬行的。每个人的内心都存在需求激励的欲望，只有激励才能激起他的激情和热情。善于自我激励的人，对目标的热忱往往较高。热忱是来自于内心的一股力量，它促使你不断前进。用心去发掘你的热忱，热忱是追求卓越人生的不竭动力，拥有极大热忱的人还会创造出极大的影响力。因此，如果一个人在其他方面都具备的条件下，又善于自我激励，他的成功率就会高得多。在追求成功的道路上，有的人成功，有的人失败，这其中的主要原因是能否战胜自我。古人云："天生我材必有用。"我们每个人都有自己的长处和优点，都有尚未发掘出来的潜能和特质。如果我们能尊重自己的态度，努力发现和发挥自己的潜能，每个人就都能取得成功。我们要经常为自己鼓掌、为自己加油，朝着既定的目标勇往直前，坚定信念，执着追求，给自己一个积极的自我暗示，不断提高自己的目标，同时投入100%的热忱……一个人一旦拥有了自我激励的动力，他就为生命插上了美丽的翅膀，去创造属于他自己的人生辉煌。

第八章
积极心理学视角下高职生情商教育的多重保障

目前,就业导向的高职院校普遍偏重学生基础知识教育和专业技能教育,往往忽视情感智力和人格的发展与完善,由此导致高职生令人担忧的情商现状,如情绪不稳定、挫折承受能力较差、社会交往能力不强、心理健康水平普遍偏低等。这不仅会影响他们的学习、生活和身心健康的全面发展,也会影响他们进入社会后的成才、成功乃至可持续发展。因此,加强高职生的情商教育是高职院校培养高素质技能型人才必须解决的现实课题。高职院校对大学生情商的培养不仅需要树立现代情商教育理念、拓展情商教学内容、丰富情商教学形式、构建情商评价体系,更要建立健全情商教育的多重保障机制。

第一节　机制保障

高职院校应设立专门的情商教育机构,实现和学工部门的有效联动。学校的教务部门将情商教育纳入教学计划中去,可以设计专门的课程或项目,也可以分散在课程中。学校在设计智商开发课程的同时,将情商教育的思想贯彻进去,然后由负责教学的教师实施,由系部领导或者辅导员掌握学生的培训效果,并及时向有关机构或人员反馈结果。总之,把这项工作交给任何单一的部门恐怕都难以达到理想的效果,只有分工负责、各司其职,同时又相互协调与配合,才能真正达到情商培育的目的。

开展高职生情商教育,要充分发挥思政课实施情商教育的主渠道作用。在思政课教育教学过程中,要把情商教育纳入思政课教育教学的计划中,把思政教育和情商教育有机结合起来,安排专题学习和讲座。在思政教师教学准备过程中,要充分运用现代教学手段和各种资源,丰富情商教育的内容和针对性，提高情商教育的实效性。在教学过程中，针对不同阶段的高职生要分层次进行自我意识、自我激励、情绪控制、人际沟通、挫折承受能力教育，切实提高大学生的情商能力，培养出社会主义事业的合格建设者和可靠的接班人。

综上所述，要培育高职生的情商能力，必须搭建有效的情商教育平台，形成有效的情商教育模式（如图8-1）；必须实行分工负责，各单位和人员做到各司其职，互相协调与配合，才能够起到一定的作用，实现很好的效果。

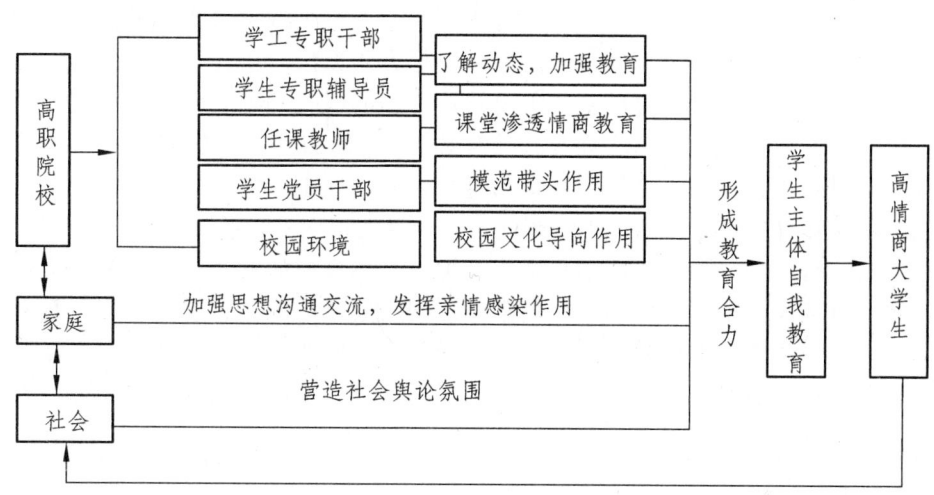

图 8-1　情商教育模式

一、组织保障

大学生情商培养是事关高校人才培养质量的大事，不仅在思想上要高度重视，在组织上也要有保障，机制上要更加完善。首先，高职院校领导要高度重视大学生的情商培养，设置专门机构和人员负责大学生情商培养工作，并运用学校的各种力量、各方渠道全方位地开展此项工作。

（一）校级组织机构

为进一步推进大学生情商教育工作深入、持久、有效地开展，不断增强大学生情商教育实效，切实提高大学生情商发展水平，更好地促进大学生成人成才，高职院校应该着手研究成立大学生情商教育机构。该机构是大学生情商教育工作的直接职能部门，主要负责全校大学生情商教育的组织领导工作，制订该机构的工作计划方案，组织开设情商教育课程，协调解决在加强大学生情商教育过程中遇到的困难和问题，指导有关部门开展大学生情商教育工作，推进大学生情商教育工作深入、持久、有效地开展。情商教育机构可以挂靠学生工作部门。这种方式有利于整合学校相关资源，能够及时、有效地调动学生工作部门的力量开展大规模的情商教育活动，或将掌握的有关信息及时反馈给具体负责学生工作的老师，进行有针对性的追踪和干预，预防危机事件发生。情商教育机构可以下设若干工作室，如情商理论研究工作室、心理健康教育工作室、身体素质培养工作室、综合素质拓展工作室、职业生涯规划工作室等。其中，情商理论研究工作室是进行情商理论研究、深化大学生情商教育理论基础，制定情商教育方式方法、培养机制，全面协调各部门工作并对情商教育成效作出总结评价的部门；心理健康工作室主要负责有针对性地开设大学生心理健康教育必修、选修课程、专题讲座和报告等，在大学生中广泛普及心理健康知识；身体素质培养工作室负责转变传统教学过于注重知识传授、技能训练等倾向，引导学生树立"健康第一，身体重要"的思想，培养学生加强终身体育锻炼，提高身体素质的意识；综合素质拓展工作室负责根据不同阶段和层次的学生不同的成才需要，为学生的综合素质拓展和自身的全面发展提供必要的训练和帮助；职业生涯规划工作室主要负责从大学一年级开始，根据不同年级的不同特点，采取不同方式有针对性地对学生进行职业生涯教育与指导。

（二）系部组织机构

各系部可成立大学生情商教育工作小组，由总支书记任组长，小组成员主要有总支委员、团总支书记、辅导员、班主任和骨干教师等。系部组织较贴近学生的学习生活的各个方面，在日常教学工作中能够掌握具体学生的情商状况，并可及时采取措施解决存在的问题，所以系部组织机构在大学生情商教育工作中扮演着非常重要的角色。小组成员通过集中学习、培训等方式掌握一定的情商理论与培养方法，面向全系学生将情商教育工作渗透到日常学生工作和教学工作中去，努力增强大学生情商教育的针对性和实效性。

（三）基层学生组织

大学生是高校情商教育的主体，要充分调动大学生自身情商教育的积极性。可以引导大学生成立情商教育协会，它是在学校情商教育机构的直接指导下，学生自发组织学习、讨论，并向全校广大师生宣传情商教育相关理论、知识的活动团体。其主要作用是向广大师生大力宣传学校的情商教育理念及协助大学生学习掌握情商知识，并提供真诚有效的情商教育实施项目活动，创造一个良好、宽松的情商教育氛围，服务于全校广大师生。

二、观念保障

理念是一切改革的先导。教育理念指导着办学方针、教育制度、办学措施，是一所学校宏观的教育指导思想，是一所学校的灵魂和精髓所在。要促进学校教育的发展，首先要更新教育理念。德国著名哲学家、教育家雅斯贝尔斯指出："重新确定大学的核心理念是改革的首要任务。"大学的教育理念与大学的精神、使命、功能等有着密切联系，同时又对具体的教育目标、教育制度、教育活动、教育方法等产生直接影响或施以无形制约。大学的一个重要职责之一就是培养人才，即实施教育。而如何开展教育是由理念来引导的，因此，高职院校应从树立积极的情商教育观念入手。

（一）树立积极的学生观

情商教育是教育工作者在遵循学生主体性原则基础上的教育引导过程。尊重学生的主体地位就是要以学生为本，充分考虑学生的内在需求及作为学习的主体表现出来的自主性、能动性、创造性。传统的情商教育过程中，长期存在唯教育者主体观，把学生视为消极被动地接受教育的客体，忽视其在情商教育中的主体性。这种唯教育者主体观必然导致情商教育中简单说教、硬性注入、高压式教育等现象的存在，严重挫伤和压制了大学生在学习过程中的主动性和能动性，阻碍了学生在品质养成这一过程中的自我修正和自我教育。实际上，教育者和被教育者都是情商教育的主体，尤其不能忽视被教育者的主体地位。积极心理学研究人的积极方面，倡导积极人性，引导我们的教师以学生为本，充分发挥学生的主体作用，激发大学生自我教育、自我管理、自我学习的能力，构建和谐、平等、互动的教学氛围。同时，教师应善于发掘学生的闪光点和潜力，引导教育主体的积极倾向，激发积极情感体验，培育积极的人格特质。

（二）树立积极的教育观

高职院校是社会发展到一定程度的产物，因此高职院校必然要为社会发展服务。教育要主动适应社会经济，高职院校如果脱离了社会需求，也就失去了生命。教育理念引导着高职院校如何培养人才、培养什么样的人才。传统的"重智商，轻情商"思维是不适应今天科技与经济快速发展的社会要求的。高职院校要适应社会，并不是说完全按市场经济走，也需要按教育的内部规律、学生的身心发展特点经营。现代社会对人才的考量绝非单纯地看学历、考试成绩，特别进入岗位后，在考核工作业绩时，不会去看学历高低，而是看能力高低。情商作为一个人最重要的能力表现，决定着一个人的成败。职场人士在成功的基础上，要想进一步提高自己，使自己的个人能力从优秀向卓越迈进，就需要特别培养自己在"谦虚""执著"和"勇气"这三个方面的情商能力。"重智商，轻情商"的教育理念，使得高职院校的教学体系、教学内容、教育方式、校园环境都不利于情商教育的发展。要想转变现状，还得转变功利化、短浅的教育理念，从长远、大局发展考虑，实现从教育工具论到以人为本教育的转变，实现从过分重智到德、智、体、美、劳的全面发展转变，实现从"教师中心论"到"以学生为中心、教师为主导、师生平等"的和谐师生关系的转变，实现从填鸭式、机械式的教学模式向启发式、互动式生动活泼的教学模式转变。①

（三）树立积极的教学观

传统的施教方式主要是在课堂上传授书本知识，而较少有实践活动。情商教育主要通过实践活动中潜移默化的领悟、感知，较难通过课本知识的讲解来获知。高职院校要培养学生的情商，就要改变传统的单纯课堂施教模式，而需要更多社会实践、情景模拟、社团活动等动态教育来进行。在平常的专业知识教育课堂上，要懂得如何潜移默化地培养情商能力。专业知识的讲解，要改变传统的填鸭式教学，被动的学习引来的是不懂灵活运用知识、反抗学习、呆板的思维、迟钝的情商。专业知识的施教过程中，懂得对兴趣的培养、引导，触动的是思维的灵感，促进的是思维的创新，得到的是科技的成果，推动的是社会的发展。情商教育或许有抽象性，但情商教育更具有灵活性。懂得情商教育，把握情商教育，就可以推动高职生的情商发展。改变传统单一的课堂教学模式，注重为高职生营造、提供社会实践的环境、条件，开展情景模拟等多元化的教学，培养高情商、强能力的人才。

（四）树立积极的评价观

高职院校教育如果不适应社会发展的需求，就会被社会发展所淘汰。高职院校在对高职生实施教育时，评价对其影响很大。对高职生的评价影响着他们的发展方向。不同的评价理念培养出不同的"人才"。重智商轻情商的评价理念，培养出来的"人才"就是不懂灵活运用知识、缺乏思维灵活性、缺

---

① 潘春波. 大学生情商教育研究[D]. 武汉：武汉工业学院，2011.

乏创新能力、缺乏沟通能力、缺乏合作精神、不适应社会的"人才"。知识的掌握在于能灵活应用，而非僵硬的套用。知识就如清泉，如果不懂得创新、灵活地应用知识，就好比把清泉注入了一潭死水里，只能发臭；如果能创新、灵活地应用、开发知识，就好比把清泉注入了一条清澈、奔流的溪流里，带来的是源源不尽的创新水花。创新的水花是科技进步的源泉、社会发展的原动力。为什么我们培养不出创新人才？大学者，不在于有大楼之谓、大师之谓也，而在于有适应社会发展的教育理念之谓也。转变高职院校的评价理念，是高职院校的教育之需。专业知识与情商能力、综合能力应该是"车之两翼"，任何一方受到忽略，高职院校教育都是残缺的，这样的评价理念并不利于促进人的全面发展。

三、师资保障

大学生情商教育工作既是一项极具理论性的工作，又是一项特别强调实践的工作，具有理论性与实践性的双重特点。高职院校教育工作者情商的高低，必然对大学生情商教育工作产生最直接的影响。高职院校要大力加强大学生情商教育工作的师资队伍建设，为大学生情商教育工作的顺利开展和有效进行提供强有力的师资保障。

第一，加强学校专职的情商教育队伍建设。组建专职的针对大学生情商教育工作的干部队伍，定期开展关于情商知识的理论学习和实践研究，加深对情商和情商教育重要性的认识和重视。高职院校大学生情商教育研究中心的领导干部、管理者和情商研究人员要通过各种形式的学习，充分掌握情商和情商教育的知识，不断加大对大学生情商教育工作的理论研究和实践研究，不断提高研究中心全体工作人员的情商素质与修养，通过开展情商培养的专题讲座和其他形式的活动，对大学生在情商发展过程中存在的问题和情商教育过程中出现的难题进行讨论并相互交换意见，集思广益，不断促进情商理论与实践的结合。

第二，建立兼职的情商教育工作队伍。除了组建专职的情商教育工作人员，学校还要配备兼职的情商教育工作队伍。一方面，学校要采取一系列措施，如发放情商书籍、定期召开情商学术会议，以此加强全体教职员工对情商的学习和掌握，不断培养他们的情商意识，提高他们的情商水平，进而将情商相关知识应用于日常教学与管理工作中，从侧面更好地为培养大学生情商服务。另一方面，学校辅导员在选举学生干部的时候，要不断加大对他们的情商考核和评估，以确保学生干部的基本情商素质和潜力。由于学生干部与学生接触较多，沟通较多，更加了解大学生们的真实想法，更加容易掌握一些学校和教师们在平常的教学管理中看不到的信息。因此，学校要积极创造条件，加强对学生干部的情商培训，提高他们的情商，既可以发挥学生干部的榜样示范作用，又有助于学校和辅导员及时掌握大学生的实际情况，有针对性地做好教育工作。

第三，大力提高辅导员和教师的情商。教育部《普通高职院校辅导员队伍建设规定》中明确规定："辅导员是开展大学生思想政治教育的骨干力量，是大学生日常思想政治教育和管理工作的组织者、实施者和指导者。辅导员应当努力成为大学生的人生导师和健康成长的知心朋友。"高校要积极加强对辅导员的相关培训，提高他们的情商水平。因此辅导员在自身的工作中，对学生既要有针对性的个别辅导，又要进行相应的团体辅导，在与学生的朝夕相处中，不断发挥自己思想政治上的榜样作用，让学生逐渐领悟到如何做事、如何做人、如何与他人建立良好的人际关系，在帮助大学生树立正确世界观、人生观和价值观的同时，积极促进大学生情商的良好发展与不断提高。教师具有重要的示范和表率作用，在课堂上向学生传授知识的同时，教师的行为方式、价值观对大学生情商的发展也会产生潜移默化的重要影响。可以定期组织教师参加情商学习并完成相关学习报告，组织情商知识竞赛并完善相关考评制度，或邀请情商专家到校作情商方面的学术讲座，以此不断加强对教师的情商培训，增强教师的情商素养。教师自己还可以通过多看情商相关的书籍、报纸，经常和同行相互交流经验，在教学过程中灵活选择教学方法，对教学和学生饱含热情和希望，对学生多给予正面表扬和鼓励，在向学生传授系统、专业知识的同时，通过自身在教学过程中所展现的态度、品格和一系列的言行举止对学生进行情商的渗透教育，以自身高尚的道德素养和人格魅力不断感染、鼓舞和激励学生。

第四，积极发挥心理咨询中心的重要作用。高职院校要不断加强对心理咨询中心所有员工特别是心理咨询师的培训，提高他们的情商素质，以此建立专业化的心理咨询队伍，就大学生所关心的如学习、人际交往、就业、感情等各种实际问题进行详细、专业的指导，使他们成为大学生的良师益友。心理咨询中心要充分发挥自己的优势，通过各种形式积极宣传情商知识，还可以举办一系列的活动，让大学生在实际锻炼中提高自己的情商。对于那些有严重心理障碍和问题的大学生，心理咨询中心更要采取各种有效措施全面了解和分析其心理障碍和问题的形成原因，及时进行心理疏导，对其进行有针对性的治疗和人文关怀，让大学生体会到爱和温暖，进而更愿意敞开心扉，吐露自己内心的真实想法，同时也有助于心理咨询师准确分析成因并妥善解决他们的心理和情绪问题。高情商的心理咨询队伍有利于提高自身的说服力和可信度，更容易走进大学生的内心世界，使大学生更乐于向他们倾诉自身的各种烦恼和苦闷，更愿意与他们亲近，不断加强自我教育和自我反思，促进自身情商的不断发展。

四、制度保障

高职生情商教育需要专门的制度来保障其顺利开展和持久进行。一直以来，很多高职院校几乎没有专门针对大学生情商教育的相关培训或活动，更没有开设专门的情商教育课程和开发专门的情商教育教材。这与高职院校对情商和情商教育的重视不够而没有制定有利于大学生情商教育的规章制度密切相关。高职院校要提高对情商和情商教育的认识和重视程度，积极建立有利于培养大学生情商的相关规章制度，如制定《大学生情商教育课程教学要求》《大学生情商教育实施细则》《大学生情商教育计划》《大学生情商评价指南》等，为大学生情商教育提供科学、合理的制度保障，促进大学生情商教育工作有序进行。另外，高职院校还可以通过制定一系列的政策和采取一定的措施来评估和激励大学生情商的发展，可以制定相关奖励政策如情商达人奖、先进集体奖，并定期组织有关大学生情商的相关考核，全面收集来自大学生家长、老师、同学、室友、社会等对他们的评价，有效激励大学生不断发展自己的情商，成为新时代的高情商人才。

高职院校要建立健全大学生情商教育的保障机制，涉及情商教育的物质基础设施建设也是不可或缺的。要积极建设有助于大学生德、智、体、美、劳全面发展的校园物质环境，保护好能够代表学校特色的教学楼、办公楼等建筑设施或自然景观，充分发挥校园物质环境对大学生情商的重要熏陶作用。校园物质环境要积极营造一种和谐的氛围，校园里的一花一草、一树一木、一砖一瓦，还有立在校园里的每一尊雕塑、贴在墙上的每一幅画作、印在楼道的每一句话语，都可以潜移默化地影响大学生的身心发展。高职院校当积极配置先进的教学管理设备，提供充足的物质教学保障，改善教育教学设备，还要在校园里寻找独立的幽静的场所（这样的场所有利于前往的学生消除心里的顾虑与负担，感受到温馨），努力完善情商教育所需要的各项配套设施如电脑、打印机、桌椅等，提供最基本的物质设施保障，为大学生情商教育服务。

第二节　载体保障

高职生情商教育是一门科学，而载体的运用是增强高职生情商教育实效性的重要途径。所谓载体，是某些能够承载知识和信息的物质形体，最初出现于化学领域。随着科学的发展，载体的含义得到引申，扩大到社会科学领域，为众多学科使用。高职生情商教育载体是指在情商教育过程中承载并传递情商教育内容或信息，能为情商教育主体所操纵，并与情商教育客体发生联系的一种物质存在方式或活动方式。高职生情商教育载体既包括物质形态，也包括活动方式载体，如会议、理论学习、管理工作、文化建设、历史人物、大众传媒、精神文明创建方式等。高职生情商教育载体是为高职院校实现情商教育目标，提高学生情商素质，完成相应的情商教育任务服务的。高职院校教育工作者应借助这些载体对受教育者进行情商教育，从而达到一定的教育目的和工作成效。立足高职院校学习生活，目前可以发掘的学校情商教育载体主要包括以下几种形式。

一、理论教育载体

高职院校作为培养社会主义建设者和接班人的重要机构，教育教学活动是其主要工作，将理论教育载体作为高职生情商教育载体体系的主导是由高职院校的性质、任务和行为特点决定的。高职院校应把情商教育纳入课程教育体系，有条件的高职院校甚至可以开设独立的情商课程。高职院校除了专业课的学习应从封闭转向开放，与国内外科学技术接轨之外，还可以开设《情商培养》《积极心理学》《幸福课》等高职生情商教育相关课程，指导高职生认识和管理自身情绪，及时处理好自身情绪问题，保持良好的心态认识他人情绪，掌握人际沟通的技巧，建立正常的、融洽的人际关系，引导他们认识和分析人生重大问题，注重对学生人际沟通和交往能力的培养。

在日常的专业课程的教育中，应渗透情商教育的内容，普及情商教育理念，还可请专家为学生开设修身课，通过讲授和讨论等方法使高职生明白做人的道理。同时，高职院校还要创新教学方式方法，进一步完善理论课教学课堂讨论与课后研究并举、理论课与实践课并重、多媒体授课与传统教学并行、考试与测评并用的"四并"模式。另外，高职院校要定期开研讨会，就加强高职生情商教育工作存在的问题与不足进行研究探讨。课堂教育应与宣传工作相结合，增强情商教育的影响力，深化情商教育基础。

二、日常管理载体

科学规范的学生管理工作能够培养学生规范的日常行为表现，使学生自觉遵守行为准则，有利于学生文明习惯的养成，有利于学生道德自律能力的培养，有利于学生综合素质的提高，实现学生由他律向自律的转化，从而提高高职生的情商水平。为严格学生的日常管理，除了建设好学生管理干部队伍，还要充分调动学生参与管理的积极性，促进其情商教育意识的发展和情商水平的提高。

首先，高职院校应将情商教育寓于日常管理之中。通过运用一定的组织纪律、行政措施、规章制度来约束、规范和协调高职生的行为，从而使其在严格管理的长期实践中能更好地认识和管理自身的情绪，学会充分认识他人情绪并能够维持较好的人际关系，逐渐养成良好的思想品德和行为习惯。这种方法实质上是以现代管理手段对高职生进行严格纪律的熏陶，使情商教育由"虚"处落到"实"处，实现情商教育与日常管理相结合、相补充、相促进。这是现代管理的新特点，也是加强高职生情商教育的新要求。新形势下，加强高职生情商教育要把科学管理作为一项最基本、最主要的载体，通过把情商教育融入管理的各个环节中去，和管理在较高层次上实现一体化。以日常管理为载体，就是要将情商教育的内容、要求融入日常管理工作之中，日常管理工作本身也结合深入有效的情商教育。如实施军事化管理或半军事化管理，一方面强化了爱国主义教育，另一方面也锻炼了学生的意志力，提高了自我管理的能力，增强了集体荣誉感。同时，新生入学军训，接受严格艰苦的体能训练是高职生入学的第一堂课，可以锻炼高职生的抗挫能力，培养他们的意志。

其次，发挥学生自我管理的作用。从教育发展规律和学生管理实践的角度看，在学生成长的过程中，无论是知识的获得、能力的形成，还是素质的提高，都必须通过学生自己的努力和实践才能实现。现代管理理念要求在管理学生过程中充分调动学生参与管理的积极性，同时，开放式教育、民主化管理思想和以学生为本的管理理念成为新形势下学生管理工作的发展趋势。而学生的自我管理、自我教育、自我服务是一种新型的学生管理模式，学校应鼓励高职生成立自我教育、管理、服务的组织，学生把自己作为管理、教育、服务的对象，通过对日常行为的检查、监督和管理，负责学校和学生之间的信息反馈，维护学生的合法权益，成为学校和学生之间联系沟通不可缺少的桥梁纽带。通过组织领导，不断发挥主观能动性，自觉地学习科学文化知识，提高自身能力、培养综合素质，逐步从他律向自律转化。

三、实践活动载体

实践是高职生情商教育的重要环节,是全面提高高职生素质的重要手段,也是全面推进素质教育的必要形式。学生的理想和信念、知识和能力只有投身到实践中才能源源不断地被激发出来。要充分发挥实践育人的功能,使高职生在参与实践活动和施展才华的过程中正确认识和科学评价自己,较好地认识和把握自身的情绪,识别他人情绪,维持良好人际关系,提高自身素质和工作能力,潜移默化地受到感染、熏陶和教育。通过让高职生直接参加实践的方式,把情商教育落实到基层,吸引力大,感染力强,是加强高职生情商教育的重要形式。

(一)社会实践活动

广泛发动高职生利用寒暑假等时间开展"三下乡"和"进社区"活动。开展群众急需、学生可为的实践服务活动,增强实践服务的针对性和实效性。要不断创新内容、形式和载体,要坚持社会实践受教育、长才干、作贡献的宗旨,认真做好以教学实践、专业实习为主要内容的实践教学以及军政训练等社会实践活动,同时要与时俱进,开拓创新,广辟渠道,引导高职生深入开展社会调查、生产劳动、志愿服务、科技发明、勤工助学、"红色之旅"、学习参观等内涵丰富、喜闻乐见的社会实践活动,并从高职生的鲜活实践中不断总结经验,推陈出新,使更多高职生通过社会实践受益。要制定行之有效的考核办法和激励机制,把高职生参加社会实践的情况记入《大学生素质拓展证书》,定期评选表彰先进集体和个人。要主动与城市社区、农村乡镇、爱国主义教育基地、企事业单位、部队、社会服务机构等联系,建立多种形式、相对稳定的社会实践基地。要加强对高职生社会实践的宣传,为高职生社会实践营造良好氛围,使社会实践活动在高职生情商教育中发挥更加重要的作用。

(二)社团活动

高职生社团是高职生自愿结成的组织,各高职院校学生社团数目和种类很多。例如英语俱乐部、舞蹈协会等。学生社团的存在和发展是学生思想活跃、展现自我、注重综合能力培养的反映,更是适应学校加强高职生情商教育的需要。学生社团可以起到促进学生综合素质和提高情商水平的作用。所以,高职院校要加强管理,正确引导,为学生社团营造良好的发展环境。要对社团进行分类管理,突出功能发挥。将现有的学生社团按照活动内容和教育功能进行分类，并分别组织专职干部和专职教师指导和引导学生社团活动的开展。要突出社团功能的发挥，不断加大对学生社团的扶持力度。要了解社团活动特点，为其提供广阔的空间。同时要规范管理，严格监督，促进学生社团健康发展。

（三）校园活动

校园活动的开展也是促进高职生综合素质发展和提高的途径之一。通过参与校园活动，高职生培养自己自知、自控、自励的能力，拓展人际关系，提高人际交往能力。当前很多高职院校广泛开展的争创"文明校园"活动，评选"十佳学生""文明班级""文明宿舍"活动，诚信宣誓、爱心助学活动以及其他各种形式的文体活动等都在陶冶高职生的情操、培育高尚人格方面发挥了积极作用。

另外，鼓励和引导学生参加各类职业技能大赛，培养高职生的进取意识，开拓学生的创新思路，挖掘学生的创新潜能，发挥他们的创造性，促进其自我激励、自我发展，提高人际交往能力。还可以组织其他情商训练活动，如精选一些情商案例，让学生们分析情商的作用；设置一定的情景小品，如面对挫折、压力等，让学生去应；对就一些热点问题展开大讨论，如高职生如何面对爱情等。

四、道德培养载体

高职生的情商教育和道德品质培养都是素质教育的重要目标。高职生情商教育的目标就是培养和造就大批能解决各种复杂问题，处理各种复杂关系，应对各种复杂局面的高素质人才，使高职生具有高情商——持久稳定的情绪、百折不挠的毅力、执着追求的品质、开拓创新的精神、积极乐观的人生态度、和谐良好的人际沟通等。高职生道德教育的目标就是把高职生培养成具有较高道德认识水平、较强道德实践能力、良好道德品质，充满人格魅力的德、智、体全面发展的社会主义现代化事业的建设者和接班人。

高职生道德、教育的目标与情商教育的目标具有一致性。高职生的道德品质与情商水平的发展具有平行相关关系，道德品质良好是高情商的基本条件，也就是说，情商的发展是需要一定道德品质作为基础和保证的。道德品质好的高职生，其情商发展也积极健康，道德品质差的高职生，其情商发展也相对较差。提高学生的道德品格是高职生情商教育的非常重要的途径。设想一个道德品质不高的人，如果不能对他人对社会做出有益的事情，甚至对他人和社会造成伤害和破坏，怎么能够正确认识自身和他人情绪，又何谈与他人建立良好的人际关系。如果一个人的道德品质不高，那么他的情商发展就一定会受到阻碍，其情商发展水平就不会乐观。而高情商的人能够很好地认识个人及他人的情绪，在维持良好人际关系的同时，又可促进其道德品质的发展。所以，广大教育工作者应该充分认识到道德品质在高职生情商发展中的作用，积极利用提高道德品质的手段来提高高职生的情商素质，同时也要避免道德品质对情商发展的负面影响。重视情商教育必然要高度重视高职生道德品质的提高，只有这样才可能造就出新一代高情商、德才兼备的大学生。

五、体商提升载体

近来，学术界出现了一个全新的概念 BQ（Body Quotient），即体商，是指一个人活动、运动、体力劳动的能力和质量的量化标准。它是一个能反映人体健康质量、区别体质和形态测量的新标准。体商高意味着拥有良好体能，而这会使人体具备更好的应付复杂环境和突发事件的素质。[①]

习近平同志指出："体育是提高人民健康水平的重要手段，也是实现中国梦的重要内容，能为中华民族伟大复兴提供凝心聚气的强大精神力量。""锻炼身体可以保持身体健康，也有助于提高工作效率。我认为，我们每个人都需要在工作和休息之间寻求平衡。这可以令我们精力充沛，并帮助我们更好地工作。"[②]体弱多病的人常会表现出情绪不稳定、易怒、烦躁、焦虑等，良好健康的体魄可以提高人体免疫力，使人保持良好的生理状态之外，还有助于良好心理状态的形成，促进大学生情商的提高。体育心理学研究证明，经常有针对性地进行健身、强身，是纠正心理缺陷、提高"情商"的有效方法。有些体育项目能帮助人调节神经活动，增强自我控制能力，稳定情绪，使容易急躁、冲动的弱点得到克服。有的体育项目可以帮助人改掉优柔寡断，养成坚定果断的性格。

高职院校应注重大学生体商的培养，鼓励大学生参加体育运动，使他们在运动中结交"运动高手"，通过克服运动中存在的困难，间接地克服成长中遇到的心理障碍，培养大学生对环境的适应能力和对事物的探究心理，使他

---

① 张松，杜建平. 航海类专业学生的情商与体商培养[J]. 航海教育研究，2009（1）：86-89.
② 人民网. "铁杆体育迷"习近平 [EB/OL]. http://politics.people.com.cn/n1/2017/0119/c1001-29036278.html.

们逐步建立起自信心。另外,高职院校还要借助对高职生体商的培养,促进他们情商素质的构建。

六、心理发展载体

心理素质是整个人才素质结构的重要内容,是高职生接受思想政治教育以及文化科学知识的前提,是大学期间学习、生活和工作的基本保证,是高职生驶向成功彼岸的保障。高职生的心理健康标准可确定为五个方面:情绪稳定性标准、焦虑适当性标准、人际关系和谐性标准、对现实感知的允许性标准、心理适应性标准。由此可见,健康的心理素质是高职生情商教育的前提和基础。

教育学博士珍妮特·沃斯在《学习的革命》中指出,学习成功的关键在于身心充满快乐和放松。具有健康心理素质的学生能够很好地了解和控制自身的情绪变化,遇到困难挫折时能够及时调整自己的情绪,保持积极向上的心理状态,在日常学习中容易获得兴趣和成功,在人际交往中更容易保持良好的心理状态,能够很好地接受他人的优缺点,维持良好的人际关系。心理素质较差的人自我评价不客观或不能正确调适心理压力,受挫时就会产生自我膨胀的倾向或自我萎缩的倾向,表现为忧虑、暴怒、缺乏自控,甚至由此产生心理疾病;在人际交往中也往往会表现得烦躁易怒,不能正确处理彼此之间的矛盾,从而导致人际关系紧张。可以看出,心理素质较差会影响到个人情商素质的发展。

因此,高职生情商教育要紧密结合心理健康教育,提高高职生的心理素质,为其情商的发展提供良好的心理基础。开设心理健康课程,并定期举行心理健康知识讲座,让心理健康教育走进课堂,走进学生心里,是解决学生心理问题、培养学生积极健康心理的一个重要方法和途径。心理咨询室、电话咨询、网络在线咨询等形式是高职院校进行心理健康教育的重要阵地。高职院校要重视心理健康教育对高职生情商发展的重要作用,通过进行心理健康教育的的方式来促进学生情商水平的不断提高。

第三节 环境保障

环境是指人生活在其中并给人以影响的客观世界,是事物存在和发生的基础及条件,是事物或活动所有外部因素的综合。环境对事物的影响是客观存在的。苏霍姆林斯基曾说过:孩子在他周围、在学校走廊里的墙壁上、在教室里、在活动室经常看到的一切,对于他精神风貌的形成具有重大的意义……我们必须努力做到,使学校的墙壁也可以说话。[①]积极心理学把环境因素放在了一个十分重要的位置上,坚信要想拥有积极的体验、积极的人格,就必须让高职生处于积极的环境之中。以积极心理学为指导的情商教育要把情商教育事业与高职院校的各项工作相结合,对于各种环境都要综合考虑,整合校内资源的同时也要兼顾家庭和社会资源,进而形成一个整体的教育系统。

一、创建积极的校园环境

学校环境建设应该向人文化、生态化、互动化、和谐化的方向发展,体现以生为本和以人为本的理念,以多方位辐射角度塑造育人氛围。

(一)建设人文化的物质环境

学校物质环境的人文化主要是指学校环境的楼栋建筑、道路广场、花草树木等的结构布局、色调设计要以人为主体,满足学生的物质需要和审美需要。学校物质环境不仅是学校环境的外在表层建设,还是学校教育理念、核心文化和人文精神的外在体现。

第一,学校建筑群应整体和谐,突出人本主题。学校的教学楼、办公楼、实验楼、宿舍楼、图书馆、体育馆、校医院、食堂等主建筑楼群的质量、色调、位置布局,还有学校的道路设计(包括停车场、垃圾桶、路灯安装、地面与台阶的处理等)、拐角标识、广场雕塑的选择、花草树木的种植等,都必须处处体现高职院校的教育理念,应具有教育性、服务性、实用性,能满足大学生的需要。学校建筑楼群的首要要求是高质量,学生的安全最重要,在此基础上可以考虑楼群的形状和素材。学校建筑的特色不等于高费用、先进化,不等于玻璃墙、空调房,不是建筑的高度和华丽,而在于文化氛围、历史底蕴,在于风气、氛围和教育理念。主建筑楼群的地理位置,尤其是宿舍楼、食堂的位置设计,最能够体现一个学校的人本化理念,也是大学生评价一个学校环境优良与否的重要指标。学校的道路设计与拐角标识的设计,不仅要使大学生能够迅速熟悉了解,还要使陌生人能够明白学校的布局。广场

---

① 苏霍姆林斯基. 帕夫雷什中学[M]. 北京:教育科学出版社,1981:10.

雕塑的选择要与学校的建筑相辅相成、恰到好处，还要体现高校的特色，更要具有教育性。寓意无论是简单还是深厚都必须让大学生清楚明白，不能仅仅停留在学校的书面规划上。花草树木的选择要依据学校的环境条件和植物的季节变化规律，搭配栽种，降低成本，能够从不同的季节品味到不同植物的不同神韵。建设一个季季有花香、处处人本化的生态校园，会对师生员工的心理思想和意志行为产生影响，使其产生归属感、责任感和使命感，为学校服务，为社会服务。

第二，学校建筑的命名应体现特色。除了学校本身的名字和学科专业的名称之外，学校内部的任何命名都可以体现学校的特色，张扬学生的个性，更能够体现师生员工的参与性和主体性。学校的建筑、道路的名字不再是单调的数字"123"，而是丰富多彩、寓意深厚的文字，能对学生产生潜移默化的影响，提高师生员工的审美意识。不仅可以将学校教育理念、方针、目标填充其中，还可以将学校的校训、主题核心理念包含在内；不仅强调学校的权威与特色，还突出学生的能动性和积极性。为了突出强调学生的主动性和积极性，可以在学生自主学习和生活场所进行征名活动，尤其是学生宿舍的名字；突出学校的特色不仅在理念校训上，也可以利用学校的地理位置、特色环境，比如樱花、桂树、杉树等；名字还可以彰显学校的性质、文化气息和历史底蕴，使大学生在浓厚的文化气息中感受学校的教育理念，于无声中接受并传承学校的文化，同时提高自己的思想道德素质。

第三，学校里要广设人性化的提示语。温馨的提示语于细节处体现人本化设计，包括学校校园精神提示语、校园绿地提示语、学校植物名称提示语、学校宣传牌提示语、学校文化墙壁画提示语、图书馆教室提示语、宿舍餐厅提示语、体育馆提示语、学校安全提示语、楼梯提示语、洗手间提示语等。这些与学生学习、生活、娱乐息息相关的人性化提示语标志，处处体现着学校的人文化精神和人文关怀。人性化的提示语最大的要求是用委婉的、间接的语气表达出强制性、直接性的命令，这些细节性的注意和强化，更能深入学生的内心，不仅可以培养高尚的道德素质、思想素质，还可以培养文明的行为习惯，提高环境保护意识、责任意识和审美意识。

（二）营造人文化的学习、生活环境

大学学习与生活对大学生的思想道德素质和行为习惯的影响是全面、广泛和持久的。因此，为了更好地提高大学生的情商素质，必须大力营造人文化的学习与生活环境。

第一，营造人文化的学习环境。大学阶段的教育学习主要是大学生自主、主动的学习，营造人文化学习环境氛围有利于大学生更加主动地学习。在教育理念上，要相信大学生才能的个体性和差异性；在教育实践上，要尊重大学生的主动选择，鼓励大学生自我发现和自觉学习。为此，人文化的学习环境不仅要有舒适、干净的桌椅、教室，更重要的是要有学习的氛围。学习不仅指科学文化知识的学习，还有能力素质的学习。所以，人文化的学习环境包括：①积极和谐的教学环境，即温馨舒适的教室、图书馆，良好的社会实践场所、计算机校园网等；②人文化的教学环境，即有职业道德高尚、知识广博的教育者，多媒体、多功能室；③人文化的教室环境，即干净、通风性、采光度良好，桌椅的高度比例适中，墙壁上励志鞭策性语句适度，窗外视野舒适；④人文化的图书馆，即有大量丰富的图书资料、及时更新的报刊杂志、电子资料阅览室、数量适中的自习室、茶点室；⑤人文化的社会实践场所，即多种多样的实践场所、规范化的学生社团、固定的指导老师和职业分析老师；⑥人文化的计算机校园网，即大量的计算机配置、温馨舒适的环境、精通计算机知识的值班人员、服务方便快捷、内容安全健康、辐射广泛的校园网络。除此之外，人文化的学习环境还要求，学习环境内部色彩、亮度的设计既考虑到学生身心健康发展的需要，还要考虑该学习环境的特点；学习环境的开关门时间及使用要求务必做到人人了解，时间和要求的设置必须有利于学生的身心健康，但又必须满足不同时间段学习的学生；还可以有物美价廉或免费的茶水和点心供应；学习环境中必须有职业道德素质高尚的管理人员和指导老师等。总之，人文化的学习环境不仅满足大学生的需要，而且在不知不觉中约束大学生的行为，尤其是管理人员和指导老师的榜样示范和价值导向作用有利于大学生树立正确的人生观、世界观和价值观。

第二，塑造人文化的生活环境。良好舒适的生活环境有利于大学生身心健康的发展、情绪态度的稳定、积极向上价值观的形成等，主要包括：①人文化的宿舍环境，即干净整洁的宿舍卫生，多样化的寝室文化活动，和谐的室内外人际关系，合理化的就寝时间和严格的宿舍管理，集热心、关心、爱心、耐心于一体的楼管；②人文化的食堂环境，即干净、安全、卫生的饮食和就餐环境，品种多样、营养丰富、价格合理的食物，人本化的就餐时间和食堂管理，态度良好、积极热情的服务人员；③人文化的运动环境，即多样的体育器材和训练场地，贴心的指导老师，适度的安全防御措施；④人文化的心理咨询环境，即职业道德高尚的咨询老师，温馨安全的咨询环境，丰富多样的咨询活动，方便适宜的咨询时间地点，心理咨询进宿舍、进教室、进网络，条件良好的情绪发泄室和心理知识阅览室；⑤人文化的资助环境，即发放合理的贫困学生资助金，联系校外带薪实习岗位，提供大量方便的学生后勤服务岗位、助教岗位，鼓励保护学生的自主创新、自力更生，建立学生资助服务中心及时更新资助信息。人文化的生活环境不仅关系到大学生的住宿、吃饭，还涉及大学生的身心健康、安全和贫困生的资助，所以既需要人本化的关怀，更需要严格安全规范化的管理和具备良好职业道德操守的服务、管理人员。只有如此，才能营造和谐、安全、人本化的生活环境，解除大学生的后顾之忧，体现人文化的终极关怀，有利于大学生的身心健康素质、思想道德素质的提高，在潜移默化中加强大学生的情商教育。

（三）开展丰富多彩的校园文化活动

校园文化与学生的思想、生活的联系最密切，对学生也最具感召力，因此，必须用正确的教育理念、价值观念指导校园文化环境建设，积极开展人文化的校园文化活动，以引导学生形成正确的世界观、人生观和价值观。

第一，以学生社团为载体，大力开展人文化的校园文化活动。高校学生社团是由具有相同兴趣爱好、价值理念、理想追求的大学生自发组织的，有一定规章制度、定期举行相关活动的大学生集体。高职院校学生社团是大学生自我教育、自我管理、自我服务的学生集体，具有重要的情商教育功能。高职院校社团种类繁多，主要有未来教师协会、计算机协会、科技协会、历史协会等与专业、未来职业相关的能力型的协会，还有青年志愿者协会、勤工俭学协会、心理协会等服务型协会、演出协会、各类乐器协会、电影协会等娱乐型协会等。各社团以多样化的人文化校园文化活动有效管理大学生的业余时间，丰富大学生的精神生活，提高大学生的实践创新意识、人文素养、思想道德素质、心理健康素质等。

第二，加强对人文化校园活动的指导。丰富多样的校园文化活动最大程度地发挥着大学生的自主性和主动性，但也需要学校党政团干部、辅导员和班主任、其他学科教师的指导。思想政治教育工作队伍要以先进的主导文化引导高校学生社团树立正确的价值理念，以加强大学生的实践创新精神、提高审美意识、高雅品位为要求，开展丰富多样的校园文化活动，以学生会、党团组织为后盾，支持学生社团的建立和校园文化活动有序进行。

第三，建立以大学生为主体的人文化校园活动的评价反馈机制。丰富多样的校园文化活动对大学生的思想、道德、行为有重要的影响，而人文化校园活动的效果如何，只有大学生才能进行较为准确、有效地评价反馈。大学生既是人文化校园活动的组织者、参与者，又是该活动的影响者、受益者，对人文化校园活动效果的评价带有一定的主观性。因此，需要高职院校的管理者和教育者以及校园文化活动的学生社团及其挂靠组织进行补充性评价。

两种评价的结合，才是对人文化的校园活动效果全面、客观、有效、准确的评价，进而在此评价反馈的基础上总结借鉴人文化的校园活动的经验，及时对人文化的校园活动进行改进和完善，从而形成长期化、稳定化、正确化、合理化、人文化的校园活动机制，不断优化人文化校园活动，不断促进人文化校园活动对大学生思想、道德、行为的积极有效影响。

（四）调动师生员工参与学校环境建设的积极性

师生员工不仅是优美的学校环境的受用者，更是优美学校环境的建设者、保障者和监督者。因此，必须调动师生员工参与学校环境建设的积极性，这是优化学校环境的重要举措。

1. 大力提高师生员工参与学校环境建设的意识

师生员工要积极参与学校环境的建设、管理、保护和监督，首要条件就是学校的领导、管理、服务机构必须重视师生员工参与的重要性和作用，突出其主体性和创造性，强调其责任感和归属感，体现学校的民主作风。其次，在重视的基础上，多途径、多方法、多渠道地提高全体师生员工的参与意识。在课堂上，通过教师和辅导员讲解大学生参与学校环境建设的积极性和作用；在校园里，通过提示语、信箱等鼓励师生员工参与；在网络上，贯穿师生员工参与的渠道和平台。总之，时时处处强调师生员工的主体性和责任感，激发师生员工参与的积极性和归属感，提高学校环境建设的有效性，促进师生员工的全面发展，尤其是大学生的培养。

2. 鼓励师生员工积极参与学校环境建设

师生员工是学校环境的一分子，建设和优化学校环境必须从学校的实际情况出发，满足师生员工的物质需求和精神需求。因此，可以通过校长热线、后勤信箱、建议簿以及手机短信、校园网络、学校广播、微信公众号等传媒手段，分别以个人、小组或集体为单位，面向全校范围广泛征集真实可行的建议措施。同时，学校有关部门要有选择性地及时对师生员工的建议予以有效反馈或采纳，并给予合理的激励与表扬以促进其积极性。比如，广场小品设计、楼道命名、提示语（标语）、具体学习生活环境文化的布置等，既能体现学校环境建设的特色，还能激发师生员工的创造性，提高师生员工的审美意识。一个由全体师生员工共同参与建设的优雅、干净、和谐的家园——学校，更能够激发师生员工保护、管理和监督的使命感和责任感，无形中将学校和社会所要求的教育理念、培养目标融入学校环境中，潜移默化地改进师生员工的政治思想、规范师生员工的行为、提高师生员工的思想道德素质，进而营造积极的情商教育的氛围，提高大学生情商教育的有效性。

（五）提高学校后勤管理的水平

优化学校环境，必须努力提高学校后勤管理水平，为师生员工提供良好的生活环境，是达到管理育人、服务育人、环境育人、教书育人的必然之举。

1. 后勤部门要树立服务为本、育人为先的理念

学校后勤部门具有经济属性和教育属性，要为师生服务、为教学服务、为科研服务，不仅管理学校物资的流通，还承担着育人的职能，必须坚持管理育人和服务育人的理念，即树立服务为本、育人为先的核心价值理念。高校后勤管理的科学化，就是要将这一核心理念融入高校后勤管理的各个过程和环节，处理好教育与管理的关系，最终实现高校后勤管理的经济效益和社会效益。

2. 提高后勤员工的素质和意识

高校后勤部门承担着学校环境的管理、监督和美化职责，为全校师生员工提供服务，是大学生情商教育的重要依托。学校后勤部门的管理育人和服务育人，不仅体现在师生员工安全、良好、全面的生活、学习、科研、娱乐等环境的建设方面，更体现在后勤部门员工的言行举止方面。因此，要培养后勤员工的职业道德素质、思想道德素质和科学文化素质，不仅要思想境界高，还能够促进高校后勤管理由经验层面上升到科学层面，达到系统、科学的后勤管理水平。同时，还要提高高校后勤员工的管理意识、服务意识、责任意识、教育意识，从思想上使高校后勤员工树立服务为本、育人为先的理念，实现后勤管理的科学化。

3. 建设服务型、节约化、人本化、高效性的后勤管理模式

要以服务为本、育人为先的核心理念为指导，建设服务型、节约化、人本化、高效性的后勤管理模式，从而在根本上实现后勤管理的科学化。首先，后勤部门要始终坚持为师生服务、为教学服务、为科研服务，服务是高校后勤的核心和根本。为此，高职院校的行政管理部门以及当地政府必须予以最大程度的支持和保障，提高服务质量，提供全方位、优质化、精细化的服务。其次，要坚持节约理念。后勤管理涉及财政流通、物资采购、水电管理以及校园环境建设，必须坚持以师生为本，最大限度降低成本，实现利益的最大化，不浪费多余的财力、人力和物力等。第三，要坚持公平、公正的竞争用人原则，尊重后勤员工的物质需要和精神需要，为其提供学习培训的机会，

并且保障后勤员工的身心健康。第四，要注意降低成本，提高效率，以便更好地为师生员工服务。

4. 完善后勤管理的监督机制

监督机制包括后勤内部的党组织监督、员工监督、制度监督等和学校师生以及社会、政府和舆论监督等。此处的监督机制，主要是由大学生组成的学生监督机制。大学生是高校后勤最大的消费群体和最广泛的受用群体，因此最具有发言权和监督权。高职院校及其后勤管理部门要在思想上重视大学生的参与监督，通过大学生对学校水电、食堂、宿舍、校园环境等的监督和考评，在后勤管理实践中实现学生自我管理。这不仅可以促进学校后勤管理的科学化，还能够增强大学生的主人翁意识和对后勤管理的信任。在监督过程中，要使大学生将理论与实践、自身需要和集体需要结合起来，树立大局意识、实践意识、责任意识和服务意识，促进大学生自身的全面发展和进步。

二、创建积极的家庭环境

（一）营造积极的家庭氛围

家庭是人出生后的第一所学校，是个人成长的摇篮。虽然家庭的环境不能完全决定孩子的品行、价值观，但是积极的家庭环境对他们形成积极人格有着不可替代的作用。因而，家长有义务为孩子营造积极美好的家庭环境，让孩子在心中燃起希望之光。要想建设积极的家庭环境，应该从家庭的物质环境、制度环境和精神环境等方面着手。

1. 要创建家庭积极的物质环境

家庭的物质环境是指家庭的收入水平及其所处的经济地位。家庭的收入和家庭所处的经济地位不但可以影响孩子的物质理想，比如消费观念等，还可以影响孩子的自我意识和总的人生规划。

2. 要创建家庭积极的情感环境

家庭的情感环境是指在家庭内部形成的人与人之间相互关联的带有感情色彩的氛围。人本主义心理学家马斯洛在需要层次理论中指出，从属与爱是人类的基本需要,家庭中积极的情感环境应该是充满爱和安全感的家庭氛围。若高职生在家庭环境中不能获得归属和爱的满足，就好比身体缺乏必要的营养，导致心理成长缓慢、思想行为不够成熟，有的甚至出现冷漠、残酷的性格特点。

3. 要创建家庭积极的精神环境

家庭的精神环境是指"父母的个性品质、精神追求乃至格调和品位"。孩子模仿力超强，容易受外界环境感染，尤其容易受朝夕相处的、拥有特殊血缘关系的父亲和母亲的影响。在家庭环境中，家长应树立良好的榜样，努力成为一个具有良好个性品质、理想价值观、高雅品位和正直生活作风的家长。这样的精神环境对孩子的优秀个性品质、正确理想方向、积极人格的形成有着积极的促进作用。

（二）家长要转变家庭教育观念

在进入大学之前，很多孩子都跟父母住在一起。还有的孩子即使是住校，也会经常回家，亲子接触较多。子女考入大学，一般就要离开家人，开始大学集体生活。很多大学生家长没有及时地从高中生的家庭教育观念中转变过来，对这一阶段的家庭教育就显得手足无措。因此，家长要在孩子进入大学之前就多读一些有关大学生生涯规划的书籍，对大学生的学习、工作和生活有所了解。可在网上搜集一些有关子女所学专业的就业方向的文章，了解国家最新的就业政策和文件。家长可以与子女一起在网上搜集相关的资料，让孩子自己对大学学习、生活有一个初步的规划。这样就可在很大程度上避免大学生活的无序性和盲目性。大学校内外活动丰富多彩，家长要了解大学生的学习生活与高中生的学习生活之间的区别，要改变高中时期"唯学论"教育观念，除了关注孩子的学习，还要注重培养孩子的组织能力、人际交往能力、团队协作能为、创新能力等情商内容。

（三）家长要积极引导大学生正确使用网络

网络上充斥着一些虚假信息和不良信息，给大学生的生活增添了很多危险因素。近几年，电视、网络、广播、杂志等主流媒介有关网络诈骗的报道比较多，其中大学生被骗的案例也很多。有的大学生由于沉迷于网络游戏而忽视了学习，导致挂科现象发生。但是家长不能因为网络有不好的一面就排斥它。家长应该顺应时代的潮流，积极引导大学生正确使用网络。

首先，要引导大学生合理控制上网的时间。长时间上网会引起焦虑、心神不宁、头痛等症状，家长要经常引导大学生合理控制上网的时间，每次上网时间尽量控制在1~2小时，上网1小时以后要出去走动走动或者活动一下手指、颈部、肩部和腰部。家长要引导大学生经常参加户外体育锻炼，多呼吸户外的新鲜空气。

其次，要引导大学生不浏览不良网站。很多大学生误入歧途与在网上浏览不良网站有关。现在的网络管理机制虽然在不断完善，但是，仍然存在很多不健康的网站。很多不良网站上充斥着色情、暴力、谣言、赌博、欺诈等不良信息，家长要及时引导。

再次，要引导大学生不轻信陌生网友。很多大学生在现实生活中的情感、人际关系、学习等压力不能够得到合理的排解，又不想自己的隐私被家长、老师和同学知道，就会在网上寻求精神安慰。有的大学生喜欢网恋，希望能够在网上找到所谓的"知己"。家长要经常与子女沟通，了解子女的最新动向，帮助子女解决生活中的问题，对子女上网交友要正确引导和监督。

最后，要引导大学生谨防网络诈骗，不轻易在网上输入身份证号、银行卡号等重要信息。现在有很多诈骗网站都是通过向手机、邮箱发送虚假中奖信息、招聘信息、网购优惠等信息，或者冒充网络客服，让信息接收者进入指定网站，输入自己的银行卡号、身份证号、手机验证码等信息的方式盗取资金。家长要引导大学生不要贪小便宜，不要轻易相信中奖信息，买东西要到指定的官网。

（四）家长要加强与孩子的有效沟通

现在，家长与大学生之间的矛盾爆发期主要集中于寒暑假。比如，好不容易放假了，孩子想好好地放松一下，就在家里睡懒觉、看电视、玩电脑游戏、看电影等。而孩子的这些表现让很多家长反感。有的家长对于孩子作息不规律、生活懒散、不收拾屋子、不帮忙做家务等懒散行为看不惯，就会唠叨几句，孩子又会因为父母的不理解而反驳，从而发生争吵。"95后"大学生没有父母辈年轻时的生存压力，缺乏理想信念作精神支撑，因而对未来的生活缺乏动力。很多"95后"大学生的生活追求是开心就好，注重物质享受，而精神比较空虚，缺乏自我超越的精神。由于大多数独生子女从小受到的关爱比较多，自尊心比较强，内心脆弱，抗压能力和受挫能力比较弱，往往因为一些小事就引发家庭矛盾。化解矛盾最好的方法就是加强相互之间的沟通。沟通是建立在民主、平等的基础上的，家长不能像对待未成年人一样，不听话就打一顿或呵斥一顿。大学生可能比父母懂得的东西更多，知识面更广。但身为子女，不能因为懂得稍微多一点就不听父母的想法，对父母要有最起码的尊重，应等父母把话讲完了，再用委婉的方式向父母阐述自己的观点。对于家长而言，应该与孩子进行平等的交流，不能因为自己是长辈，就用训斥的方式或者"高高在上"的姿态来与子女进行交流。

（五）家长要学会给孩子减压

很多"95后"大学生除了要面对学业压力、就业压力、经济和心理压力，还要承受其家长施加的压力。每年都有很多关于大学生抑郁、自杀的新闻报道。大学生面对多重社会压力，不得不提高自己的学历，积累工作经验，考取更多的证书，锻炼自己多方面的能力。很多大学生除了要考取必需的英语等级证书和计算机等级证书，还要利用课余时间考取教师资格证书、会计证书、人力资源证书等，以增加就业的筹码。大学生自由支配的时间比较多，但若是自由的时间都被学习占用了，大学生活也是非常辛苦。家长要结合孩子的特点，有针对性地对孩子加以引导，帮助孩子缓解压力。家长可以帮助孩子制订学习计划，搜集一些有关自考、专升本、就业方向的资料，为子女提供相应的指导。家长还可鼓励孩子多参加户外体育锻炼，以健康的方式释放压力。家长应经常对子女进行心理疏导，缓解子女的心理压力。

三、创建积极的社会环境

积极环境不仅是个体构建积极人格的重要支持力量，也是个体不断产生和丰富自身积极体验的最直接来源。积极环境更有利于个体形成积极的心理防御机制。因此，教育者们应弘扬积极心理学理念，构建积极的环境，塑造和发展学生积极情绪，提升学生的积极人格。

（一）营造积极的经济环境

"生产力的发展水平不同，社会发展的阶段不同，社会实践的深度和广度不同，人们的愿望、追求的目标即理想就不一样。"[①]良好稳定的经济环境，是学校教育包括情商教育有效进行的前提条件。国家应大力发展经济，为广大人民营造优质的经济环境，不断促进社会的进步，坚定人民实现共产主义的理想信念。邓小平指出："社会主义必须大力发展生产力，逐步消灭贫穷，不断提高人民的生活水平。"改革开放以来，我们党和国家坚持以经济建设为中心，经济发展迅猛，但在这个过程中出现了"唯GDP"、片面追求经济增长速度的问题。对此，习近平总书记反复强调，"要全面认识持续健康发展和生产总值增长的关系""不要简单以国内生产总值增长率论英雄""我们要的

---

① 陈万柏，张耀灿. 思想政治教育学原理[M]. 2版. 北京：高等教育出版社，2007：189.

是实实在在、没有水分的速度。"①因此，我们在发展经济的同时也要注重质量和效益，也要注重环境的可持续性。

（二）营造积极的政治环境

政治环境分为国内和国际的政治环境。国内的政治环境包括各种政治制度、党和国家的方针政策、政治气氛等，国际政治环境包括国际政治局势、国际关系等。政府应制定积极的方针政策，政策制定的评估标准要考虑人们的生活幸福度和生活满意度，关注与人们生活质量相关医疗卫生、教育文化等社会事业，建立有关民生的政策和措施，提高人民的幸福指数，加大对国家公共事业的投入，进而推动社会的和谐发展。在积极、幸福、祥和的社会大环境下，以立德树人为导向，营造积极制度环境，建设学习型社会，推进和谐社会建设，让学生拥有正确的人生观、价值观、世界观，鼓励、引导和帮助学生践行社会主义核心价值观。

（三）营造积极的传媒环境

传媒包括报纸、杂志、电视、广播、电影、图书、音像制品以及网络传媒。传媒环境不仅可以让学生获得各种关于情商教育的知识，还可以改变传统的单一的学习环境，把枯燥的教育变得生动直观，充分调动学生提升自我的主动性和有效性，有利于强化情商教育的导向作用。这些对专注力较弱的高职生来说非常重要。为高职生营造积极的传媒环境的具体途径有以下几个：第一，增加传媒环境数量，扩大影响力。在硬件方面应提高各种传媒的使用预算，使学生接触媒介更加方便高效，如购买足够的网络设备、书籍、杂志等；在软件方面，可以在教育网站中设立情商专栏，为学生营造一个健康的、文明的、积极的情商教育网络环境，还可以开设学生关于情商的论坛、心理咨询热线、专家咨询栏目，为教育者与学生相互沟通、交流提供便捷的平台。第二，提高传媒环境质量，保证安全。要在社会主义核心价值观的引导下，时刻净化媒体环境，加强网络社会管理，加强网络新技术新应用的管理，推进网络依法有序规范运行，确保互联网可管可控，使我们的网络空间清朗起来。从而增强学生自立、自强、自信、坚忍不拔的品质，激发学生为理想奋发向上的精神。要严厉打击有害信息传播者，防止学生在使用网络媒体时受不良信息的影响、偏离正确的文化导向，这些都有悖于情商教育的最终目标，

---

① 中共中央宣传部. 习近平总书记系列重要讲话读本[M]. 北京：人民出版社，2014: 58-59.

对学生的健康成长不利。第三，加强传媒者监督和自我管理。政府应制定有关政策法规，加大相关的宣传与监督力度，使学生在传媒环境中具有法制观念与道德素养。要坚持马克思主义新闻观，牢牢把握正确导向，大力弘扬一切有利于坚定共同理想、凝聚奋进力量的思想和精神。媒体人自身也应按照法律法规，本着负责任的态度，为学生提供优质的传媒环境，营造积极、正向的舆论环境，多宣传社会的正能量，加强积极舆论导向作用，提高媒体的信任度和积极的影响力。

（四）建设积极的社区环境

社区是社会的缩影。社区作为一个小型社会，是大学生健康成长的重要环境。大学生是社区的重要成员，是社区未来发展的希望。营造积极的社区环境，对大学生积极品质及积极人格的建构有着重要的影响，对于培养大学生积极向上的精神、塑造大学生的美好心灵、促进大学生情商发展是十分必要的。

1. 要建设积极的社区物质环境

物质环境主要包括"自然体验和社会体验的设施设备"。自然体验环境包括绿地公园及公园内的绿树、花草、水池等；社会体验环境包括社区图书馆、资料馆、老人活动中心、青少年活动中心等社会福利设施。丰富、绿色、优越的社区物质环境是建设积极的社区环境的根本要素。"仓廪实而知礼节，衣食足而知荣辱。"政府应加大对社区建设的资金投入，努力发展社区经济，因为经济发展水平制约文化发展水平，物质环境的发展可以稳定社区秩序、提升社区居民的生活水平，尤其是对社区中的大学生影响相当大。总之，只有通过发展社区经济，才能扩大社区建设，改善社区的物质环境。

2. 要建设积极的社区制度环境

建设积极的社区制度环境要依靠社区与社区人共同努力。社区应及时制定符合社区实际的、积极严谨而又富有人性化的制度或政策，加强社区工作队伍建设。制定制度要充分体现社区居民对社区环境保护同社区可持续发展的关系，走社区居民与社区环境和平共处的可持续发展道路，这既能满足社区居民的自身利益要求，又能保护好社区居民赖以生存的社区生活环境。同时，社区要建立完善的奖惩制度，一方面制定以"奖励"为主要内容的社区环境制度，对保护和改善社区环境的社区居民给予一定的奖励。这样可以把保护社区环境的措施实施在破坏行为之前，从而减轻事后改善社区环境所要承担的压力；另一方面是制定以"惩罚"为主的社区环境保护制度，对违反社区环境章程、破坏社区环境的社区居民给予惩罚。通过制定和实施一系列制度，可以形成一套良好的社区环境保护制度体系，对社区人的思想和行为起着指导和规范作用，帮助社区居民培养良好的社区环境素养，为建设社区积极的环境打下坚实的基础。

3. 要建设积极的社区精神环境

积极的社区精神环境包括积极向上的社区精神和优良上进的社区风气等。苏联教育家苏霍姆林斯基在谈到社区风气对人们的影响时指出："单单在儿童上学或回家的路上，他们受到的思想教育，就比在学校里待几个小时受到的教育强烈、鲜明得多。"其原因"在于这些思想是包含在形象里，包含在生活的各种画面和现实中"[①]。因而，社区积极向上的精神和优良上进的风气能陶冶社区人的情操，对社区人起着潜移默化的感染和引导作用。建设社区的精神环境，要求社区居民提高环境保护素养、增强生态精神意识、培养环保理念思想等，从而形成良好的社区风气，使社区居民自觉形成爱护社区环境的积极行为，改善社区的生活环境，加速社区的建设和发展，提升社区居民的精神环境。

---

① 王静. 社区环境的优化与学校德育[D]. 合肥：合肥工业大学，2006.

参考文献

[1] 安应民. 管理心理学新编[M]. 北京：中共中央党校出版社，2002.

[2] 白锡方. 积极心理治疗[M]. 北京：社会科学文献出版社，2004.

[3] 中共中央党校. 马克思主义经典著作选读[M]. 北京：中共中央党校出版社，1992.

[4] 蔡克勇. 21世纪中国教育面向何处[M]. 长春：吉林人民出版社，1999.

[5] 陈万柏，张耀灿. 思想政治教育学原理[M]. 2版. 北京：高等教育出版社，2007.

[6] 陈海贤，陈洁. 希望疗法：一种积极的心理疗法[J]. 桂林师范高等专科学校学报，2008（1）：121-125.

[7] 陈海贤，陈洁. 贫困大学生希望特质、应对方式与情绪的结构方程模型研究[J]. 中国临床心理学杂志，2008（4）：392-394.

[8] 陈幼堂. 积极心理学刍议[D]. 武汉：武汉大学，2012.

[9] 陈成文，郝志丽. 高职院校情商教育现状及路径探析[J]. 淮北职业技术学院学报，2016（3）：114-115.

[10] 崔丽娟，张高产. 积极心理学研究综述——心理学研究的一个新思潮[J]. 心理科学，2005（2）：402-405.

[11] 董雪. 当代大学生情商教育研究[D]. 青岛：中国海洋大学，2011.

[12] 董宇艳. 德育视阈下大学生情商培育研究[D]. 哈尔滨：哈尔滨工程大学，2011.

[13] 杜晓梅. 情商理论在高校思想政治理论课教学中的应用研究[D]. 天津：天津大学，2014.

[14] 傅华勤. 高职生情商教育的方法"五式"[J]. 文教资料，2009：213-215.

[15] 高雨. 高职院校情商教育有效途径探索[J]. 邢台职业技术学院学报，2015（3）：39-41.

[16] 高文. 如何利用微媒体引导大学生情商发展[J]. 北京市工会干部学院学报，2017（2）：47-51.

[17] 高志奎. 乐观品质的价值及其培养的策略探析[J]. 聊城大学学报：社会科学版，2010（2）：220-222.

[18] 谷子菊. 积极心理学对传统心理学的继承和超越[J]. 牡丹江教育学院学报, 2009（5）: 95-96.

[19] 黄卫红. 哈佛情商课[M]. 北京: 西苑出版社, 2011.

[20] 黄婉珺. 大学生情商教育研究[D]. 大连: 辽宁师范大学, 2014.

[21] 江雪华. 幸福与力量: 积极心理学的启示[J]. 教育导刊 2009（10）: 44-46.

[22] 雷晓亮. 宁夏高校大学生情商教育问题研究[D]. 银川: 北方民族大学, 2016.

[23] 李金珍, 王文忠, 施建农. 积极心理学: 一种新的研究方向[J]. 心理科学进展, 2003（3）: 321-327.

[24] 李丽萍. 高校本科生情商教育的研究[D]. 武汉: 武汉理工大学, 2013.

[25] 刘光艳. 大学生情商培养对策研究[D]. 大连: 大连海事大学, 2009.

[26] 刘爱香. 当前大学生情商现状分析及培养路径研究[D]. 武汉: 华中师范大学, 2013.

[27] 刘甜芳, 杨莉萍. 高职生学习沉浸体验的量表编制与特点研究[J]. 职业技术教育, 2017（13）: 56-62.

[28] 路海萍. 高职生的自我意识及其教育对策[J]. 中国职业技术教育 2005（11）: 38-40.

[29] 罗惠. 当前我国高职院校大学生情商教育探析[D]. 成都: 西南财经大学, 2011.

[30] 马克思, 恩格斯. 马克思恩格斯全集: 第一卷[M]. 北京: 人民出版社, 1956.

[31] 马千. 少数民族大学生民族情商的导向性培养——基于民族情商的经济效用[J]. 贵州民族研究, 2015（10）: 218-221.

[32] 毛晋平, 张素娴. 大学生归因风格在希望与学习适应性间的调节作用[J]. 湖南师范大学教育科学学报, 2009（1）: 100-102.

[33] 孟昭兰. 情绪心理学[M]. 北京: 北京大学出版社, 2005.

[34] 苗元江, 余嘉元. 积极心理学: 理念与行动[J]. 南京师范大学学报: 社会科学版, 2003（2）: 81-87.

[35] 戚东辉. 浅谈高职院校英语教学中的情商教育[J]. 才智, 2012（5）: 103.

[36] 钱兵. 积极心理学视野下的传统主流心理学[J]. 徐州工程学院学报, 2008（6）: 78-80.

[37] 任俊, 叶浩生. 积极: 当代心理学研究的价值核心[J]. 陕西师范大学

学报：哲学社会科学版，2004（7）：106-111.

[38] 任俊. 积极心理学[M]. 上海：上海教育出版社，2006.

[39] 任俊. 写给教育者的积极心理学[M]. 北京：中国轻工业出版社，2010.

[40] 石颖. 积极心理学在大学生生命教育中的应用研究[D]. 重庆：重庆交通大学，2015.

[41] 陶莎. 乐观、悲观倾向与抑郁的关系及压力、性别的调节作用[J]. 心理学报，2006（6）：886-901.

[42] 唐华山. 受益一生的哈佛情商课[M]. 北京：人民邮电出版社，2010.

[43] 唐民. 试论高职生健康自我意识的培养[J]. 职教论坛，2010（14）：81-82.

[44] 田莉娟. 中学生希望特质的评定及干预研究[D]. 石家庄：河北师范大学，2008.

[45] 王言根. 学会学习——大学生学习引论[M]. 北京：教育科学出版社，2003.

[46] 王静. 社区环境的优化与学校德育[D]. 合肥：合肥工业大学，2006.

[47] 王丹. 积极心理学对大学生思想政治教育的启示[J]. 辽宁经济管理干部学院学报，2011（2）：70-71.

[48] 王继瑛. 积极心理学视野中的青少年网络游戏行为[J]. 镇江高专学报，2011（3）：55-58.

[49] 汪小红. 大学生情商培养策略研究[D]. 重庆：四川外国语大学，2016.

[50] 温娟娟，郑雪，张灵. 国外乐观研究述评[J]. 心理科学进展. 2007，15（1）：129-133.

[51] 吴寿松. 中国传统文化与当代大学生的人格塑造高教论坛[J]. 2005（3）：52-55.

[52] 吴朝军，胡蓓. 基于项目训练的高校大学生情商培育模式研究[J]. 高教论坛，2015（4）：30-32.

[53] 吴娟. 论工匠精神与高职学生职业素养的培养[J]. 人才资源开发，2016（5）：178.

[54] 肖桂花. 论和谐社会构建中的大学生情商教育[D]. 贵阳：贵州师范大学，2008.

[55] 许远理. 情绪智力三维结构理论[M]. 北京：中国社会科学出版社，2008.

[56] 徐继燕，冯静. 重庆市高职学生情绪智力差异研究[J]. 科学咨询，2010（4）：101-102.

[57] 徐光垣. 高职学生自我意识的调查研究[J]. 北京工业职业技术学院学报，2003（1）：12-15.

[58] 严芳. 论高职生自我意识的偏差及克服[J]. 武汉职业技术学院学报, 2003 (4): 30-33.

[59] 严标宾, 郑雪, 张兴贵. 幸福智力解读: 内涵、结构及可行性研究——幸福研究的一种新视角[J]. 战略决策研究, 2011 (6): 89-96.

[60] 于风笛. 积极心理学视域下大学生心理健康教育对策研究[D]. 沈阳: 沈阳航空航天大学, 2015.

[61] 余彩云. 国内高职大学生情商研究综述[J]. 济南职业学院学报, 2012 (4): 24-26.

[62] 于骞. 大学生积极人格培养研究[D]. 兰州: 兰州交通大学, 2013.

[63] 鱼霞. 情感教育[M]. 北京: 教育科学出版社, 1999.

[64] 袁莉敏, 张日昇. 大学生归因方式、气质性乐观与心理健康的关系[J]. 心理发展与教育, 2007 (2): 111-114.

[65] 赵富才. 论教师的学生观[J]. 聊城大学学报: 哲学社会科学版, 2002 (6): 121-124.

[66] 张倩, 郑涌. 美国积极心理学介评[J]. 心理学探新, 2003 (3): 6-10.

[67] 张沛超. 心理治疗的哲学研究[D]. 武汉: 武汉大学, 2012.

[68] 张科杰. 情商教育: 高职院校新生入学教育不容忽视的内容[J]. 职教通讯, 2012 (1): 74-76.

[69] 张颂. 高职院校语文课的情商开发研究[J]. 山西煤炭管理干部学院学报, 2014 (4): 59-61.

[70] 张瑞敏. 马斯洛需要层次理论与高校思想政治教育[D]. 泰安: 山东农业大学, 2016.

[71] 郑航生. 社会学概论新修[M]. 北京: 中国人民大学出版社, 2009.

[72] 郑雪. 积极心理学[M]. 北京: 北京师范大学出版社, 2014.

[73] 中共中央宣传部. 习近平总书记系列重要讲话读本[M]. 北京: 人民出版社, 2014: 58-59.

[74] 仲理峰. 心理资本对员工的工作绩效、组织承诺及组织公民行为的影响[J]. 心理学报, 2007 (2): 328-334.

[75] 周嵚, 石国兴. 积极心理学介绍[J]. 中国心理卫生杂志, 2006 (2): 129-132.

附录一
四川省高职生情商与情商教育现状调查问卷

亲爱的同学：

  你好！

  这是一份关于高职生情商现状的调查问卷，真诚地感谢你的支持与合作。本问卷希望能够使你对情商有初步了解，你的回答和宝贵意见将为我们研究高职生情商教育提供宝贵的资料。这份完全匿名的问卷和你所提供的答案将只用于研究目的，我们将为你的回答严格保密，谢谢你的合作！

  第一部分 你的基本信息

  请你认真阅读，在符合的选项上打"√"。

  你的性别：A. 男 B. 女

  你的民族：A. 汉族 B. 少数民族

  你的年级：A. 大一 B. 大二 C. 大三

  你的专业：A. 师范类 B. 非师范类

  你的家庭所在地：A. 城镇 B. 农村

  是否学生干部：A. 是 B. 否

  第二部分 情 商[①]

  1. 在和你的朋友或亲人发生不愉快的争吵后，你仍然可以在对方面前掩饰住自己的沮丧心情。

  A. 是的 B. 不是

  2. 你总是很直率地与他人交流，并认为这样可以让一切事情变得很顺利。

  A. 是的 B. 不是

  3. 你通常会把任何事情都告诉你最好的朋友，即使是羞于向他人言及的个人隐私。

[①] 本问卷主体来源：唐华山. 受益一生的哈佛情商课[M]. 北京：人民邮电出版社，2010：189-191.
  课题组结合研究的实际情况，对本问卷作了适当修改。

A. 是的　　　　B. 不是

4. 你为自己能够为他人带去快乐而深感自豪。

   A. 是的　　　　B. 不是

5. 你认为对大多数人来说，只要永不放弃就能取得最后的成功。

   A. 是的　　　　B. 不是

6. 你很容易受一部带有浪漫色彩的爱情影片的感染。

   A. 是的　　　　B. 不是

7. 当你总是遇到挫折时，你认为自己已经到了必须改变的时候了。

   A. 是的　　　　B. 不是

8. 你常常想知道别人对自己有何评价。

   A. 是的　　　　B. 不是

9. 当你在为某件事情担忧时，失眠几乎是肯定的。

   A. 是的　　　　B. 不是

10. 买东西时，你不喜欢讨价还价，尽管你知道讨价还价可以让你少花一些钱。

    A. 是的　　　　B. 不是

11. 当你在工作或学习中遇到困难时，你会认为这是对自己的警告，并因此而比以前更加努力地学习或工作，以试图阻止不利于自己的情况发生。

    A. 是的　　　　B. 不是

12. 尽管你认为自己的观点是正确的，你也会因不愿与对方引起不愉快的争论而转换话题。

    A. 是的　　　　B. 不是

13. 在做出一个决定后，你通常会花时间考虑这个决定是否正确。

    A. 是的　　　　B. 不是

14. 你认为环境的变化对自己的影响很小。

    A. 是的　　　　B. 不是

15. 你总是试图用有趣的方法去做别人认为很枯燥的事情。

    A. 是的　　　　B. 不是

16. 你认为一个人的外貌和个性很重要。

    A. 是的　　　　B. 不是

17. 尽管你在学习上很用心，但你的老师似乎总是不满意。

    A. 是的　　　　B. 不是

18. 你认为自己的亲朋好友都很重视自己。

    A. 是的　　　　B. 不是

19. 你认为一点小小压力不会伤害任何人。
A. 是的　　　B. 不是
20. 在和朋友交谈时，你通常都能判断出他们处于何种情绪状态。
A. 是的　　　B. 不是

第三部分　情商教育

1. 你认为情商教育重要吗？
A. 很重要　　　B. 较重要　　　C. 一般重要
D. 不重要　　　E. 不清楚
2. 你是在什么情况下了解情商教育的？
A. 学校教育　　B. 自身学习　　C. 家庭教育　　D. 都有
3. 学校是否进行过情商知识的宣传、普及？
A. 是　　　B. 否
4. 学校是否开设与情商教育有关的课程（如心理健康教育、情商与影响力等）？
A. 是，有具体课程　　　B. 否
5. 你是否选了与情商教育有关的课程？
A. 是　　　B. 否
6. 你对本校情商教育开展情况的满意度如何？
A. 非常满意　　　B. 满意　　　C. 比较满意
D. 不满意　　　E. 非常不满意
7. 你认为家庭因素对情商的影响程度最大的是？
A. 家庭经济状况　　　B. 父母文化程度
C. 家庭教育方式　　　D. 家庭氛围
8. 不良网络环境对大学生情商教育最大的影响是什么？
A. 情绪调节能力下降　　　B. 自我封闭，不愿交往
C. 自我意识偏颇　　　D. 思想混乱和困扰
9. 对于大学生情商教育，学校有何改进之处？（可多选）
A. 提高教师素养　　　B. 广泛开展校园活动
C. 加强心理健康教育　　D. 思想重视　　E. 体制机制保障
10. 对于大学生情商教育，如果您有什么好的建议，请写在下面横线上。
_____
_____
_____

附录二
四川省高职生情商与情商教育访谈提纲

1. 您了解情商吗？您如何看待对大学生进行情商教育？
2. 您觉得贵校大学生的情商水平如何？具体体现在哪些方面？
3. 您认为教师在大学生情商教育过程中应担任何种角色？发挥怎样的作用？
4. 贵校有没有专门针对大学生情商的相关培训或其他形式的活动？如果有，是怎样进行的？
5. 关于培养大学生情商，您认为还存在一些什么样的问题？
6. 您认为学校应如何培养大学生的情商？

后　记

　　近十年，在《国家中长期教育改革和发展规划纲要（2010—2020年）》《高等职业教育创新发展行动计划（2015—2018年）》等不同时期的职业教育文件关于人才培养规格的关键表述中，都集中体现了对诚信、敬业、团队合作、人际沟通、就业能力等学生情商素质的要求。高职大学生一般自信不足，在教育过程中更应重视对其自身优势、潜能等积极因素的开发。如何将开启情商智慧与提升专业技能有机地结合起来，使学生不仅有一技之长、学会做事，更有较高的情商智慧、学会做人，不仅是关乎学生成长、成功、成才的重要命题，也是实现学生个体职业生涯可持续发展的迫切需求，更是高职院校提升人才培养质量的战略选择和历史使命。

　　四川职业技术学院在长期的育人过程中，创造性开展高职院校学生综合素质训育体系的构建实践，全面提升了学生综合素质训育的质量效果。学院着力从人才培养方案、师资队伍、训育基地、教材编撰、课程设置、特色项目开发、过程监控、质量检测等八个方面，构建了思德、文化、艺术、心理、科技、质量检测等六大体系45个训育平台，推行"训育结合，以训为主"的学生综合素质训育方式，形成了课程、队伍、基地、活动"四位一体"的训育模式，努力做到"课程建设通识化、队伍建设专业化、基地建设现代化、活动建设品牌化"，全面推进素质训育活动。四川省社科联副巡视员张平良认为，我校"高职学生综合素质训育普及基地"建设很有特色，用训育方式普及社科知识，独一无二、成效显著，给全省高校起到了示范和引领作用。

　　我们可以粗略地将以传统心理学为理论基础的心理健康教育称为"心理教育1.0时代"，未来以积极心理学为基础的心理健康教育称为"心理教育2.0时代"。与"心理教育1.0时代"相比，"心理教育2.0时代"具有三个特点：在关注议题上，更关注人类的优势与潜能，而不是传统意识上人类的问题和不足；在定位上，强调积极心态的培育和幸福教育，而不是问题教育和疾病治疗；在受益群体上，教育目标是让更多人受益，而不是针对少数人的辅导和治疗。积极心理学视阈下的情商教育，不仅弥补了1.0时代心理健康教育在关注议题、目标定位以及受益群体方面的不足，契合了高职生的心理特点，更与党和国家倡导的"注重人文关怀和心理疏导，培育自尊自信、理性平和、积极向上的社会心态"的本质目标相一致,这一价值导向对自信心普遍欠缺的高职学生至关重要和宝贵。

本课题组在前人研究成果的基础上,通过调研分析四川省高职生情商和情商教育的现状、问题与原因,基于积极心理学的视角,提出了高职生情商教育的目标、原则、方法、内容、路径和保障等创造性成果,希望能够为高职院校加强大学生情商教育,全面提升育人质量提供一定的参考和借鉴。值得一提的是,情商比较抽象,影响因素众多,目前在我国还没能形成完整的情商教育体系,情商教育缺乏教育体制上的系统规划,因此,大学生情商教育并非一朝一夕就能见效,而是一项长期的系统工程,需要长久的坚持不懈。

课题组由于时间、精力、人力资源的不足,没有能够对全国范围内高职院校进行调查研究,只选取了四川省内6所学校,且选取的调查样本容量还不具备足够的代表性,以致分析还不够全面和深入,课题的研究水平还比较肤浅。未来要做的工作还有很多,可以在继续深入研究情商相关理论的基础上,扩大样本容量,增强样本有效性,争取在一个更大的范围对高职生情商及其培养策略进行更为深入的研究。相信只要我们对高职生情商教育积极深入地研究、实践、反思、再研究、再实践、再反思……不断总结和实践更加有效的情商教育模式,高职生情商水平就一定会逐步提高。

晋长寿

2017年7月于四川遂宁